ZHONGWEN
AUTOCAD 2018

U0241128

中文
AutoCAD
2018

主　编　王伍柒
副主编　金国伟　吴宏康　张明涛

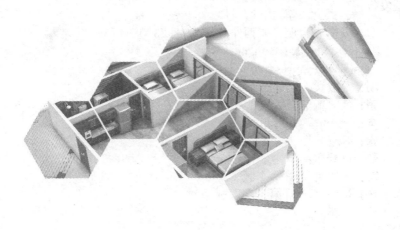

北京师范大学出版集团
BEIJING NORMAL UNIVERSITY PUBLISHING GROUP
安徽大学出版社

内容简介

本书以 AutoCAD 2018 中文版为基础,由浅入深,详细地讲解了中文版 AutoCAD 2018 的功能及使用方法。本书共分 13 章,前两章介绍了使用 AutoCAD 软件进行工程制图的基本设置、绘图的组织以及坐标系等基本知识;第 3 章到第 9 章主要讲述工程制图中二维图形绘制方面的知识,包括二维基本图形的绘制和编辑、精确绘图的实现、文字和标注等内容;第 10 章到第 13 章介绍三维曲面和三维实体的绘制和编辑以及图形输出等内容。本书既可以作为高职院校工科专业的教材,也可以作为电脑培训教材和工程技术人员的参考书。

图书在版编目(CIP)数据

中文 AutoCAD 2018/王伍柒主编. —合肥:安徽大学出版社,2019.1
(现代电子商务培训教材系列丛书)
ISBN 978-7-5664-1742-8

Ⅰ. ①中… Ⅱ. ①王… Ⅲ. ①AutoCAD 软件—教材 Ⅳ. ①TP391.72

中国版本图书馆 CIP 数据核字(2018)第 265287 号

中文 AutoCAD 2018

王伍柒 主编

出版发行:北京师范大学出版集团
安徽大学出版社
(安徽省合肥市肥西路 3 号 邮编 230039)
www. bnupg. com. cn
www. ahupress. com. cn

印　刷:安徽省人民印刷有限公司
经　销:全国新华书店
开　本:184mm×260mm
印　张:21.75
字　数:442 千字
版　次:2019 年 1 月第 1 版
印　次:2019 年 1 月第 1 次印刷
定　价:49.80 元
ISBN 978-7-5664-1742-8

策划编辑:刘中飞　武溪溪　陈玉婷　　　装帧设计:李伯骥　孟献辉
责任编辑:武溪溪　陈玉婷　　　　　　　美术编辑:李　军
责任印制:赵明炎

前　言

AutoCAD 由美国 Autodesk 公司开发,是当今最优秀的计算机辅助设计软件之一。使用 AutoCAD 软件可以准确、快速、方便地绘制各类专业图形,因此,AutoCAD 被广泛应用于机械、电子、建筑等诸多工程领域。

中文版 AutoCAD 2018 集成了许多新的功能,拥有很高的运行速度、丰富的工具选项板、简易化的图表设置和文字编辑功能、高效的图形处理功能和高质量的图形演示功能等,使用户可以更快捷地创建设计数据,更轻松地共享设计数据,更有效地管理软件。

本书以通俗的语言,大量的插图和实例,由浅入深地讲解了 AutoCAD 软件的强大功能。其主要特点是:读者无需先学习 AutoCAD 低版本,就可以直接进入中文版 AutoCAD 2018 的学习;本书突出实用性,以大量的实例介绍了 AutoCAD 2018 绘制工程图形的要领;本书体系结构合理,编排条理清晰,内容详略得当,符合读者学习的规律。本书结合机械、建筑行业制图的不同需要而编写,既能满足初学者的要求,又能使具有一定基础的用户快速掌握 AutoCAD 2018 新增功能的使用技巧。

本书共分 13 章,第 1 章和第 2 章介绍使用 AutoCAD 软件必备的基础知识;第 3 章和第 4 章分别介绍二维基本图形的绘制和编辑修改;第 5 章介绍面域的创建和二维图形的填充;第 6 章介绍精确绘图的实现;第 7 章介绍文字与表格;第 8 章介绍块及外部参照;第 9 章介绍尺寸的标注;第 10 章介绍三维物体的观察及轴测图;第 11 章介绍三维曲面的创建;第 12 章介绍三维实体的绘制与编辑;第 13 章介绍图形的输出。

本书第 2 章和第 7 章由金国伟编写;第 5 章和第 6 章由吴宏康编写;第 8 章由张明涛编写;王伍柒完成其余章节的编写及全书的统稿工作。本书由王伍柒担任主编,金国伟、吴宏康和张明涛担任副主编。

感谢胡伟国教授对本人工作和学习的关心和照顾,使我有信心、有决心为读者朋友们编写这本实用教材。此外,本书的编写得到了张卫平同志的大力支持,在此一并表示感谢。

由于编者水平有限,书中难免出现错误之处,欢迎读者提出宝贵的意见和建议,可发送电子邮件至 wwq571@126.com 与编者联系。

王伍柒

2018 年 10 月

目 录

第1章 AutoCAD 2018 概述

AutoCAD 是美国 Autodesk 公司开发的通用计算机辅助设计(Computer Aided Design)软件,是当今设计领域应用最广泛的现代化绘图工具。AutoCAD 自 1982 年诞生以来,经过不断的改进和完善,经历了十多次的版本升级。AutoCAD 2018 是全新的版本,在性能和功能大幅增强的同时,保证了与低版本的完全兼容。

通过本章的学习,读者应了解 AutoCAD 的基本功能,熟悉 AutoCAD 2018 的用户界面的基本组成、命令的调用方式,以及创建、打开并存储图形文件的方法。

1.1 AutoCAD 2018 的基本功能

AutoCAD 是一款通用的计算机辅助设计软件。与传统设计相比,AutoCAD 的应用提高了绘图的速度,也为设计出质量更高的图形提供了更为先进的方法。准确、方便、快速是使用 AutoCAD 软件绘图的显著特色。

1.1.1 AutoCAD 基本功能

(1)绘图功能

在 AutoCAD 中,用户可以使用"绘图"工具和"修改"工具绘制 3 种类型的图形:二维图形、三维图形和等轴测图。

①绘制二维图形。用户可以通过输入命令来完成点、直线、圆弧、矩形、正多边形、多段线、样条曲线、多线等的绘制。针对相同图形的不同情况,AutoCAD 还提供了多种绘制方法供用户选择,绘图的方法十分灵活、方便。例如,圆的绘制就有圆心和半径、两个边界相切、三个边界都相切等方法。

②绘制三维图形。利用 AutoCAD,用户可以将一些平面图形通过拉伸、旋转、扫掠、放样等转换为三维图形,也可以使用"曲面"命令绘制三维曲面、三维网格、旋转曲面等曲面图形,还可以使用"实体"命令绘制三维实心物体,并可对其进行布尔运算、导角、三维阵列等操作。

③绘制等轴测图。在 AutoCAD 的轴测模式下,用户可以在左、顶和右侧面切换,打开"正交"模式开关,可以将直线绘制成与水平正东方向夹 30°、150°和 90°,表示等轴测图的 X 轴、Y 轴和 Z 轴方向。用户还可以在轴测模式下,利用"椭圆"命令来绘制等轴测圆。

(2)标注尺寸

标注尺寸是向图形中添加注释的过程,可增加图形的可读性,是工程制图过程中不可缺少的环节。AutoCAD 2018 的"标注"菜单,包含了一套完整的尺寸标注和编辑命令,用户可以在图形的各个方向上创建各种类型的标注。AutoCAD 提供了线性、径向和角度 3 种基本的标注类型。用户可以进行线性、对齐、角度、弧长、坐标、基线或连续等标注。标注的对象可以是平面图形,也可以是三维图形。

(3)二次开发功能

AutoCAD 是一个开放的结构,用户可以利用许多方法对 AutoCAD 进行二次开发。

①利用"图形块"定义用户图形库。

②利用图形交换文件实现外部数据通信的功能。

③用户可以用 AutoLISP 或 VB 等其他语言自行编写软件,使 AutoCAD 能更有效地为用户服务。

④用户可以自定义菜单,以实现 AutoCAD 的定制操作。

(4)用户定制功能

AutoCAD 是一个通用的绘图软件平台,不针对某个行业、专业和领域,但提供了多种用户化的定制途径和工具。用户可将其改造为适应于某个行业、专业或领域并满足个人习惯和喜好的专用设计和绘图系统。可以定制的内容包括:为 AutoCAD 的内部命令定义便于用户记忆和使用的别名,建立满足用户需求的线型和填充图案,重组或修改系统菜单和工具栏,通过图形文件建立用户符号库和特殊字体等。

(5)图形打印输出

图形绘制完成之后,可以使用多种方法将其输出。用户可以打开"绘图仪管理器"窗口,其中列举了用户安装的所有非系统打印机的配置文件。若用户希望 AutoCAD 使用的默认打印特性不同于 Windows 使用的打印特性,则可以创建用于 Windows 系统打印机的打印机配置文件。

1.1.2 新增功能

(1)高分辨率(4K)监视器支持

光标、导航栏和 UCS 图标等用户界面元素可正确地显示在高分辨率(4K)监视器上。常用的对话框、选项板和工具栏也进行了相应的调整,可适应 Windows 显示比例设置。支持 DX11 图形卡的使用。

(2)PDF 输入

AutoCAD 2018 图形生成的 PDF 文件(包含 SHX 文字)中的文字对象可以

存储为几何对象。用户可以使用"PDFSHXTEXT"命令将 SHX 几何对象重新转换为文字,还可以使用最佳匹配 SHX 字体。此外,用户可以使用"TXT2MTXT"命令调整文字对象行距。

(3)视觉体验

AutoCAD 2018 中图案填充的显示和性能得到进一步增强;受支持图形卡的反走样和高质量图形设置现在可彼此独立控制;用户可通过"选项"对话框中"显示"选项卡上的"颜色"按钮,将创建和编辑对象时出现的橙色拖引线设为任意颜色。

(4)外部参照路径

AutoCAD 2018 将外部参照的默认路径类型设置为"相对",有两个新路径选项可用:"选择新路径"和"查找并替换"。当用户修复缺失的外部参照路径时,可以为其他缺失的参照文件应用相同的路径。用户保存宿主图形文件到新位置时,系统将提示更新外部参照的相对路径。当某个外部参照已选定时,"外部参照"选项板中的"更改路径类型"选项将反映当前路径类型。当前路径类型不可访问,用户便可知哪个路径类型为当前路径类型。

(5)DWG 格式更新

DWG 格式更新功能,提高了文件打开和保存操作的效率,尤其是对于包含多个注释性对象和视口的图形。用户可使用最新的 Geometric Modeler（ASM）创建三维实体和曲面,其安全性和稳定性均得到了改进。

1.2　AutoCAD 2018 系统要求

AutoCAD 2018 软件安装过程中会自动检测 Windows 操作系统是 32 位还是 64 位版本,然后安装适当版本的 AutoCAD。不能在 32 位系统上安装 64 位版本的 AutoCAD,反之亦然。

为确保计算机满足最低系统要求,用户计算机硬件和软件要求如下。

1.2.1　硬件和软件要求

①Microsoft Windows 7 SP1 或更高版本。

②CPU 类型。32 位系统:1 千兆赫（GHz）或更快,32 位（x86）处理器;64 位:1 千兆赫（GHz）或更快,64 位（x64）处理器。

③内存。32 位系统:2 GB(建议使用 4 GB);64 位系统:4 GB(建议使用 8 GB）。

④显示器分辨率。常规显示:1360×768（建议使用 1920×1080）,真彩色;高分辨率和 4K 显示:分辨率达 3840×2160,支持 Windows 10、64 位系统(使用的显卡)。

⑤显卡：Windows 显示适配器 1360×768 真彩色功能和 DirectX Ⓡ 9。建议使用与 DirectX 11 兼容的显卡，支持的操作系统建议使用 DirectX 9 1024×768VGA 真彩色显示器。

⑥磁盘空间：系统安装所需空间 4.0 GB。

1.2.2　用于大型数据集、点云和三维建模的其他要求

①内存：8 GB 以上。

②磁盘空间：6 GB 以上可用硬盘空间(不包括安装所需的空间)。

③显卡：1920×1080 或更高的真彩色视频显示适配器，128 MB 或更高 VRAM，Pixel Shader 3.0 或更高版本，支持 Direct3D Ⓡ 的工作站级图形卡。

④网络：通过部署向导进行部署。根据网络许可运行应用程序的许可服务器和所有工作站必须运行 TCP/IP 协议；可以接受 Microsoft Ⓡ 或 Novell TCP/IP 协议。工作站上的主登录可以是 Netware 或 Windows；除了应用程序支持的操作系统外，许可服务器还将可以运行 Windows Server Ⓡ 2012、Windows Server 2012 R2、Windows Server 2008 和 Windows 2008 R2 Server Edition、Citrix Ⓡ XenApp™ 7.6、Citrix Ⓡ XenDesktop™ 7.6。

1.3　AutoCAD 2018 的界面组成

自 AutoCAD 2007 版本发布以后，AutoCAD 引入了"工作空间"的概念，丰富了绘图界面的内容，使用户可以更加方便地定制符合自身特点的工作界面。AutoCAD 2018 的工作空间在此基础上有了很大程度的改进，用户可以在"快速访问"工具栏的"工作空间"下拉列表中选择工作空间，如图 1-1(a)所示；也可以在状态栏中单击"切换工作空间"按钮 ，在弹出的快捷菜单中选择需要切换的工作空间，如图 1-1(b)所示。系统为用户提供的工作空间有草图与注释、三维基础、三维建模等，用户还可以自定义工作空间。

(a)　　　　　　　　　　　(b)

图 1-1　工作空间的选择与切换

通过上述方法，用户可以轻松地实现不同工作空间的选择与切换。AutoCAD 2018 的草图与注释工作界面由菜单栏、功能区、工具栏、绘图窗口、文

本窗口与命令行、状态栏等组成，如图 1-2 所示。

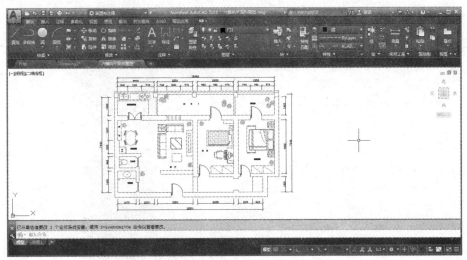

图 1-2　草图与注释工作界面

1.3.1　"应用程序"菜单

用户可以利用"应用程序"菜单管理图形文件，完成新建、打开、保存、打印、输出以及浏览最近使用的文档信息等操作。单击应用程序图标 ▲ 旁边的下拉按钮，即可打开如图 1-3 所示的"应用程序"菜单。

图 1-3　"应用程序"菜单

1.3.2　"快速访问"工具栏

"快速访问"工具栏用于存储经常访问的命令，用户可以自定义该工具栏。单击"快速访问"工具栏右边的下拉按钮图标 ▾，可以添加、删除和重新定位命令。用户可以在下拉列表框中选择"更多命令…"选项，添加更多的命令。若没有可用空间,多出的命令将合起并显示为弹出按钮。"快速访问"工具栏如图 1-4 所示。

图 1-4 "快速访问"工具栏

1.3.3 标题栏和"搜索"选项

标题栏位于"快速访问"工具栏的右侧,显示软件的名称、版本以及当前正在操作的文件名。启动 AutoCAD 2018 后,可载入一个空白文件,默认的名称为"Drawing1. dwg"。

"搜索"选项位于标题的右侧,当计算机连接到网络时,可以使用此搜索功能在网络上寻求在线帮助,如图 1-5 所示。

图 1-5 "搜索"选项

1.3.4 菜单栏与快捷菜单

AutoCAD 2018 菜单栏位于标题栏下方,由"文件""编辑""视图"等菜单组成,包括几乎全部的功能和命令。用户可以单击"快速访问"工具栏右边的下拉按钮图标🔽,在打开的下拉菜单中选择"显示菜单栏"命令,打开菜单栏。图 1-6 所示为"视图"菜单中的各类命令。

从图 1-6 中可以看到,某些菜单命令后面带有" ▶ ""…""(W)"之类的符号或组合键,其表示的含义如下:

①命令后有" ▶ "符号,表示该命令下还有子命令。

图 1-6　"视图"菜单

②命令后有快捷键，表示打开该菜单时，按下快捷键即可执行相应命令。

③命令后有组合键，表示直接按组合键即可执行相对应的命令。

④命令后有"…"符号，表示执行该命令可打开一个对话框。

⑤命令呈现灰色，表示该命令在当前状态下不可以使用。

快捷菜单也被称为上下文相关菜单。在绘图区域、工具栏、状态栏、模型与布局选项卡以及一些对话框上单击鼠标右键时，将会弹出快捷菜单，其中的命令与AutoCAD 当前状态相关。使用它们可以在不启动菜单栏的情况下，快捷、高效地完成某些操作，如图 1-7 所示。

图 1-7　快捷菜单

图 1-8　"工具选项板"窗口

1.3.5　工具选项板

工具选项板为用户提供了一种用于组织、共享和放置块、图案填充及其他工具的有效方法。工具选项板也可以包含由第三方开发的自定义工具集。

用户可以在功能区的"视图"选项卡中单击"工具选项板"按钮 ；或者单击"工具"菜单，将光标指向"选项板"选项，在打开的子菜单中选择"工具选项板"命令，打开"工具选项板"窗口，如图 1-8 所示。

1.3.6　绘图窗口

绘图窗口是用户绘图的工作区域，所有的绘图结果都反映在此窗口内。用户可以根据需要关闭绘图窗口周围和内部的工具选项板和各个菜单栏，以增大绘图空间。若图纸较大，需要查看未显示部分时，可以通过单击窗口四周滚动条上的箭头或拖动滚动条上的滑块来移动图纸。

绘图窗口除了可以显示当前的绘图结果外，还可以显示当前使用的坐标系类型、坐标原点、X 轴、Y 轴及 Z 轴方向等。默认情况下，坐标系为世界坐标系（WCS）。

绘图窗口下方有"模型"和"布局"选项卡，单击选项卡可以实现模型空间和图纸空间的切换。

1.3.7　命令行与文本窗口

命令行位于绘图窗口的底部，用于接受用户输入的命令，并显示系统提示信息。

文本窗口是记录 AutoCAD 命令的窗口，是放大的命令行窗口，可以记录用户已执行的命令，也可以用来输入新命令，如图 1-9 所示。打开文本窗口的方法有 3 种：用户可以在菜单栏中执行"视图"/"显示"/"文本窗口"命令，也可以在命令行中输入"textscr"命令，还可以在键盘上按"F2"键。

图 1-9　文本窗口

文本窗口对于长期使用 AutoCAD 的老用户来说，是一种最有效、最方便的绘图方法。因此，熟悉 AutoCAD 常用命令是非常实用的。命令行中输入的命令不区分大小写。

1.3.8　状态栏

状态栏显示 AutoCAD 当前的状态,包括当前模型空间、绘图工具、工作空间、导航工具等,如图 1-10 所示。

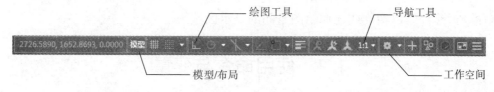

图 1-10　状态栏

AutoCAD 2018 应用程序状态栏和图形状态栏为用户提供有用信息和有关打开和关闭图形工具的按钮。用户单击状态栏中的自定义图标，在打开的快捷菜单中自定义状态栏的命令选项。其中主要命令选项的功能如下:

①坐标:用户在绘图窗口中移动光标时,状态栏上坐标值显示区将动态地显示当前坐标信息。坐标显示取决于所选择的模式和程序中运行的命令。系统默认坐标值为小数点后保留 4 位有效数字。

②捕捉:单击（捕捉模式)按钮后,光标只能在 X 轴、Y 轴或极轴方向移动固定距离,以实现光标沿坐标轴方向精确移动。系统默认距离为“10”。

③栅格:单击（栅格)按钮后,屏幕上将布满小点,形成栅格面。用户可以自定义栅格点的间距,其值一般与捕捉设置的固定距离相等。

④正交:单击（正交模式)按钮后,用户只能绘制垂直直线或水平直线。

⑤极轴追踪:单击（极轴追踪)按钮后,系统将根据设置显示一条追踪线。用户可在该追踪线上根据系统提示移动光标,从而进行精确绘图。默认情况下,系统预设了 4 个极轴,与 X 轴的夹角分别为 0°、90°、180°和 270°(即角增量为 90°)。

⑥对象捕捉:由于所有几何对象都有一些决定其形状和方位的关键点,因此,单击（对象捕捉)按钮后,用户在绘图时可以利用对象捕捉功能,自动捕捉这些关键点,如圆切点、曲线交点等。

⑦对象捕捉追踪:单击（对象捕捉追踪)按钮后,用户可以捕捉对象上的关键点,并沿正交方向或极轴方向拖动光标,此时可以显示光标当前位置与捕捉点之间的相对关系。如果系统找到符合要求的点,直接单击鼠标即可。

⑧线宽:在绘图时,用户如果设置图层的线宽和所绘图形的线宽不同,则单击（显示线宽)按钮后,可以在屏幕上显示线宽,以标识各种具有不同线宽的对象。

⑨模型和图纸:用户可以在模型空间和图纸空间来回切换。

⑩锁:可以指示工具栏和窗口是否被锁定,单击右侧的小箭头可以打开一个菜单,通过该菜单用户可以删减状态栏上显示的内容。

⑪全屏显示:用户单击 ▨（全屏显示)图标,可以清除或恢复工具栏和屏幕(命令行除外),以增加或还原绘图空间的显示区域。

1.4　使用命令与变量

在 AutoCAD 中,菜单命令、工具按钮、命令和系统变量大都是相互对应的。用户可以通过执行某一菜单命令,单击某个工具按钮,或在命令行中输入命令和系统变量来执行某一命令。命令是 AutoCAD 软件绘制与编辑图形的核心。

1.4.1　使用鼠标操作执行命令

在绘图窗口中,光标通常显示为"十"字线形式。当光标移至菜单栏、工具栏或对话框内时,它会变成一个箭头。无论光标是"十"字线形式还是箭头形式,当单击或者按动鼠标键时,都会执行相应的命令或动作。在 AutoCAD 2018 中,鼠标键是按照下述规则定义的。

①拾取键:通常指鼠标左键,用于指定屏幕上的点,也可用于选择 Windows 对象、AutoCAD 对象、工具栏按钮和菜单命令等。

②回车键:指鼠标右键,相当于"Enter"键,用于结束当前使用的命令。单击鼠标右键时系统将根据当前绘图状态而弹出不同的快捷菜单。

③弹出菜单:当用户按下"Shift"键并单击鼠标右键时,系统将弹出一个快捷菜单,用于设置捕捉点的方法。

1.4.2　使用键盘输入命令

在 AutoCAD 中,大部分的绘图、编辑功能都需要通过键盘输入来完成。用户可以通过键盘输入命令和系统变量。此外,键盘还是输入文本对象、数值参数、点的坐标及进行参数选择的唯一工具。

1.4.3　使用命令行和文本窗口

命令行是一个可固定的窗口,用户可以在当前命令行提示下输入命令、对象参数等。对于有些命令,如"time""list"命令,需要在放大的命令行或 AutoCAD 文本窗口中显示。

AutoCAD 文本窗口是一个浮动窗口。用户可以在其中输入命令或查看命令提示信息,可查看执行命令的历史记录,但不能进行修改。

1.4.4　使用透明命令

在 AutoCAD 中,透明命令是指在执行其他命令的过程中可以执行的命令。常使用的透明命令多为修改图形设置的命令、绘图辅助工具命令,例如"snap""grid""zoom"等。

要以透明方式使用命令,应在输入命令之前输入单引号"'"。命令行中,透明命令的提示前有一个双折号">>"。完成透明命令后,将继续执行原命令。例如,通过相切、相切、半径的方法绘制圆,需要缩放图纸大小来选择相切的边界曲线,可以执行下列命令。

命令:_circle

指定圆的圆心或［三点(3P)/两点(2P)/切点、切点、半径(T)］:t(通过相切、相切、半径的方法画圆)

指定对象与圆的第一个切点:(选择第一条和圆相切的边界曲线)

指定对象与圆的第二个切点:'_zoom(选择第二条相切边界曲线时,执行透明命令 zoom)

>>指定窗口的角点,输入比例因子(nX 或 nXP),或者［全部(A)/中心(C)/动态(D)/范围(E)/上一个(P)/比例(S)/窗口(W)/对象(O)］<实时>:

>>按 Esc 或 Enter 键退出,或单击右键显示快捷菜单。(退出透明命令过程)

正在恢复执行 CIRCLE 命令。

指定对象与圆的第二个切点:(系统回到选择第二切点绘制圆命令)

指定圆的半径 <510.2899>:300(指定圆半径)

1.4.5　使用系统变量

系统变量用于控制 AutoCAD 的某些功能和设计环境、命令的工作方式,可以打开或关闭捕捉、栅格或正交等绘图模式,设置默认的填充图案,或存储当前图形和 AutoCAD 配置的有关信息等。

系统变量通常有简单的开关设置。例如,"snapmode"系统变量用来显示或关闭光标的捕捉,当用户在命令行中输入"sn"字符后,命令行中出现以"sn"开始系统命令提示,如图 1-11(a)所示。其值为 1 时,表示光标捕捉打开;其值为 0 时,表示光标捕捉关闭。用户在键盘上按下"F2"键,可打开文本窗口,如图 1-11(b)所示。

用户可以在对话框中修改系统变量,也可以按快捷键来修改。如图 1-12 所示,用户可通过在"草图设置"对话框中勾选"启用对象捕捉"复选框来打开对象捕捉,也可在键盘上按"F3"键打开对象捕捉。

（a）

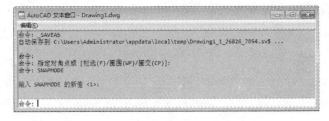
（b）

图 1-11　命令行与文本窗口

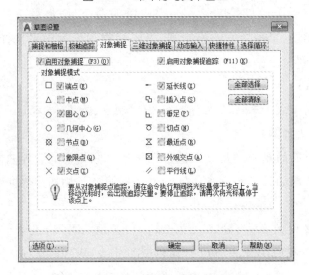

图 1-12　通过对话框方式修改系统变量

　　用户还可以直接在命令行中修改系统变量。如果要对半径为 R 的球体使用系统变量修改曲面线框密度，用户可在命令行提示下输入系统变量名"isolines"。操作如下：

　　命令：ISOLINES（输入系统变量）

　　输入 ISOLINES 的新值 ＜4＞：32（修改系统变量参数）

　　结果如图 1-13 所示。

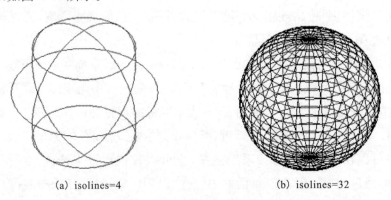

（a）isolines=4　　　　　　　　　　　（b）isolines=32

图 1-13　系统变量修改效果显示

1.4.6　命令的重复、撤销与重做

在 AutoCAD 中,用户可以方便地重复执行同一条命令,或撤销前面执行的一条或多条命令。此外,撤销前面执行的命令后,还可以通过重做来恢复前面执行的命令。

用户可以使用多种方法来重复执行 AutoCAD 中的命令,可以按"Enter"键或空格键,或在绘图区中单击鼠标右键,从弹出的快捷菜单中选择"重复"命令(如图 1-14 所示)。用户还可以在文本窗口中单击右键,从弹出的快捷菜单中选择"近期使用的命令",再从其子命令中选择最近使用过的命令(如图 1-15 所示)。

图 1-14　绘图区快捷菜单　　　　图 1-15　文本窗口快捷菜单

用户可以随时按"Esc"键终止执行任何命令,因为"Esc"键是 Windows 程序用于取消操作的标准键。

有多种方法可以放弃最近一个或多个操作,最简单的就是"undo"命令。默认情况下放弃单个操作,用户也可以一次撤销前面的多步操作。

命令:UNDO(输入撤销命令)

当前设置:自动=开,控制=全部,合并=是,图层=是

输入要放弃的操作数目或 [自动(A)/控制(C)/开始(BE)/结束(E)/标记(M)/后退(B)] <1>:3(放弃最近的 3 个操作)

用户可以使用"标记(M)"选项来标记一个操作,然后用"后退(B)"选项放弃在标记的操作之后执行的所有操作;也可以使用"开始(BE)"选项和"结束(E)"选项来放弃一组预先定义的操作。

1.5   文件的管理

文件的管理包括新建图形文件，打开、保存已有的图形文件，以及退出打开的文件。

1.5.1   新建图形文件

在非启动状态下建立一个新的图形文件，可采用下列 3 种方法：

①在菜单栏中执行"文件"/"新建"命令。

②在快捷菜单栏中单击（新建）图标。

③在命令行中输入"new"命令。

执行上述命令后，系统打开"选择样板"对话框，如图 1-16 所示。在"名称"列表框中，用户可根据不同的需要选择模板样式。当用户选择样式后，单击"打开"按钮，即可在窗口显示新建的文件。

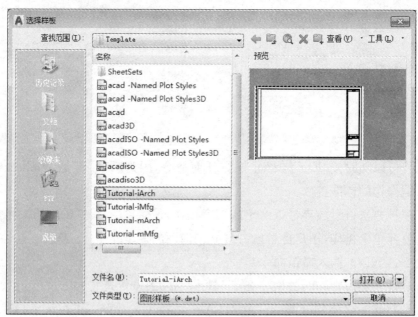

图 1-16   "选择样板"对话框

用户选择模板样式时要注意如下两点：

①在选择样板时，一般用户可以选择"acad"样式，这是 AutoCAD 默认的样式。

②在 AutoCAD 较低版本的样板文件中，GB_a0、GB_a1、GB_a2、GB_a3、GB_a4 开头的样板文件分别与 0 号、1 号、2 号、3 号、4 号图纸的图幅尺寸相对应，基本符合我国目前的工程制图标准。

1.5.2　打开图形文件

打开已有的图形文件,用户可以采用下列 3 种方法:

①在菜单栏中执行"文件"/"打开"命令。

②在快捷菜单栏中单击 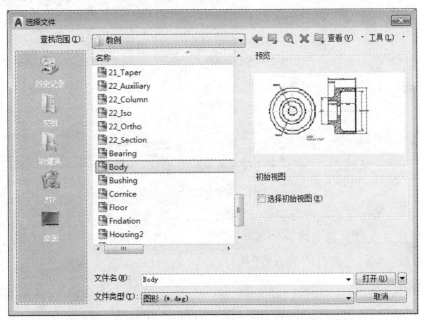(打开)图标。

③在命令行中输入"open"命令。

执行上述命令后,系统打开"选择文件"对话框,如图 1-17 所示。在"查找范围"下拉列表中选择存放 AutoCAD 文件的目录,然后在文件列表框中选择需要打开的文件,单击"打开"按钮,即可打开文件。

图 1-17　"选择文件"对话框

AutoCAD 的图形文件格式为默认 *.dwg,可以在"文件类型"下拉列表中显示。

1.5.3　保存图形文件

保存图形文件包括保存新建和已保存过的文件,用户可以采用下列 3 种方法:

①在菜单栏中执行"文件"/"保存"命令。

②在快捷菜单栏中单击 (保存)图标。

③在命令行中输入"qsave"命令。

对于新建文件,执行上述命令后,系统打开"图形另存为"对话框,如图 1-18

所示。用户可在"保存于"下拉列表框中指定图形文件保存的路径,然后在"文件名"文本框中输入图形文件的名称,在"文件类型"下拉列表框中选择图形文件要保存的类型。设置完成后,单击"保存"按钮即可。

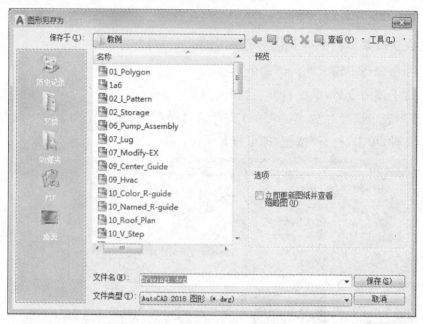

图 1-18　"图形另存为"对话框

对于已保存过的文件,执行上述命令之后,系统不再打开"图形另存为"对话框,而是按原文件名称保存。如果用户执行"文件"/"另存为"命令,或在命令行中输入"saveas"命令,则可以打开"图形另存为"对话框,改变文件的名称、保存的路径和类型。

1.5.4　退出图形文件

完成图形绘制后,退出 AutoCAD 2018 的操作如下。

(1)输入命令

用户可以采用下列 4 种方法,其操作如下:

①在菜单栏中执行"文件"/"关闭"命令。

②单击 AutoCAD 2018 应用程序图标，在如图 1-3 所示的下拉菜单中选择"关闭"选项命令。

③单击标题栏中关闭按钮。

④在命令行中输入"close"命令。

(2)操作格式

如果图形文件没有保存或在修改后未作保存,系统会弹出提示文件保存的对话框,如图 1-19 所示。选择"是"按钮,系统打开"图形另存为"对话框,要求用户确定图形文件的名称和存放的位置并进行保存;选择"否"按钮,系统不保存并退出;选择"取消"按钮,则返回编辑状态。

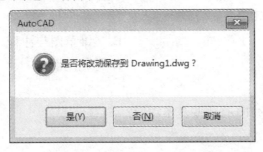

图 1-19　提示文件保存的对话框

思考与练习

一、填空题

(1) AutoCAD 是美国_____公司开发的通用计算机辅助设计软件。

(2) 在 AutoCAD 中,用户可以使用"绘图"工具和"修改"工具绘制 3 种类型的图形:二维图形、三维图形和_____。

(3) AutoCAD 2018 的工作界面由菜单栏、功能区、工具栏、绘图窗口、文本窗口、_____和状态栏等元素组成。

(4) 当用户按下"Shift"键并单击鼠标右键时,系统将弹出一个快捷菜单,用于设置_____。

(5) 使用系统变量可以修改曲面线框密度,用户可在命令行提示下输入系统变量名_____。

二、选择题

(1) 以下选项中不属于 AutoCAD 2018 绘图功能的是(　　　)。

A. 绘制二维工程图形　　　　　　B. 绘制三维工程图形

C. 强大的位图处理能力　　　　　D. 绘制等轴图形

(2) 某些菜单后面带有"…"符号,表示(　　　)。

A. 执行该命令后打开一个对话框　B. 该命令还有子命令

C. 该命令在当前状态下不可以使用　D. 以上都是错误的

(3) 在 AutoCAD 程序窗口中,若在键盘上按下"F2"键,可以打开(　　　)。

A. 对象的捕捉　　　　　　　　　B. 极轴追踪

C. 正交模式　　　　　　　　　　D. AutoCAD 文本窗口

(4) 系统变量"snapmode"的功能是(　　　)。

A. 显示或关闭光标的捕捉模式 B. 显示或关闭正交模式

C. 显示或关闭自动追踪 D. 显示或关闭栅格

(5)AutoCAD 2018 为用户提供的工作空间有很多，以下选项中不是系统为用户提供的工作空间是( )。

A. 三维基础 B. 二维草图与注释

C. 三维建模 D. 等轴测图

三、简答题

(1)AutoCAD 2018 有哪些基本功能？

(2)AutoCAD 2018 的工作界面包括哪几个部分，各有什么功能？

(3) AutoCAD 2018 状态栏中各主要按钮的作用是什么？

(4)什么是透明命令？透明命令有何特点？

扫一扫，获取参考答案

第2章　设置系统参数与绘图环境

　　用户可以在系统默认的状态下绘制图形,但有时为了使用特殊的定点设备、打印机,或提高绘图效率,在绘图之前需要对系统参数、绘图环境做必要的设置。设置系统参数与绘图环境,不但可以减少对所绘图形的调整、修改工作,而且有利于统一格式,便于图形管理和使用。系统参数与绘图环境设置主要包括参数选项、绘图单位、绘图界限、对象捕捉和正交模式、图层、线宽、颜色等的设置。

　　通过本章的学习,读者应了解 AutoCAD 2018 系统参数的基本功能,并能根据工程制图的需要来设置系统参数和绘图环境。

2.1　设置系统参数选项

　　AutoCAD 2018 是一个开放的绘图平台,用户可以非常方便地设置系统参数选项,如改变系统文件路径、绘图界面中的各窗口元素等内容。

(1)输入命令

　　用户在菜单栏中执行"工具"/"选项"命令,或在命令行中输入"options"命令,即可打开"选项"对话框,如图 2-1 所示。

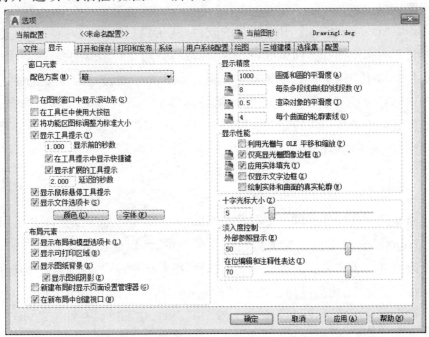

图 2-1　"选项"对话框

（2）选项说明

"选项"对话框中包括"文件""显示"等 10 种选项卡，各选项卡的功能如下：

①"文件"选项卡：用于指定有关文件的搜索路径、文件名和文件位置。

②"显示"选项卡：用于设置绘图工作界面的显示格式、图形显示精度、十字光标的十字线长短等。

③"打开和保存"选项卡：用于设置与打开和保存图形有关操作的选项。

④"打印和发布"选项卡：用于设置打印机和打印参数。

⑤"系统"选项卡：用于设置 AutoCAD 2018 的一些系统参数，如当前定点设备、常规选项等。

⑥"用户系统配置"选项卡：用于优化 AutoCAD 2018 系统的工作方式。

⑦"绘图"选项卡：用于设置对象自动捕捉、自动追踪等绘图辅助功能。

⑧"三维建模"选项卡：用于对三维绘图模式下的三维十字光标、UCS 图标、动态输入、三维对象及导航等选项进行设置。

⑨"选择集"选项卡：用于设置选择对象方式和夹点功能等。

⑩"配置"选项卡：用于新建、重命名和删除系统配置等。

AutoCAD 2018 安装后，系统参数按照默认方式设定，建议初学者不要随意地改变系统的各项配置参数。

2.2　自定义工具栏

AutoCAD 2018 是一个相当复杂的软件，其工具栏涉及的内容很多，通常每个工具栏都由多个图标按钮组成，每个图标按钮分别对应相应的命令调用。复杂的工具栏会给用户的工作效率带来一定的影响。为了能够最大限度地使用户在短时间内熟练地使用 AutoCAD 软件，系统提供了一套自定义工具栏命令，用户可以对工具栏中的按钮进行调整。这样不仅可以加快工作流程，还能使屏幕变得更加整洁，排除不必要的按钮对工作界面的干扰。

2.2.1　定位工具栏

在菜单栏中选择"工具"/"工具栏"/"AutoCAD"命令选项，可自定义用户工具栏。AutoCAD 2018 的所有工具栏都是浮动的，可以放在屏幕上的任何位置，也可以改变其大小和形状。对于任何工具栏，把光标放置在它的标题栏或者其他非图标按钮的地方，按下鼠标左键即可将它拖到指定的地方。对于任何工具栏，把光标放置在它的边界处，当光标成为双向箭头时，按下鼠标左键拖动，即可改变工具栏的大小和形状，如图 2-2 所示。

图 2-2　改变"建模"工具栏形状

2.2.2　锁定工具栏

锁定工具栏也就是将工具栏固定在特定的位置。被锁定的工具栏的标题是不显示的,如图 2-3 中的"绘图"工具栏、"修改"工具栏和"实体编辑"工具栏等。要锁定一个工具栏,可以用鼠标按住工具栏标题,并将工具栏拖到 AutoCAD 2018 窗口的上下两边或左右两边。这些地方是系统的锁定区域。当工具栏的外轮廓线出现在锁定区域后,松开鼠标按钮即可锁定该工具栏。如果要将工具栏放在锁定区域中但并不锁定它,可在拖动时按住"Ctrl"键。如图 2-3 所示为用户打开并锁定工具栏的绘图界面。

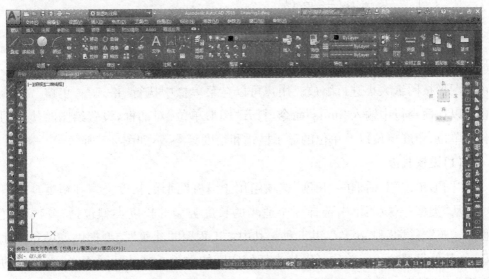

图 2-3　打开并锁定工具栏的绘图界面

用户可以将一个浮动的工具栏拖曳到屏幕边缘,变成固定的工具栏;也可以将一个固定的工具栏拖曳离屏幕的边缘,变成浮动工具栏;双击工具栏的边框,可使该工具栏在固定和浮动状态之间进行切换。

在现有的任意工具栏上单击鼠标右键,将弹出系统工具栏快捷菜单;工具栏前有"√"表示该工具栏在屏幕中已经打开,没有"√"则表示该工具栏处于关闭状态。用户可以在打开的快捷菜单中选择打开新的工具栏,也可以关闭屏幕中已有的工具栏。

用户执行的命令如果是从工具栏中调用的,则在命令提示行中,该命令前有一个下划线"_"标记,如图 2-4 所示。

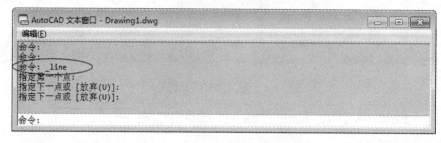

图 2-4　工具栏调用命令显示

2.3　设置图形单位

使用 AutoCAD 绘制工程图形首先要确定绘制图形的大小和单位,长度和角度的类型及精度,自定义角度的方向和绘图的图限等。

2.3.1　设置图形单位

在 AutoCAD 中,绘图空间是无限的。用户如果采用 1∶1 的比例因子绘图,那么所有的直线、圆和其他对象将以真实大小来绘制。在需要图形打印输出时,可将图形按图纸大小进行缩放。用户可以在菜单栏中执行"格式"/"单位"命令,也可以在命令行中输入"units"命令,打开"图形单位"对话框,设置绘图时使用的长度单位、角度单位以及单位的显示格式和精度等参数,如图 2-5 所示。

(1)设置长度

"图形单位"对话框的"长度"选项组用于设置图形的长度类型和精度。用户可以从"类型"下拉菜单中选择一个适当的长度类型。长度类型包括"分数""工程""建筑""科学"和"小数",共 5 种。其中,"工程"和"建筑"类型提供英尺和英寸显示,其他类型的长度单位可以代表任何实际的单位。默认情况下,长度单位的类型为"小数"。"精度"选项表示长度单位显示的精度。默认情况下,精度为小数点后保留 4 位有效数字。

(2)设置角度

"图形单位"对话框的"角度"选项组用于设置图形的角度类型和精度。用户可以从"类型"下拉列表中选择一个适当的角度类型。角度类型包括"百分度"

"度/分/秒""弧度""勘测单位"和"十进制度数"5 种。默认情况下,角度类型为"十进制度数",角度以逆时针方向为正方向。

如果在图 2-5 所示"图形单位"对话框中勾选"顺时针"复选框,则系统以顺时针方向为角度的正方向。

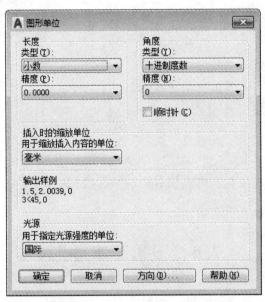

图 2-5　"图形单位"对话框

(3)设置角度旋转方向

在"图形单位"对话框中,单击 方向(D)... 图标,可以打开"方向控制"对话框,如图 2-6 所示。在"基准角度"选项组中,用户可以指定系统 0°方向(默认为正东方向)。当选中"其他"单选按钮时,用户可以单击 图标,切换到绘图窗口中,通过拾取两个点来确定基准角度的 0°方向。

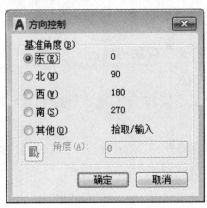

图 2-6　"方向控制"对话框

2.3.2　设置绘图图限

图限是指用户在模型空间中设置的一个矩形绘图区域,用于确定栅格显示。用户可以在菜单栏中执行"格式"/"图形界限"命令,或在命令行输入"limits"命令后,按系统提示指定左下角点和右上角点的坐标值来确定图形界限。系统提示如下:

命令:LIMITS(输入命令)

重新设置模型空间界限:(系统提示信息)

指定左下角点或［开(ON)/关(OFF)］<0.0000,0.0000>:1,1(指定左下角点)

指定右上角点<297.0000,210.0000>:298,211(指定右上角点)

系统将右下角点与左上角点相对应的坐标值相减,就得到了长为 297 mm、宽为 210 mm(即 A4 纸张)的幅面。

2.4　设置基本图形

AutoCAD 2018 为用户提供了多种设置图形文件的方法。用户可以使用系统提供的样板进行设置,也可以自定义新的图形方式进行设置。

2.4.1　使用默认设置创建新的图形文件

样板文件是系统为用户预设的图形文件。设置类型各异的样板图形文件,可以提高用户绘图的效率。

执行菜单栏中的"文件"/"新建"命令,或单击快速访问工具栏中的 ▭ (新建)按钮,打开"选择样板"对话框,单击"打开"按钮右侧的下拉按钮,弹出 3 种创建图形文件的类型,如图 2-7 所示。

①打开:用户可以选择系统提供的样板文件,默认设置将新建一幅供绘图的空白图纸。

②英制:基于英制单位系统和 acad. dwt 样板创建新图形。默认图形界限为 12 in×9 in。

③公制:基于公制单位系统和 acadiso. dwt 样板创建新图形。默认图形界限为 420 mm×297 mm,即机械制图中的 A3 图纸。

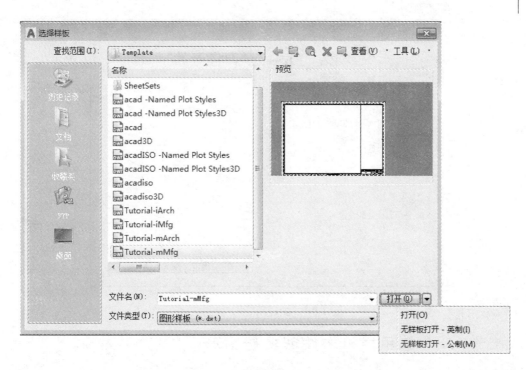

图 2-7　选择新建图形文件方式

2.4.2　"创建新图形"对话框

使用"创建新图形"对话框新建图形文件是用户设置基本图形文件的一种常用方法。用户可以按照如下步骤完成设置。

①在命令行中输入系统变量"startup",并将其值设置为1(系统默认值为3)。

命令:STARTUP

输入 STARTUP 的新值 <3>:1(修改默认值)

命令:

②在命令行中输入系统变量"filedia",并将其值设为1(系统默认值为1)。

命令:FILEDIA

输入 FILEDIA 的新值 <1>:1(设置系统变量值)

命令:

③在菜单栏中执行"文件"/"新建"命令,或单击"标准"工具栏的"新建"图标,弹出"创建新图形"对话框,用户可以选择"英制"或"公制"设置,新建一幅空白图纸,如图 2-8 所示。

如果用户使用默认设置创建新图形,则可为新图形指定英制或公制单位。选定的设置决定系统变量要使用的默认值,这些系统变量可以控制文字、标注、栅格、捕捉以及默认的线型和填充图案文件。

图 2-8　"创建新图形"对话框

2.4.3　使用样板文件创建新图形

样板文件是一种包含特定图形设置的图形文件,扩展名为".dwt"。通常样板文件中可对单位类型和精度、图形界限、图层组织、线型和线宽、标注和文字样式、捕捉和栅格、标题栏、边框和单位标记等进行设置。

如果用户使用样板创建新的图形,那么新图形可继承样板中的所有设置。这样就避免了大量重复设置工作,而且也可以保证同一项目中所有图形文件的标准统一。新的图形文件与所用的样板文件是相对独立的,因此用户对新图形的修改不会影响样板文件。

用户可以在图 2-8 所示的"创建新图形"对话框中单击 （使用样板）图标,打开样板文件列表框,如图 2-9 所示。

AutoCAD 2018 提供的样板文件风格多样。这些文件都保存在 AutoCAD 安装目录中的"Template"子目录中,用户可以根据需要选取。

除了系统提供的样板,用户还可以创建自定义样板文件,任何现有的图形都可以作为样板。

图 2-9　使用样板新建图形文件

2.4.4　使用向导创建新的图形文件

用户可以在图 2-8 所示的"创建新图形"对话框中单击 (使用向导)图标，打开选择向导列表框，如图 2-10 所示。使用向导创建新的图形文件，用户可以选择"快速设置"和"高级设置"两种方法。

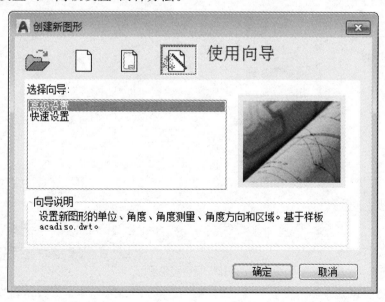

图 2-10　使用向导创建图形文件

(1)快速设置

快速设置向导只提供图形文件的单位和区域设置。

用户选择"快速设置"选项,单击"确定"按钮后即可打开"快速设置"向导,如图 2-11 所示,用户可以选择测量单位,单击"下一步"按钮后可以设置绘图区域即图形界限,如图 2-12 所示。

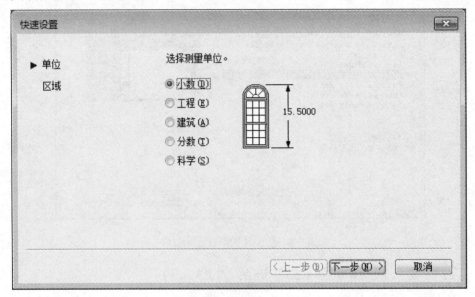

图 2-11　设置图形单位

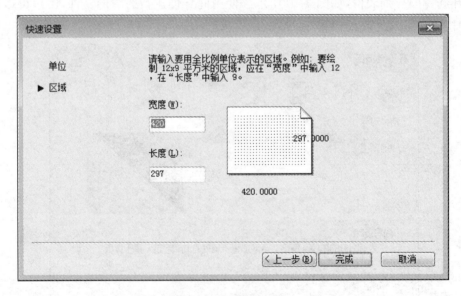

图 2-12　设置图形界限

(2)高级设置

高级设置不仅可以设置测量单位和图形区域,还可以设置角度、角度测量和角度方向等绘图属性,如图 2-13 所示。

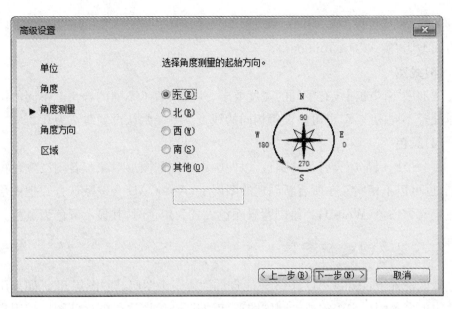

图 2-13　"高级设置"向导

2.5　规划图层

在 AutoCAD 2018 中，用户可以用不同的线型、线宽、颜色来绘图，也可以将所绘制对象放置在不同的图层上，以提高绘图效率，节省图形存储空间。

2.5.1　图层概述

图层可以想象为一张没有厚度的透明纸，各层之间完全对齐，一层上的某一基准点准确地对准其他各层上的同一基准点。用户可以指定每一图层所用的线型和颜色，也可以将具有相同线型和颜色的对象放在同一图层上。这些图层叠放在一起就构成了一幅完整的图形。

(1)图层的特点

图层具有以下特点：

①用户可以在一幅图中指定任意数量的图层，图层的数量没有限制。

②每个图层都有一个名称，以便管理。

③一般情况下，每个图层上的对象应该是一种线型、一种颜色。

④各图层具有相同的坐标系、绘图界限及显示时的缩放倍数。

⑤用户只能在当前图层上绘图，可以对各图层进行"打开""关闭""冻结""锁定"等操作。

(2)线型

在每一个图层上都应根据对象的要求设置一种线型。不同的图层可以设置不同的线型，也可以设置相同的线型。在新创建的图层上，AutoCAD 2018 默认设置线型为"实线"（Continuous）。

（3）线宽

图形中不同的曲线有不同的宽度要求，并且代表了不同的含义。不同的图层可以设置不同的线宽，也可以设置相同的线宽。系统默认设置线宽为 0.25。

（4）颜色

每一个图层都应具有某一颜色，以便区别不同的图形对象。各图层颜色可以相同，也可以不相同。在所有新创建的图层上，AutoCAD 会按默认方式把图层的颜色定义为白色（White）；当绘图背景颜色设置为白色时，其显示颜色为黑色。

2.5.2　创建新图层

默认情况下，AutoCAD 2018 只能自动创建一个图层，即"图层 0"。如果用户要使用更多的图层来组织所绘制的图形，就需要在绘图之前创建新图层。用户可通过如下方式打开"图层特性管理器"对话框，如图 2-14 所示。

①在菜单栏中执行"格式"/"图层"命令。

②在"图层"功能区中单击 （图层特性）图标。

③在工具栏中单击 （图层特性）图标。

④在命令行中输入"layer"命令。

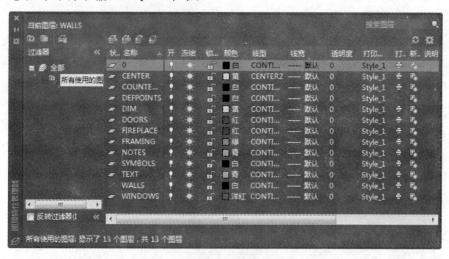

图 2-14　"图层特性管理器"对话框

"图层特性管理器"对话框中各选项的主要功能如下：

①"新建特性过滤器"按钮 ：用于打开"图层过滤器特性"对话框，如图2-15所示，对图层进行过滤。改进后的图层过滤功能大大简化了用户在图层方面的操作。打开该对话框后，可以在"过滤器定义"列表框中设置图层名称、状态、颜色、

线型及线宽等过滤条件。

图 2-15 "图层过滤器特性"对话框

②"新建组过滤器"按钮 ▣：用于创建一个图层过滤器，其中包括已经选定并添加到该过滤器的图层。

③"图层状态管理器"按钮 ▤：用于打开"图层状态管理器"对话框，如图2-16所示。用户可以通过该对话框管理命名的图层状态，实现恢复、编辑、重命名、删除、从一个文件输入或输出到另一个文件等操作。

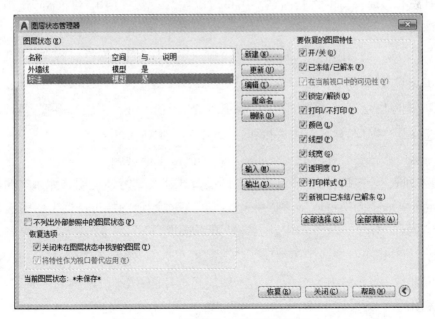

图 2-16 "图层状态管理器"对话框

此对话框中各选项功能如下：

a. "图层状态"列表框：显示当前图层已保存下来的图层状态名称，以及从外部输入进来的图层状态名称。

b. "新建"按钮：单击该按钮，用户可以打开"要保存的新图层状态"对话框，创建新的图层状态。

c. "删除"按钮：单击该按钮，可以删除选中的图层状态。

d. "输入"按钮：单击该按钮，用户可以将外部图层状态输入当前图层中。

e. "输出"按钮：单击该按钮，打开"输出图层状态"对话框。用户可以将当前图形已保存下来的图层状态输出到一个 LAS 文件中。

f. "要恢复的图层设置"选项组：勾选相应的复选框，设置图层状态和特性。单击"全部选择"按钮可以勾选所有复选框，单击"全部清除"按钮可以取消勾选所有复选框。

g. "恢复"按钮：单击该按钮可以将选中的图层状态恢复到当前图形中，并且只有那些已保存的特性和状态才能够恢复到图层中。

④"新建图层"按钮 ：用于创建新图层。单击该按钮，可建立一个以"图层1"为名称的图层。连续单击该按钮，系统依次创建名为"图层 n（n 为递增的自然数）"的图层。为了方便确认图层，可以用汉字来重命名。单击被选中的原图层名，即可以直接删除原图层名，输入新的图层名。

⑤"在所有视口中都被冻结的新图层视口"按钮 ：用于创建新图层，然后在所有现有布局视口中将其冻结。用户可以在"模型"选项卡和"布局"选项卡上访问该按钮。

⑥"置为当前"按钮 ：用于设置当前图层。在"图层特性管理器"对话框中选择相应的图层，然后单击该按钮，则这一图层被设置为当前图层。

⑦"删除图层"按钮 ：用于删除不用的空图层。在"图层特性管理器"对话框中选择某一图层，然后单击该按钮，被选中的图形将被删除。

注意："0"图层、当前图层、有实体对象的图层不能被删除。

⑧"列表框"窗口：用于显示图层和图层过滤器及其特性说明。如果在树状图中选定了某一个图层过滤器，则"列表框"窗口仅显示该图层过滤器中的图层。

a. "名称"：用于显示各个图层的名称。默认图层为"0"，每个图层都不能重名。

b. "开"：用于打开或关闭图层。单击 （小灯泡）图标，可以在打开或关闭图层之间切换。当小灯泡为黄色时，表示图层是打开的；当小灯泡为灰色时，表示图层是关闭的。

注意：图层被关闭时，该图层的图形被隐藏，不能显示出来，也不能打印输出。

　　c."冻结":用于图层冻结和解冻。单击 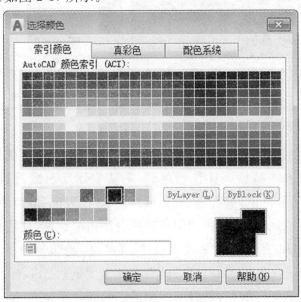(太阳)图标或 ✳(冰花)图标,可以进行解冻和冻结之间的切换。显示 ✳(冰花)图标时,图层被冻结,该图层的图形均不能显示出来,也不能打印输出。冻结图层和关闭图层的效果相同,区别在于前者的对象不参加处理过程的运算,所以执行速度更快一些。

　　注意:当前图层不能被冻结。

　　d."锁定":用于图层的锁定和解锁。单击 🔓(锁)图标,可以进行加锁和解锁之间的切换。

　　注意:被锁定图层的图形对象虽然可以显示出来,但不能对其进行编辑。在被锁定的当前图层上仍可以绘图和改变颜色及线型,但不能改变原图形。

　　e."颜色":用于显示各图层设置的颜色。

　　f."线型":用于显示各图层设置的线型。

　　g."线宽":用于显示各图层设置的线宽。

2.5.3　颜色、线型和线宽

2.5.3.1　颜色

　　通过对图形中的各个图层设置颜色,用户可以直观地查看图形,还可以通过设置图层颜色和线宽进行相关的打印操作。通过指定图层颜色,用户可以在图形中轻易地识别每个图层,为绘图带来很大的便利。

　　在"图层特性管理器"对话框中单击"列表框"内 ■(颜色)图标,可以打开"选择颜色"对话框,如图 2-17 所示。

图 2-17　"选择颜色"对话框

(1)索引颜色

索引颜色又称 ACI 颜色,是 AutoCAD 中使用的标准颜色。每种颜色有一个 ACI 编号标识,为 1 到 255 之间的整数。例如,红色为 1,黄色为 2,绿色为 3,青色为 4,蓝色为 5,洋红色为 6,白色/黑色为 7。标准颜色适用于 1 到 7 号。

在"索引颜色"选项卡下有"ByLayer(随图层)"和"ByBlock(随块)"两个按钮。当选择"ByLayer"按钮时,所绘制对象的颜色与当前图层的绘图颜色一致。当选择"ByBlock"按钮时,所绘制对象的颜色为白色。把在该颜色设置下绘制的对象创建成块,如果块的颜色设置为 ByLayer 方式,则块成员的颜色将随着块的插入而与当前图层颜色一致。

(2)真彩色

真彩色使用 24 位颜色定义,包括 RGB 和 HSL 颜色模式。用户可以在"选择颜色"对话框的"真彩色"选项卡中设置,如图 2-18 所示。

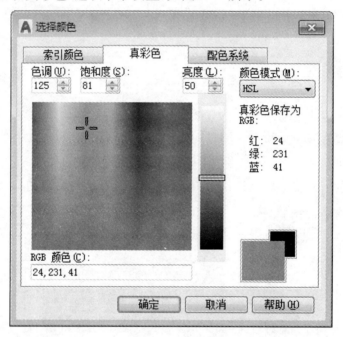

图 2-18 "真彩色"选项卡

HSL 颜色模式是工业界的一种颜色标准,以人类对颜色的感觉为基础,描述了颜色的 3 种基本特性。H 代表色调,是从物体反射或透过物体传播的颜色,通常由颜色名称标识,如红色、橙色或绿色;S 代表饱和度(有时称为彩度),是指颜色的强度或纯度,表示色相中灰色成分所占的比例,使用从 0%(即灰色)至 100%(完全饱和)的百分比来度量;L 代表亮度,是颜色的相对明暗程度,通常用从 0%(即黑色)至 100%(白色)的百分比来度量。HSL 标准几乎包括了人类视力所能感知的所有颜色,是目前运用最广的颜色系统之一。HSL 色彩模式如图 2-18 所示。

RGB 颜色模式源于有色光的三原色原理。其中,R 代表红色,G 代表绿色,B 代表蓝色。RGB 模式是一种加色模式,即所有其他颜色都是通过红、绿、蓝 3 种颜色叠加而成。每种颜色都有 256 种不同的亮度值,因此 RGB 模式理论上有 256×256×256 共约 1600 万种颜色。虽然 1600 万种颜色仍不能涵盖人眼所能看到的整个颜色范围,自然界中的颜色也远远多于 1600 万种,但是这么多种颜色已经足够模拟自然界中的各种颜色。

(3)配色系统

在“选择颜色”对话框的“配色系统”选项卡中,如图 2-19 所示,用户可以从所有颜色中选择程序事先配置好的专色。这些专色被放置于专门的配色系统中。程序中主要包含三类配色系统,分别是 pantone、dic 及 ral。它们都是全球通用的色彩标准,是印刷、涂料、五金、陶瓷、工美设计等行业内色彩交流的必备工具,可以从千万色彩中明确一种特定的颜色。例如,pantone 色卡包含全部 1900 多种色彩,各种色彩均标有统一的颜色编号,在国际上通用。

使用配色系统设置颜色步骤如下:

①从配色系统下拉列表中选择一种类型。

②在“配色系统”选项卡的选择条中,单击上下按钮或拖动滑块,选择颜色。

③在“颜色列表”中选择具体的颜色编号。

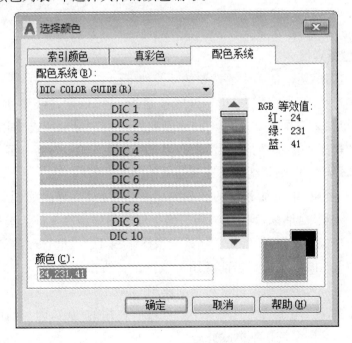

图 2-19　“配色系统”选项卡

2.5.3.2　线型

绘制图形时,经常要根据绘图标准使用不同的线型绘图。用户可以使用线型管理器来设置和管理线型。例如,从线型库的"acadiso. lin"文件中加载新线型,设置当前线型及删除已有的线型。

用户可以执行"格式"/"线型"命令,或者在命令行中输入"linetype"命令,打开"线型管理器"对话框,如图 2-20 所示。

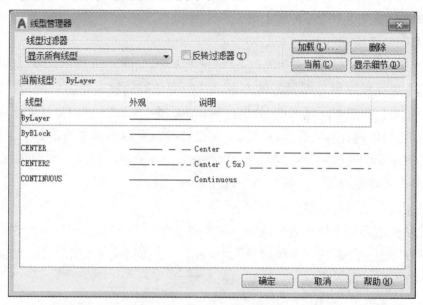

图 2-20　"线型管理器"对话框

(1) 线型管理器

"线型管理器"对话框中主要选项的功能如下。

①"线型过滤器"下拉列表:用于设置过滤条件,以确定在线型列表中显示哪些线型。下拉列表框中有 3 个选项:"显示所有线型""显示所有使用的线型"和"显示所有依赖于外部参照的线型"。如果选择以上三项之一后,再勾选右边的"反转过滤器"复选框,则其结果与选项结果相反。

②"加载"按钮:用于加载新的线型。单击该按钮,将弹出如图 2-21 所示的"加载或重载线型"对话框,列出以". lin"为扩展名的线型库文件。选择要加载的新线型,单击"确定"按钮,即可完成加载线型操作,返回"线型管理器"对话框。

③"当前"按钮:用于指定当前使用的线型。在线型列表框中选择某线型,单击"当前"按钮,即可将此线型设置为当前使用的线型。

④"删除"按钮:用于从线型列表中删除没有使用的线型,即当前图形中没有使用到的线型,否则系统拒绝删除此线型。

⑤"显示细节"按钮:用于显示或隐藏"线型管理器"对话框中的详细信息,如图 2-22 所示。"详细信息"选项组包括 3 个选项:

a."全局比例因子":用于设置全局比例因子。它可以控制线型的长短、点的大小、线段的间隔尺寸。全局比例因子将修改所有新的和现有的线型比例。

b."当前对象缩放比例":用于设置当前对象的线型比例。该比例因子与全局比例因子的乘积为最终比例因子。

c."缩放时使用图纸空间单位"复选框:用于在各个视口中绘图的情况。取消勾选该项时,模型空间和图纸空间的线型比例都由整体线型比例控制;勾选该项时,对图纸空间中不同比例的视窗,系统可自动调整其中线型的比例。

图 2-21　"加载或重载线型"对话框

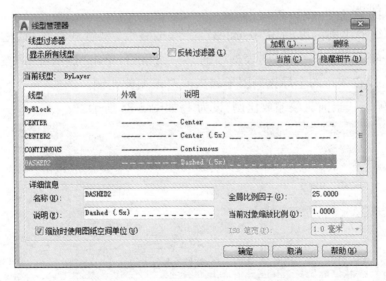

图 2-22　打开"显示细节"的"线型管理器"对话框

(2)线型库

AutoCAD 2018 标准线型库为用户提供了几十种线型,其中包含多个长短、间隔不同的虚线和点画线。只有经过合理的选择,在同一线型比例下,才能绘制出符合制图标准的图线。默认情况下,"线型"列表框中只有 3 种线型。如果要使用其他线型,必须将其添加到该列表框中,然后再从列表框中选择所需线型。单击"线型管理器"对话框中的"加载"按钮,打开"加载或重载线型"对话框,如图2-21所示,从当前线型库中选择需要加载的线型,单击"确定"即可。

按最新《技术制图　图线》(GB/T 17450-1998)绘制工程图时,线型选择推荐如下:

实线:　　　　　continuous

虚线:　　　　　acad_iso02w100

点画线:　　　　acad_iso04w100

双点画线:　　　acad_iso05w100

(3)线型比例

在绘制工程图时,除了按制图标准选择线型外,还应设定合理的整体线型比例。线型比例如果设定不合理,就会造成虚线、点画线长短不一,间隔过大或过小,有时还会出现虚线和点画线画出来是实线的情况。

Acadiso.lin 标准线型库中线段的间隔和长度分别乘以全局比例因子,即可得出图样上实际线段长度和间隔长度。线型比例值设成多少为合理,需要根据经验决定。如果输出图形时不改变绘图时选定的图幅大小,那么线型比例值与图幅大小无关。选用上面推荐的一组线型在"A3~A0"标准图幅绘图时,全局比例因子一般设定为0.3~0.4,当前对象缩放比例值一般使用默认值"1";有特殊需要时,可进行调整。

整体线型比例值可调用"ltscale2"命令,或在"线型管理器"对话框中设定。操作方法如下:选择"线型"列表框中的某一线型后,单击"显示细节"按钮,如图2-22所示,设置线型的全局比例因子和当前对象缩放比例。例如,将"全局比例因子"设为0.35,"当前对象缩放比例"设为1,如图2-23所示。

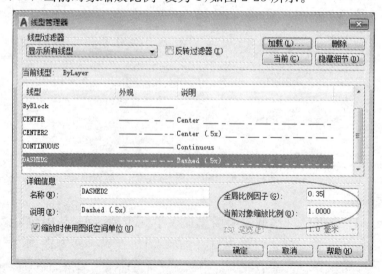

图 2-23　设置"全局比例因子"和"当前对象缩放比例"

2.5.3.3　线宽

选择线宽就是改变线条的宽度,主要用来在显示和打印时进一步区分图形中的对象。通过对线宽的设置可提高图形的表达能力和可读性。此外,使用线宽还可以用粗线和细线清楚地表现出部件的截面、边线、尺寸线和标记等。

用户在菜单栏中执行"格式"/"线宽"命令,或在命令行中输入"lweight"命令,也可在"特性"功能区中选择线宽随图层显示图标的下拉按钮,在弹出的快捷菜单中选择"线宽设置"选项,打开"线宽设置"对话框,如图 2-24 所示。通过调整线宽的比例,将图形线宽设定成合适的尺寸。

图 2-24　"线宽设置"对话框

该对话框中主要选项的功能如下:

①"列出单位":用于设置线宽的单位,可以是毫米或英寸。

②"显示线宽"复选框:用于显示线宽。也可以单击状态栏上的"显示线宽"按钮显示线宽。

③"线宽"列表框:用于设置当前所绘图形的线宽。

④"默认"下拉列表框:用于设定默认的线宽值。

⑤"调整显示比例"选项组:通过调整显示比例滑块,设置线宽的显示比例大小。

2.6　管理图层

"图层"和"特性"功能区可以让用户更方便、快捷地对图层、颜色、线型、线宽进行设置和修改,方便用户对图层进行管理。

2.6.1　"图层"功能区

"图层"功能区如图 2-25 所示,各项功能简单介绍如下:

①"图层特性"图标 ：用于打开"图层特性管理器"对话框。

②"图层"列表框：列出符合条件的所有图层。若需将某个图层设置为当前图层，在列表框中选取该图层即可。通过列表框可以实现图层之间的快速切换，提高绘图效率。也可以单击列表框中的图标对图层进行冻结与解冻、打开与关闭等切换操作。

③"置为当前"图标 ：用于将选定对象所在的图层设置为当前图层。

用户也可以在菜单栏中执行"工具"/"工具栏"/"AutoCAD"命令，选择"图层"和"特性"工具栏，完成用户图层的定制操作。

图 2-25　"图层"功能区

图 2-26　"特性"功能区

2.6.2　"特性"功能区

"特性"功能区在"图层"功能区的右侧，如图 2-26 所示，其各列表框的功能自左向右介绍如下.

①"颜色"下拉列表框：用于列出当前图形可选择的各种颜色，但不能改变原图层设置的颜色。"ByLayer"（随图层）选项表示所希望的颜色按图层本身的颜色来确定，"ByBlock"（随块）选项表示所希望的颜色按图块本身的颜色来确定。如果用户选择随图层和随块以外的颜色，随后所绘制的对象颜色将是独立的，不会随图层的变化而变化。单击"更多颜色"选项，将打开"选择颜色"对话框，可以从中选择当前对象的颜色。

②"线型"列表框：用于列出当前图形可选用的各种线型，但不能改变原图层设置的线型。

③"线宽"列表框：用于列出当前图形可选用的各种线宽，但不能改变原图层设置的线宽。

④"打印样式"列表框：显示当前层的打印格式。若不设置，则该项为不可选。

2.7　使用坐标系

AutoCAD 2018 与一般的工程制图一样，使用笛卡尔坐标系统来确定"点"的位置，基于当前坐标系统来完成所有操作。

2.7.1　认识坐标系统

在 AutoCAD 2018 中,可以使用两种坐标系统:世界坐标系统(WCS)和用户坐标系统(UCS)。在默认状态下,系统使用的是世界坐标系统。该坐标系统定义的坐标原点位于屏幕的左下角,X 轴正方向为屏幕右方的水平方向(即正东方向),Y 轴正方向为竖直向上的方向(即正北方向),Z 轴正方向垂直于屏幕指向用户方向。

在世界坐标下用户可以定义相对于它的不同坐标系统,如绕某一个轴旋转、倾斜一个角度,或者重新定义一个相对于世界坐标系统的参考原点来建立一个新的坐标系统,还可以直接把坐标原点定义在某一个物体上。这种新的坐标系统就是用户坐标系统。

用户坐标系统允许用户旋转构造平面,简化了三维点的定位,使物体的侧面绘制变得更加简单。如图 2-27 所示,可将用户坐标系统的 XY 平面建立在物体的斜面上。

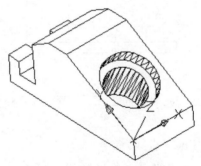

图 2-27　新建的用户坐标系

2.7.2　坐标的表示方法

在 AutoCAD 2018 中,点的坐标可以使用绝对直角坐标、绝对极坐标、相对直角坐标和相对极坐标的方法表示。

(1)绝对直角坐标

绝对直角坐标是指从点(0,0)或(0,0,0)出发的位移,可以使用分数、小数或科学记数等形式表示点的 X、Y、Z 坐标值,坐标值间用逗号隔开,例如点(32,85)、(35,36.25,9)等。

(2)绝对极坐标

绝对极坐标是指从点(0,0)或(0,0,0)出发的位移,但它给定的是距离和角度。其中,距离和角度用"<"分开,且规定 X 轴正方向为极轴,例如点(86.30<30)、(23.6<75)等。

(3)相对直角坐标和相对极坐标

相对坐标是指相对于某一点的 X 轴和 Y 轴的位移或距离和角度。它的表示方法是在绝对坐标表达方式前加上"@"符号,如((@36.01,58)和((@19.3<60)。其中相对极坐标中的角度是新点和上一点连线与 X 轴的夹角的角度。

例 2.1 利用多种点的坐标绘制图 2-28 所示的图形。

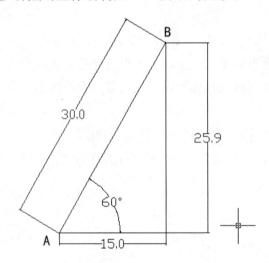

图 2-28　用多种坐标表示的方法确定点 B

具体操作如下:

①在命令行中输入"line"(直线)命令。

②确定点 A 的位置,输入绝对直角坐标(20,20)。

③确定点 B 的位置。

a. 使用绝对直角坐标:将点 A 和点 B 相对应坐标相加,就得到绝对直角坐标系中点 B 的坐标(35,45.9)。

b. 使用绝对极坐标:通过间接计算得到点 B 在绝对坐标系中的值(35,45.9),再计算点 B 绝对极坐标的值(57.74<53),在这种情况下使用绝对极坐标就很不方便了。

c. 使用相对直角坐标:已知点 B 在点 A 右边 15.0、上方 25.9 的位置,因此直接输入相对直角坐标值((@15,25.9)可确定点 B。

d. 使用相对极坐标:已知点 B 在点 A 正东偏北 60°,距离点 A 为 30 的位置,因此输入相对极坐标值((@30<60)可确定点 B。

在工程制图中,同一点有多种坐标表示方法,选择合适的坐标系统很重要。

思考与练习

一、填空题

(1)在命令行中输入_____命令,打开"选项"对话框,用户可以设置系统参数与绘图环境。

(2)锁定工具栏也就是将工具栏固定在特定的位置,被锁定的工具栏的_____是不会显示的。

(3)长度类型包括"分数""工程""建筑""科学"和"小数"5 种,其中"工程"和"建筑"类型以_____显示,其他类型的长度单位可以代表任何实际的单位。

(4)用户在命令行中输入_____命令,可以在模型空间中设置一个矩形区域来确定图纸界限。

(5)用户可以用不同的_____、线宽、颜色来绘图,也可以将所绘制对象放置在不同的图层上,以提高绘图效率和节省图形存储空间。

(6)当系统提示输入指定点位置时,若用户输入"@30<120",则该用户使用的是_____坐标系。

二、选择题

(1)用户可以根据工程制图的需要来设置系统参数和绘图环境,如建筑制图的单位,机械制图的公差等,是通过( )对话框来完成的。

A. 绘图单位　　　　B. 图层　　　　C. 选项　　　　D. 标注

(2)长度单位需要显示精度,默认情况下,精度为小数点后保留( )位有效数字。

A. 2　　　　　　B. 4　　　　　　C. 6　　　　　　D. 8

(3)设置角度旋转方向在 AutoCAD 中有明确的定义,系统默认的正角度为( )方向。

A. 顺时针　　　　　　　　　　B. 逆时针

C. 用户可以自定义　　　　　　D. 没有定义

(4)acadiso.lin 标准线型库中所设的点画线和虚线的线段长短和间隔长度,乘以( ),才是真正的图样上的实际线段长度和间隔长度。

A. 比例因子　　　　　　　　　　B. 图形的比例

C. 图纸的比例　　　　　　　　　　D. 全局比例因子

(5)"图层特性管理器"列表框中小灯泡图标表示( )。

A. 打开/关闭该图层　　　　　　B. 冻结/解冻该图层

C. 锁定/解锁该图层   D. 组合/分解该图层

(6)坐标值表达方式前加上"@"符号,如((@36.03,87)和((@120<75),表示使用( )系指定点的位置。

A. 平面直角坐标   B. 极坐标

C. 相对坐标   D. 球坐标

三、简答题

(1)如何进行系统参数设置?共分为几个步骤?

(2)如何在 AutoCAD 中自定义用户个性化的工作界面?

(3)怎样进行长度、角度及单位的设置?"limits"命令的功能是什么?

(4)如何使用向导新建图形文件?

(5)怎样设置图层?为什么要设置每个图层的颜色、线型、线宽等?

(6)AutoCAD 中有几种颜色类型?分别是如何定义的?

(7)AutoCAD 中点的坐标有几种表示方法?

四、操作题

请使用向导创建一幅 240 mm×180 mm 的图纸。其中,长度单位类型为"小数",角度单位类型为"弧度",其他为默认设置。

扫一扫,获取参考答案

第3章 绘制二维图形对象

在 AutoCAD 2018 中,用户不仅可以使用"绘图"菜单中的命令绘制点、直线、圆、圆弧、多边形、圆环等基本二维图形,还可以绘制多线、多段线、样条曲线和螺旋线等高级图形对象。二维图形的形状都很简单,创建起来也很容易,但却是整个 AutoCAD 的绘图基础。用户只有熟练地掌握二维图形的绘制方法和技巧,才能够更好地绘制出复杂的二维图形和轴测图,为三维图形的绘制打下坚实的基础。

通过本章的学习,读者应了解二维绘图命令的使用方法,并能够熟练地绘制二维图形,使用多线、样条曲线绘制房屋平面图、零件剖切面等复杂的二维图形。

3.1　二维图形的绘制方法

为满足不同用户的需要,体现操作的灵活性、方便性,AutoCAD 2018 提供了多种实现绘图的方法。用户可以使用功能区、菜单栏、工具栏、工具选项板和绘图命令等多种方法来绘制二维图形。

3.1.1　使用"绘图"功能区

用户可以在"绘图"功能区中选择相应的命令,绘制二维图形。单击如图 3-1(a)所示的"绘图"下拉按钮,可打开完整的绘图面板,如图 3-1(b)所示。

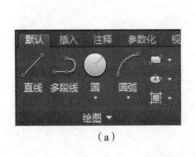
（a）

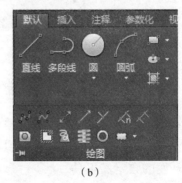
（b）

图 3-1　"绘图"功能区

3.1.2　使用绘图菜单

"绘图"菜单是绘制图形最基本、最常用的方法。如图 3-2 所示,"绘图"菜单中包含 AutoCAD 2018 的大部分绘图命令。用户可通过执行该菜单的命令或子命令，绘制出相应的二维图形。

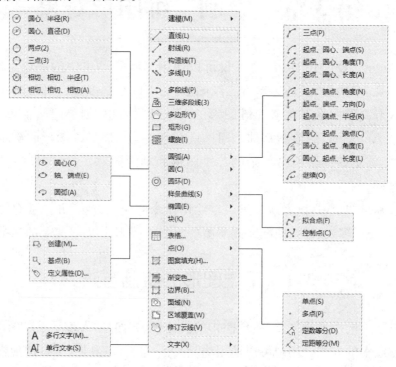

图 3-2　"绘图"菜单

3.1.3　使用绘图工具栏

"绘图"工具栏的每个图标都对应着"绘图"菜单中相应的绘图命令。用户单击各图标可执行相应的绘图命令，如图 3-3 所示。

图 3-3　"绘图"工具栏

3.1.4　使用工具选项板

工具选项板窗口以选项卡的形式排列着多个工具选项板，为用户提供了组织、共享和放置块、图案填充及其他工具的有效方法。工具选项板还可以包含由第三方开发的自定义工具。

用户可以使用以下 3 种方法打开工具选项板：

①在菜单栏中执行"工具"/"选项板"/"工具选项板"命令。

②在命令行中输入"ToolPalettes"命令。

③在键盘上按下"Ctrl＋3"组合键。

执行以上命令后，即可打开工具选项板，如图 3-4 和图 3-5 所示。

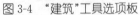

图 3-4 "建筑"工具选项板   图 3-5 "机械"工具选项板

AutoCAD 2018 工具选项板提供了不同领域工程图形的元素,可以大大提高工程制图的工作效率。例如,在某些机械图样设计的过程中,用户可以在工具选项板中切换到"机械"选项卡,如图 3-5 所示,然后使用鼠标拖曳的方式将所需的机械图例拖到绘图区域中放置,不必从零开始绘制该图元文件。

3.1.5 使用绘图命令

用户也可以使用绘图命令绘制基本二维图形,在命令行中输入绘图命令,按"Enter"键,根据命令行的提示信息进行绘图操作。这种方法快捷、准确性高,但要求用户熟练地掌握绘图命令及其选择项的具体功能。

注意:AutoCAD 在实际绘图时,采用的是命令行工作机制,以命令的方式实现用户与系统的信息交互。"绘图"功能区、绘图菜单、工具栏、工具选项板等是为了方便用户操作而设置的调用绘图命令的不同方式。

3.2 绘制点、直线、射线及构造线

点、直线、射线及构造线是最常用、最基本的图形对象,本节将分别介绍这几种图形对象的绘制方法。

3.2.1　绘制点

点是组成图形的最基本的实体对象之一,主要用来标记对象的节点、参考点和圆心。在 AutoCAD 中,点的对象主要包括单点、多点、定数等分点和定距等分点。除了系统默认的点样式外,用户还可以自定义点的样式。

(1)绘制单点和多点

当用户绘制单点时,可以使用如下 3 种方法:

①在菜单栏中执行"绘图"/"点"/"单点"命令。

②在"绘图"工具栏中直接单击 ✖（点）图标。

③在命令行输入"point"命令。

执行命令后,在绘图窗口中单击鼠标左键,即可绘制出单点。

当用户绘制多点时,可在菜单栏中执行"绘图"/"点"/"多点"命令。

系统提示如下:

命令:_point(输入命令)

当前点模式:PDMODE＝0　PDSIZE＝0.0000(系统提示信息)

指定点:(指定点的位置)

在指定点后,可以继续输入点的位置,或按"Esc"键结束操作。

(2)绘制定数等分点

用户可以在指定的对象上绘制等分点,或者在等分点处插入块。

用户可以使用以下 2 种方法绘制定数等分点:

①在菜单栏中执行"绘图"/"点"/"定数等分"命令。

②在"绘图"功能区中单击"定数等分点"图标 ✖。

③在命令行中输入"divide"命令。

将如图 3-6 所示的圆弧等分成 5 等份,操作如下:

命令:_divide(输入命令)

选择要定数等分的对象:(选择圆弧)

输入线段数目或 [块(B)]:5(输入等分数目"5")

按"Enter"键,完成操作。

图 3-6　定数等分圆弧

注意:如果默认状态下点样式过小,无法观察,用户可以重新设置点的样式。

(3)绘制定距等分点

与"定数等分"相似，"定距等分"是按用户给定距离设置点或块。用户可以使用以下 2 种方法绘制定距等分点：

①在菜单栏中执行"绘图"/"点"/"定距等分"命令。

②在"绘图"功能区中单击"定距等分点"图标。

③在命令行中输入"measure"命令。

将如图 3-7 所示的直线按长度为 60 进行等分，操作如下：

命令：_measure（输入命令）

选择要定距等分的对象：（选择直线）

指定线段长度或［块（B）］：60（指定长度值）

按"Enter"键，完成操作。

图 3-7　定距等分线段

(4)设置点的样式

AutoCAD 2018 提供了 20 种不同样式的点。用户可在菜单栏中执行"格式"/"点样式"命令，或在命令行中输入"ddptype"命令，打开"点样式"对话框，如图 3-8 所示，根据需要设置点的样式。

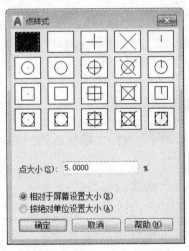

图 3-8　"点样式"对话框

"点样式"对话框各选项功能如下：

①"点样式"：提供 20 种不同的点样式。用户可从中任选一种。

②"点大小"：确定所选点的大小。系统默认为"5"。

③"相对于屏幕设置大小"：点的实际大小会随绘图区的变化而改变。

④"按绝对单位设置大小"：点的实际大小不变。

设置样式后，单击"确定"按钮，完成操作。

3.2.2　绘制直线

直线是各种图形中最常用、最简单的一类图形对象。"两点确定一条直线"，用户只要指定起点和终点即可绘制一条直线段。在 AutoCAD 中，可以用二维或三维坐标来指定端点，也可以混合使用二维坐标和三维坐标。

用户可以使用以下 3 种方法绘制直线：

①在菜单栏中执行"绘图"/"直线"命令。

②在"绘图"功能区中单击 ╱（直线）图标。

③在命令行中输入"line"命令。

使用不同的坐标系确定端点、绘制直线的方法，可参考第 2 章例 2.1。

3.2.3　绘制射线

射线的一端固定，另一端无限延伸。在 AutoCAD 中，射线主要用于绘制辅助线。用户可使用以下 3 种方法绘制射线：

①在菜单栏中执行"绘图"/"射线"命令；

②在"绘图"功能区中单击 ╱（射线）图标；

③在命令行中输入"ray"命令。

执行命令后，指定射线的起点和通过点，即可绘制一条射线。当射线的起点指定后，可在系统提示下指定多个通过点，绘制以起点为端点的多条射线，直至按"Esc"键或"Enter"键退出。

3.2.4　绘制构造线

构造线又称参照线，是向两个方向无限延长的直线，没有起点和终点，主要用于绘制辅助线。

用户可以使用以下 3 种方法绘制构造线：

①在菜单栏中执行"绘图"/"构造线"命令。

②在"绘图"功能区中单击 ╱（构造线）图标。

③在命令行中输入"xline"命令。

执行以上命令后，系统提示信息如下：

命令：_xline(输入命令)

指定点或 [水平(H)/垂直(V)/角度(A)/二等分(B)/偏移(O)]：(指定起点)

指定通过点：(指定通过点，画出一条线)

指定通过点：(指定通过点，再画一条线或按"Enter"键结束命令)

指定起点提示选项的功能如下：

①"水平"选项:用于绘制通过指定点平行于 X 轴的构造线。

②"垂直"选项:用于绘制通过指定点平行于 Y 轴的构造线。

③"角度"选项:用于绘制通过指定点并成指定角度的构造线。

④"二等分"选项:用于绘制通过指定角的平分线。

⑤"偏移"选项:复制现有的构造线,指定偏移通过点。

(1)绘制水平构造线

利用"水平"选项可以绘制一条或一组通过指定点的水平构造线,操作如下:

命令:_xline(输入命令)

指定点或[水平(H)/垂直(V)/角度(A)/二等分(B)/偏移(O)]:h(绘制水平构造线)

指定通过点:(指定通过点后画出一条水平线)

指定通过点:(指定通过点再画出一条水平线或按"Enter"键结束命令)

命令:

(2)绘制垂直构造线

利用"垂直"选项可以绘制一条或一组通过指定点的垂直构造线,操作如下:

命令:_xline(输入命令)

指定点或[水平(H)/垂直(V)/角度(A)/二等分(B)/偏移(O)]:v(绘制垂直构造线)

指定通过点:(指定通过点后画出一条垂直线)

指定通过点:(指定通过点再画出一条垂直线或按"Enter"键结束命令)

命令:

(3)绘制角度构造线

利用"角度"选项可以绘制一条或一组指定角度的构造线,其操作如下:

命令:_xline(输入命令)

指定点或[水平(H)/垂直(V)/角度(A)/二等分(B)/偏移(O)]:a(指定角度方法)

输入构造线的角度(0)或[参照(R)]:45(设定角度值)

指定通过点:(通过指定点与 X 轴夹 45°的构造线)

指定通过点:(可以重复绘制下一条直线或构造线,也可以按"Enter"键结束命令)

命令:

(4)二等分构造线

绘制二等分指定角的构造线,需要指定等分角的顶点、起点和端点,其角的平分线即所绘制的构造线,其操作如下:

命令：_xline(输入命令)

指定点或［水平(H)/垂直(V)/角度(A)/二等分(B)/偏移(O)］：b(二等分绘制构造线)

指定角的顶点：(构造线通过点，也是角的顶点)

指定角的起点：(顶点与起点构成角的第一条边)

指定角的端点：(顶点与端点构成角的第二条边)

指定角的端点：(可以重复绘制下一条直线或构造线，也可以按"Enter"键结束命令)

命令：

(5)绘制构造线的平行线

利用"偏移"选项可以绘制与所选直线平行的构造线，其操作如下：

命令：_xline(输入命令)

指定点或［水平(H)/垂直(V)/角度(A)/二等分(B)/偏移(O)］：o(偏移复制现有构造线)

指定偏移距离或［通过(T)］＜1.0000＞：60(设定偏移距离)

选择直线对象：(选取一条现有的构造线)

指定向哪侧偏移：(指定向现有构造线的哪一侧偏移)

选择直线对象：(可重复绘制构造线或按"Enter"键结束命令)

若在"指定偏移距离或［通过(T)］通过"：提示行输入"T"，系统提示：

选择直线对象：(选择一条构造线或直线)

指定通过点：(指定通过点可以绘制与所选直线平行的构造线)

选择直线对象：(可以重复绘制下一条直线或构造线，也可以按"Enter"键结束命令)

3.3　绘制矩形和多边形

在 AutoCAD 中，矩形和多边形是由基本元素组合而成的能够形成一个面域的图形。因此，可以执行"拉伸"或"旋转"等命令将其转换成三维图形。

3.3.1　绘制矩形

用户可以使用以下 4 种方法绘制矩形：

①在"绘图"工具栏中单击 █ (矩形)图标。

②在"绘图"功能区中单击 █ (矩形)图标。

③在菜单栏中执行"绘图"/"矩形"命令。

④在命令行中输入"rectang"命令。

执行命令后,系统提示如下:

命令:_rectang(输入命令)

指定第一个角点或 [倒角(C)/标高(E)/圆角(F)/厚度(T)/宽度(W)]:(指定矩形的角点或选项)

指定另一个角点或 [面积(A)/尺寸(D)/旋转(R)]:(指定矩形的对角点或选项)

命令:

系统按照指定对角点的方式来绘制矩形。当系统提示"指定第一个角点"时,其他各选项的意义如下:

①"倒角":给出倒角距离,绘制带有倒角的矩形。

②"标高":给出线的标高,绘制有标高的矩形。

③"圆角":给出圆角半径,绘制带有圆角的矩形。

④"厚度":给出线的厚度,绘制有厚度的矩形。

⑤"宽度":给出线的宽度,绘制有线宽的矩形。

当系统提示"指定另一个角点"时,其他各选项的意义如下:

①"面积":通过指定矩形的面积和长度(或宽度)绘制矩形。

②"尺寸":通过指定矩形的长度、宽度和矩形的另一个角点绘制矩形。

③"旋转":通过指定旋转的角度、拾取两个参考点绘制矩形。

采用不同的方式绘制的矩形如图 3-9 所示。

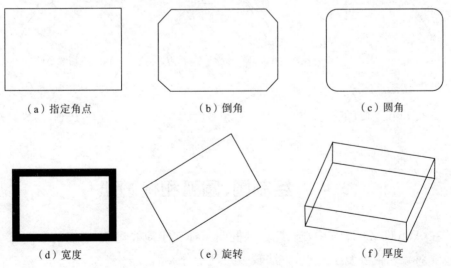

(a)指定角点　　　　　　(b)倒角　　　　　　(c)圆角

(d)宽度　　　　　　(e)旋转　　　　　　(f)厚度

图 3-9　矩形的各种样式

注意:标高和厚度样式只有在三维视图中才能观察到。另外,矩形的各种样式可以复合。例如,可以绘制出宽度为 2、圆角半径为 5、厚度为 10 的矩形。

3.3.2　绘制正多边形

AutoCAD 提供了确定边、内接于圆、外切于圆 3 种绘制正多边形的方式，用户可以精确地绘制 3～1024 边的正多边形。

用户可以使用以下 4 种方法绘制正多边形：

①在"绘图"工具栏中单击▢（多边形）图标。

②在"绘图"功能区中单击▢（多边形）图标。

③在菜单栏中执行"绘图"/"多边形"命令。

④在命令行中输入"polygon"命令。

执行该命令后，系统提示如下：

命令：_polygon（输入命令）

输入侧面数＜4＞：6（输入多边形的边数）

指定正多边形的中心点或［边（E）］：（指定多边形的中心）

输入选项［内接于圆（I）/外切于圆（C）］＜I＞：（选择创建多边形的方法）

指定圆的半径：60（确定正多边形的半径）

命令：

正多边形的绘制共有 3 种方式，分别是确定正多边形边长、内接于圆和外切于圆。所绘制的多边形如图 3-10 所示。

（a）确定边的方式　　　　　（b）内接于圆的方式　　　　　（c）外切于圆的方式

图 3-10　正六边形的绘制方式

3.4　绘制圆、圆弧和椭圆弧

在 AutoCAD 2018 中，圆、圆弧和椭圆弧都属于曲线对象，它们的绘制方法相对直线对象来说要复杂一点，方法较多并且十分灵活。

3.4.1　绘制圆

用户可以使用以下 4 种方法绘制圆：

①在"绘图"工具栏中单击▢（圆）图标。

②在"绘图"功能区中单击 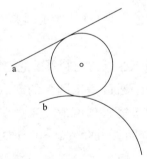（圆）图标。

③在菜单栏中执行"绘图"/"圆"命令，再执行相应的子命令。

④在命令行中输入"circle"命令。

执行以上命令后，系统提示如下：

命令：_circle(输入命令)

指定圆的圆心或［三点(3P)/两点(2P)/相切、相切、半径(T)］：(指定圆心或选项)

指定圆的半径或［直径(D)］<100.0000>：(指定半径或直径)

命令：

命令行中各选项的意义如下：

①"圆心、半径(R)"：通过指定圆心和半径来绘制圆。是系统默认的绘制方法。

②"三点(3P)"：通过指定不在同一条直线上的三个点来绘制圆。

③"两点(2P)"：通过指定两点，并以此两点之间的距离为直径来绘制圆。

④"相切、相切、半径(T)"：以指定的值为半径，绘制一个与两个对象相切的圆。在绘制时，用户只需指定与圆相切的两个对象，然后指定圆的半径即可。

⑤"相切、相切、相切(A)"：通过指定与圆相切的 3 个对象来绘制圆。

例 3.1　绘制一个圆，与直线 a 和曲线 b 都相切(直线 a 和曲线 b 如图 3-11 所示)，且半径为 300。

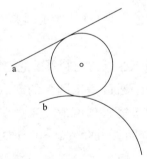

图 3-11　圆的绘制方式(相切、相切、半径)

执行的操作如下：

命令：_circle(输入命令)

指定圆的圆心或［三点(3P)/两点(2P)/切点、切点、半径(T)］：t(选择"相切、相切、半径"的方式绘制圆)

指定对象与圆的第一个切点：(选择与第一条曲线 a 相切的切点)

指定对象与圆的第二个切点：(选择与第二条曲线 b 相切的切点)

指定圆的半径<503.8780>：300(指定圆的半径)

命令：

　　某些情况下,选择相切、相切、半径的方式能方便快速地完成圆的绘制,而选择其他的方式比较困难。因此,利用 AutoCAD 绘图时,选取哪种方式绘制图形就显得非常重要。

3.4.2　绘制圆弧

　　用户可以使用以下 4 种方法绘制圆弧:

①在"绘图"工具栏中单击 (圆弧)图标。

②在"绘图"功能区中单击 (圆弧)图标。

③在菜单栏中执行"绘图"/"圆弧"命令,再执行相应的子命令。

④在命令行中输入"arc"命令。

　　执行以上命令后,系统提示:

命令:_arc(输入命令)

指定圆弧的起点或 [圆心(C)]:(指定圆弧起点位置)

指定圆弧的第二个点或 [圆心(C)/端点(E)]:(指定圆弧通过点或选项)

指定圆弧的端点:(指定圆弧终点位置)

命令:

　　在 AutoCAD 2018 中,圆弧的绘制方法共有 11 种,如图 3-2 所示。相应命令的功能如下:

　　①"三点":用于通过给定的 3 个点(依次是圆弧的起点、通过的第二个点和端点)绘制一段圆弧。

　　②"起点、圆心、端点":用于通过指定圆弧的起点、圆心和端点绘制圆弧。

　　③"起点、圆心、角度":用于通过指定圆弧的起点、圆心和角度绘制圆弧。用户需要在"指定包含角:"提示下输入角度值。注意角度的正负,正值表示所绘制的圆弧是从起始点绕圆心沿逆时针方向绘制;负值表示顺时针方向绘制。

　　④"起点、圆心、长度":用于通过指定圆弧的起点、圆心和弦长绘制圆弧。用户所给定的弦长不得超过起点到圆心距离的 2 倍。

　　⑤"起点、端点、角度":用于通过指定圆弧的起点、端点和角度绘制圆弧。

　　⑥"起点、端点、方向":用于通过指定圆弧的起点、端点和方向绘制圆弧。当系统提示"指定圆弧起点的相切方向"时,用户可以通过拖动鼠标的方式动态地确定圆弧在起始点处的切线方向与水平方向的夹角,绘制圆弧。

　　⑦"起点、端点、半径":用于通过指定圆弧的起点、端点和半径绘制圆弧。

　　⑧"圆心、起点、端点":用于通过指定圆弧的圆心、起点和端点绘制圆弧。

　　⑨"圆心、起点、角度":用于通过指定圆弧的圆心、起点和角度绘制圆弧。

　　⑩"圆心、起点、长度":用于通过指定圆弧的圆心、起点和长度绘制圆弧。

⑪"连续":系统将以最后一次绘制线段或圆弧的过程中确定的最后一点作为新圆弧的起点,以最后绘制的线段方向或圆弧端点处的切线方向为新圆弧在起点处的切线方向,然后再指定下一点,又可以绘制出一个圆弧。

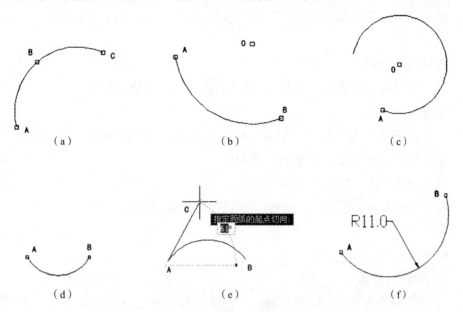

(a)"三点"方式　(b)"起点、圆心、端点"方式　(c)"起点、圆心、长度"方式
(d)"起点、端点、角度"方式　(e)"起点、端点、方向"方式　(f)"起点、端点、半径"方式

图 3-12　圆弧的绘制方式

3.4.3　绘制椭圆和椭圆弧

执行"椭圆"命令可以绘制椭圆和椭圆弧。用户可以使用以下 4 种方法执行该命令:

①在"绘图"工具栏中单击 ⬭ (椭圆)图标。

②在"绘图"功能区中单击 ⬭ (椭圆)图标。

③在菜单栏中执行"绘图"/"椭圆"命令,再执行相应的子命令。

④在命令行中输入"ellipse"命令。

执行以上命令后,系统提示如下:

命令:_ellipse(输入命令)

指定椭圆的轴端点或 [圆弧(A)/中心点(C)]:(选择椭圆绘制方式)

(1)轴端点方式

轴端点方式是系统默认绘制椭圆的方式,当系统提示"指定椭圆的轴端点或 [圆弧(A)/中心点(C)]:"时,用户选择椭圆长轴的一个端点 A,再选择长轴的另一个端点 B,然后指定短轴长度即可,如图 3-13(a)所示。

系统提示如下：

指定椭圆的轴端点或［圆弧(A)/中心点(C)］:(指定长轴 A 点)

指定轴的另一个端点:(指定长轴另一端点 B)

指定另一条半轴长度或［旋转(R)］:(指定 C 点确定短轴长度)

命令:

(2)中心点方式

用户可通过指定椭圆中心和长、短轴的各一端点来绘制椭圆。

系统提示如下：

指定椭圆的轴端点或［圆弧(A)/中心点(C)］:c(使用中心点方式绘制椭圆)

指定椭圆的中心点:(指定中心点 O)

指定轴的端点:(指定长轴端点 A)

指定另一条半轴长度或［旋转(R)］:(指定短轴端点 B)

命令:

结果如图 3-13(b)所示。

(3)旋转角方式

旋转角是指其中一个轴相对另一个轴的旋转角度。当旋转角为零时,椭圆变成一个圆;当旋转角大于 89.4°时,命令无效。

系统提示如下：

指定椭圆的轴端点或［圆弧(A)/中心点(C)］:(指定长轴端点 A)

指定轴的另一个端点:(指定长轴另一端点 B)

指定另一条半轴长度或［旋转(R)］:r(使用旋转角方式绘制椭圆)

指定绕长轴旋转的角度:60(输入旋转角度)

命令:

结果如图 3-13(c)所示。

(4)绘制椭圆弧

用户可以通过以下 4 种方法绘制椭圆弧：

①在"绘图"工具栏中单击 (椭圆弧)图标。

②在"绘图"功能区中单击 (椭圆弧)图标。

③在菜单栏中执行"绘图"/"椭圆"/"椭圆弧"命令。

④在命令行中输入"ellipse"命令后,当系统提示"指定椭圆的轴端点或［圆弧(A)/中心点(C)］:"后,输入"a"。

若要绘制椭圆弧应先绘制出椭圆,然后指定起点或起始角度和端点或终止角度。

具体操作如下：

命令：_ellipse（输入命令）

指定椭圆的轴端点或 ［圆弧(A)/中心点(C)］:_a(绘制椭圆弧)

指定椭圆弧的轴端点或 ［中心点(C)］:(指定椭圆弧的中心)

指定轴的另一个端点:(指定长轴端点 A)

指定另一条半轴长度或 ［旋转(R)］:(指定长轴另一端点 B)

指定起点角度或 ［参数(P)］:30(输入起始角度)

指定端点角度或 ［参数(P)/包含角度(I)］:—150(输入终止角度)

命令：

结果如图 3-13(d)所示。

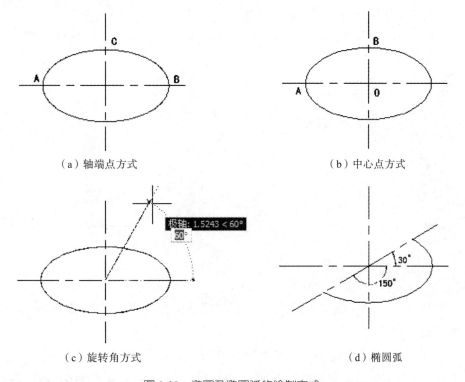

（a）轴端点方式　　　　　　　　　（b）中心点方式

（c）旋转角方式　　　　　　　　　（d）椭圆弧

图 3-13　椭圆及椭圆弧的绘制方式

3.5　绘制多线、多段线和样条曲线

3.5.1　绘制与编辑多线

多线是指两条或两条以上互相平行的直线(可以有不同的线型和颜色)，在建筑平面图中常用来绘制墙体线段。

(1)绘制多线

用户可以使用以下 2 种方法绘制多线：

①在菜单栏中执行"绘图"/"多线"命令。

②在命令行中输入"mline"命令。

执行以上命令后，系统提示信息如下：

命令：_mline(输入命令)

当前设置：对正 ＝ 上，比例 ＝ 1.00，样式 ＝ STANDARD(系统默认的当前设置)

指定起点或［对正(J)/比例(S)/样式(ST)］：(指定多线的起点 A)

指定下一点：(下一点 B)

指定下一点或［放弃(U)］：(指定下一点 C)

指定下一点或［闭合(C)/放弃(U)］：(指定下一点 D)

命令：

结果如图 3-14 所示。

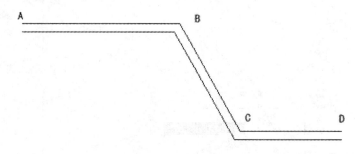

图 3-14　多线的绘制

命令行中各选项的功能如下：

①"对正"：用于确定多线相对输入点的偏移位置，共有上、无(中点)和下 3 种对正方式。

②"比例"：用于控制多线的宽度，比例越大，多线就越宽。

③"样式"：用于定义多线的样式。用户可以输入一个已有的多线样式的名称，将其设为当前样式。

(2)设置多线样式

设置多线的样式时，用户可以为平行多线指定单线的数量和单线的特性，如单线的间距、颜色、线型、背景填充等。

用户可以使用以下 2 种方法设置多线的样式：

①在菜单栏中执行"格式"/"多线样式"命令。

②在命令行中输入"mlstyle"命令。

执行以上命令后，打开"多线样式"对话框，如图 3-15 所示。

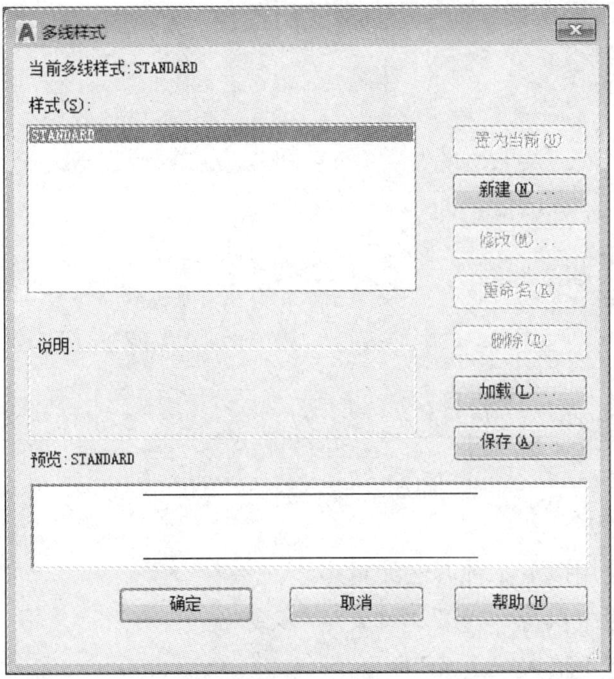

图 3-15　"多线样式"对话框

单击"新建"按钮后，打开"创建新的多线样式"对话框，如图 3-16 所示。在"新样式名"后的文本框中输入用户新建样式的名称"user01"，单击"继续"按钮，打开"新建多线样式"对话框，如图 3-17 所示。

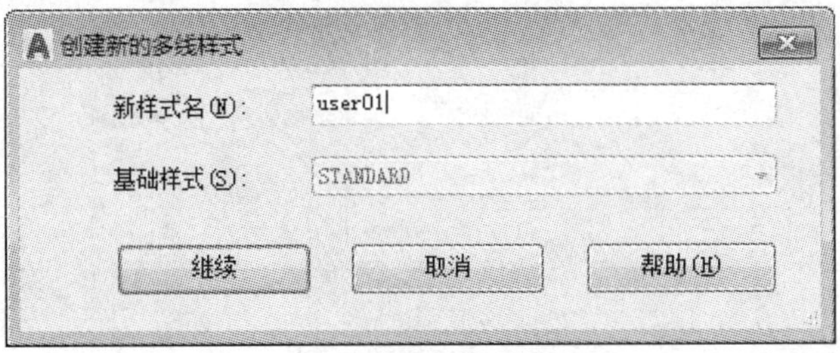

图 3-16　"创建新的多线样式"对话框

"新建多线样式"对话框中各选项的功能如下：

①"说明"文本框：用于输入多线样式的说明信息。

②"封口"选项组：用于控制多线起点和端点处的样式。

③"填充"选项组：用于设置多线的填充颜色。可以从"填充颜色"下拉列表框中选择所需的填充颜色作为多线的背景。系统默认为"无"，表示不使用填充色。

④"显示连接"复选框：用于设置多线拐角处的连接线（勾选后可显示）。

⑤"图元"选项组：用于设置多线样式的元素特性。该列表框中列举了当前多线样式中各线条元素及其特性，包括线条元素的偏移量、线条颜色和线型。

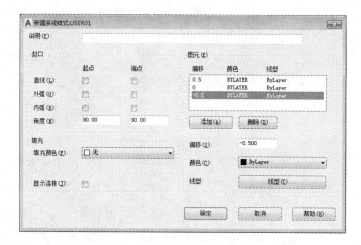

图 3-17 "新建多线样式"对话框

(3)编辑多线

用户可以使用以下 2 种方法编辑多线：

①在菜单栏中执行"修改"/"对象"/"多线"命令。

②在命令行中输入"mledit"命令。

执行以上命令后，打开"多线编辑工具"对话框，如图 3-18 所示。

图 3-18 "多线编辑工具"对话框

"多线编辑工具"对话框中各选项的功能如下：

①十字工具：可以消除各种相交线。AutoCAD 总是切断所选的第一条多线，可根据所选工具切断第二条多线。

②T 形工具和角点结合工具：可以消除相交线。使用此类工具时，需要选取两条多线。用户只需在想保留的多线某部分上拾取点，系统就会将多线剪裁或延

伸到它们的相交点。

③添加/删除顶点：可以为多线增加/删除若干顶点。

④剪切/接合工具：可以切断/重新接合多线。

3.5.2　绘制与编辑多段线

多段线是一种非常有用的线段对象，是由多段直线段或圆弧段组成的一个组合体；它们既可以一起编辑，也可以分别编辑，还可以具有不同的宽度。

(1)绘制多段线

用户可以使用以下 4 种方法绘制多段线：

①在"绘图"工具栏中单击 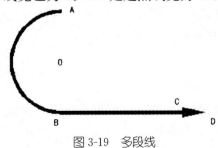（多段线）图标。

②在"绘图"功能区中单击 （多段线）图标。

③在菜单栏中执行"绘图"/"多段线"命令。

④在命令行中输入"pline"命令。

执行以上命令后，系统提示：

命令：_pline(输入命令)

指定起点：(指定曲线的起点)

当前线宽为 0.0000(当前曲线线宽)

指定下一个点或［圆弧(A)/半宽(H)/长度(L)/放弃(U)/宽度(W)］：(指定下一点或选项)

命令行中各选项的功能如下：

①"圆弧"：由绘制直线转换成绘制圆弧。

②"半宽"：将多段线总宽度的值减半。

③"长度"：提示用户给出下一段多段线的长度。系统将按照上一段的方向绘制这一段多段线；如果是圆弧，则将绘制出与上一段圆弧相切的直线段。

④"放弃"：取消上一步绘制的一段多段线。

⑤"宽度"：与半宽操作相同，只是输入的数值是实际线段的宽度。

例 3.2　绘制如图 3-19 所示的多段线。曲线从 A 到 B 是半圆弧，且线宽为 3。BC 为一段直线段，线宽也为 3。CD 是起点线宽为 10，端点线宽为 0 的箭头。

图 3-19　多段线

步骤一:输入命令

命令:_pline(输入命令)

指定起点:(指定多段线的起点)

当前线宽为 0.0000

步骤二:设置线宽

指定下一个点或［圆弧(A)/半宽(H)/长度(L)/放弃(U)/宽度(W)］:w(设定线宽)

指定起点宽度<0.0000>:3(设定起点线宽为 3)

指定端点宽度<3.0000>:(默认设定端点的线宽也为 3)

步骤三:绘制圆弧

指定下一个点或［圆弧(A)/半宽(H)/长度(L)/放弃(U)/宽度(W)］:a(绘制圆弧)

指定圆弧的端点或［角度(A)/圆心(CE)/方向(D)/半宽(H)/直线(L)/半径(R)/第二个点(S)/放弃(U)/宽度(W)］:ce(通过指定圆心来绘制圆弧)

指定圆弧的圆心:(确定圆弧的圆心点 O)

指定圆弧的端点或［角度(A)/长度(L)］:(指定圆弧的端点 B)

步骤四:绘制直线段 BC

指定圆弧的端点或［角度(A)/圆心(CE)/闭合(CL)/方向(D)/半宽(H)/直线(L)/半径(R)/第二个点(S)/放弃(U)/宽度(W)］:l(绘制直线段)

指定下一点或［圆弧(A)/闭合(C)/半宽(H)/长度(L)/放弃(U)/宽度(W)］:(指定直线段下一点 C)

步骤五:绘制箭头 CD

指定下一点或［圆弧(A)/闭合(C)/半宽(H)/长度(L)/放弃(U)/宽度(W)］:w(设定线宽)

指定起点宽度<3.0000>:10(设定起点线宽为 10)

指定端点宽度<10.0000>:0(端点线宽为 0)

指定下一点或［圆弧(A)/闭合(C)/半宽(H)/长度(L)/放弃(U)/宽度(W)］:25(设定直线段长度为 25)

指定下一点或［圆弧(A)/闭合(C)/半宽(H)/长度(L)/放弃(U)/宽度(W)］:(按"Enter"键结束命令)

命令:

(2)编辑多段线

AutoCAD 中的多段线编辑功能强大,用户可以一次编辑一条多段线,也可以同时编辑多条多段线。

用户可以使用以下 2 种方法编辑多段线：

①在菜单栏中执行"修改"/"对象"/"多段线"命令。

②在命令行中输入"pedit"命令。

执行以上命令后，系统提示如下：

命令：_pedit(输入命令)

选择多段线或［多条(M)］：(选择多段线)

输入选项［闭合(C)/合并(J)/宽度(W)/编辑顶点(E)/拟合(F)/样条曲线(S)/非曲线化(D)/线型生成(L)/反转(R)/放弃(U)］：(选择编辑多段线方式)

命令行中选项的意义如下：

①"合并"：用于将直线段、圆弧或者多段线连接到指定的非闭合多段线上。如果编辑的是多条多段线，系统将提示用户输入合并多段线的允许距离；如果编辑的是单个多段线，系统将连续选取首尾相连的直线、圆弧和多段线等对象，并将它们连成一条多段线。执行该选项时，要连接的各相邻对象必须在形式上首尾相连。

②"编辑顶点"：用于编辑多段线的顶点。该选项只能对单个的多段线操作。

③"拟合"：采用双圆弧曲线拟合多段线的拐角，如图 3-20 所示。

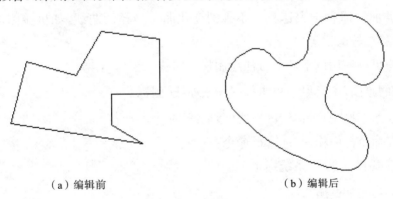

（a）编辑前　　　　　　　　　　　　　　（b）编辑后

图 3-20　"拟合"多段线

④"样条曲线"：用样条曲线拟合多段线，且拟合时以多段线各顶点作为样条曲线的控制点，如图 3-21 所示。

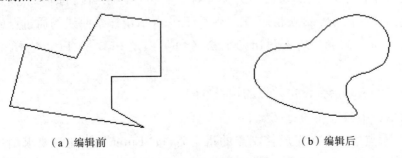

（a）编辑前　　　　　　　　　　　　　　（b）编辑后

图 3-21　用"样条曲线"拟合多段线

注意：在 AutoCAD 中，系统变量"splinetype"用于控制拟合得到的样条曲线类型。当其值为 5 时，生成二次 B 样条曲线；当其值为 6 时，生成三次 B 样条曲线；系统默认值为 6。

系统变量"splinesegs"用于控制拟合得到的样条曲线的精度。其值越大，精度越高；如果其值为负，系统按其绝对值产生线段，然后再用拟合类曲线拟合这些线段；系统默认值为 8。

系统变量"splframe"用于控制所产生样条曲线的线框显示与否。当其值为 1 时，可同时显示拟合曲线和曲线的控制线框；当其值为 0 时，只显示拟合曲线；默认值为 0。

⑤"非曲线化"：用于删除在执行"拟合"或"样条曲线"选项操作时插入的额外顶点，拉直多段线中的所有线段，同时保留多段线顶点的所有切线信息。

⑥"线型生成"：用于设置非连续线型多段线在各顶点处的绘制方式。

3.5.3 绘制样条曲线

样条曲线是一种通过或接近指定点的拟合曲线。AutoCAD 中样条曲线的类型是非均匀关系基本样条曲线（Non-Uniform Rational Basis Splines，NURBS）。该类型的曲线适宜于表达具有不规则变化曲率半径的曲线，如机械图形的断切面、地形外貌轮廓线等。

用户可以使用以下 3 种方法绘制样条曲线：

①在"绘图"工具栏中单击 〜（样条曲线）图标。

②在菜单栏中执行"绘图"/"样条曲线"命令。

③在命令行中输入"spline"命令。

执行以上命令后，系统提示：

命令：_spline（输入命令）

当前设置：方式＝拟合　节点＝弦（系统提示）

指定第一个点或［方式（M）/节点（K）/对象（O）］：（指定样条曲线的起点）

输入下一点或［起点切向（T）/公差（L）］：（指定样条曲线的第二点）

输入下一点或［端点相切（T）/公差（F）］：（指定样条曲线的通过点或选项）

指定下一点或［端点相切（T）/公差（F）/放弃（U）］：T（指定样条曲线的通过点）

指定端点切向：（设定端点的切线方向）

命令行中各选项的意义如下：

①"起点切向"：在完成控制点的指定后，按"Enter"键，此时要求用户确定样条曲线在起始点处的切线方向，同时在起点与前光标点之间出现一根橡皮筋线，

用于表示样条曲线在起点处的切线方向。

②"公差"：公差表示实际的样条曲线与输入的控制点之间所允许偏移距离的最大值。当给定公差时，绘制出的样条曲线虽然不会全部通过各个控制点，但总是通过起点与端点。此选项特别适用于拟合点较多的情况。

样条曲线绘制完成后，单击曲线可出现夹点，用户可以进行相应的编辑操作，如图 3-22 所示。

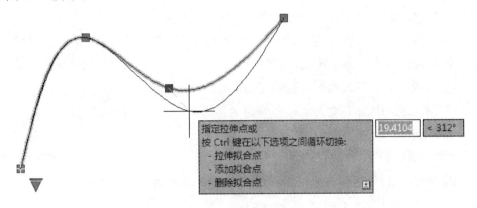

图 3-22　编辑样条曲线

3.6　徒手绘制图形

在 AutoCAD 2018 中，用户可使用修订云线工具绘制云彩对象，使用区域覆盖工具绘制区域来覆盖对象。

3.6.1　绘制修订云线

修订云线是由连续圆弧组成的多线段构成的云线形对象，主要用于对象标记。用户可以创建新修订云线，也能将闭合对象（如圆、椭圆、闭合多线段或闭合样条曲线）转换为修订云线。

用户可以使用以下 4 种方法绘制修订云线：

①在命令行中输入"revcloud"命令。

②在菜单栏中执行"绘图"/"修订云线"命令。

③在"绘图"工具栏中单击 "修订云线"图标 。

④在功能区打开"绘图"面板，单击"矩形修订云线"图标 （下拉菜单有"矩形修订云线""多边形修订云线"和"徒手画修订云线"3 个选项）。

下面以矩形云线为例进行介绍。

执行命令后，系统提示如下：

命令：_revcloud

最小弧长：0.5　　最大弧长：1　　样式：普通　　类型：矩形

指定第一个角点或［弧长（A）/对象（O）/矩形（R）/多边形（P）/徒手画（F）/样式（S）/修改（M）］＜对象＞：

命令行中其他各选项的功能如下：

①"第一个角点"：在屏幕上指定第一个角点，并拖动鼠标绘制云线。

②"弧长（A）"：指定组成云线的圆弧的弧长范围。

③"对象（O）"：将图形对象转换成云线，包括圆、圆弧、椭圆、矩形、多边形、多线段和样条曲线等。完成转换后，系统继续提示是否反转，如图 3-23 所示。

④"矩形（R）"：更改为矩形修订云线。

⑤"多边形（P）"：更改为多边形修订云线。

⑥"徒手画（F）"：更改为徒手画修订云线。

⑦"样式（S）"：指定修订云线的样式。

⑧"修改（M）"：在现有修订云线上添加或删除侧边。

图 3-23　将对象转换为云线

3.6.2　绘制区域覆盖对象

区域覆盖是在现有对象上生成一个空白区域，用于添加注释或覆盖指定区域。该区域与区域覆盖边框绑定，可打开此区域进行编辑，也可以关闭此区域进行打印。

用户可在菜单栏中执行"绘图"/"区域覆盖"命令，或在命令行中输入"wipeout"命令，绘制区域覆盖对象。系统提示如下：

命令：_wipeout（输入命令）

指定第一点或［边框（F）/多段线（P）］＜多段线＞：（指定区域覆盖的起点）

指定下一点：（指定下一点）

命令行中各选项的功能如下：

①"边框（F）"：确定是否显示区域覆盖对象的边界。

②"多段线（P）"：可以使用以封闭多段线创建的多边形作为区域覆盖对象的边界。

例 3.3　根据本章所学的知识,绘制如图 3-24 所示的工程图形。

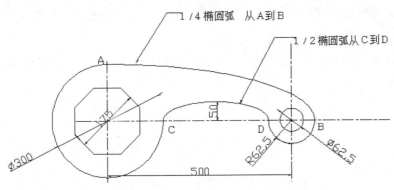

图 3-24　工程图形示例

步骤一:新建图层

在命令行中输入"layer"(图层)命令,新建"中心线""绘图线""参考线"和"标注"共 4 个图层,如图 3-25 所示。

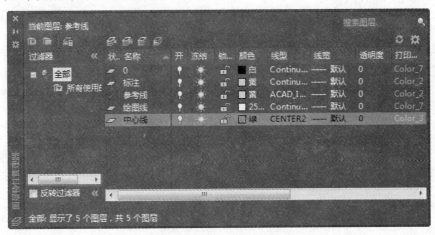

图 3-25　新建图层

步骤二:绘制中心线

①将"中心线"图层设置为当前图层。执行"直线"命令,绘制一条水平直线,再绘制一条垂直的直线。

②执行"偏移"(offset)命令(见本书 4.3.3 偏移),将垂直的直线向右偏移 500,得到"中心线"图层的对象,如图 3-26 所示。

系统提示如下:

命令:_offset(输入命令)

当前设置:删除源＝否　图层＝源　OFFSETGAPTYPE＝0(系统提示信息)

指定偏移距离或[通过(T)/删除(E)/图层(L)]<通过>:500(设定偏移距离为 500)

选择要偏移的对象,或［退出(E)/放弃(U)］＜退出＞:(选择该垂直的直线)

指定要偏移的那一侧上的点,或［退出(E)/多个(M)/放弃(U)］＜退出＞:(在该垂直直线的右侧单击鼠标左键)

选择要偏移的对象,或［退出(E)/放弃(U)］＜退出＞:(按"Enter"键确定对象选择集并结束该命令)

命令:

图 3-26　"中心线"图层对象

步骤三:绘制图形

①将当前图层切换到"绘图线"图层。

②执行"圆弧"命令,绘制如图 3-27 所示的半径为 150、中心角为 270°的圆弧。

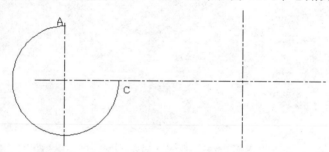

图 3-27　绘制的圆弧线

系统提示如下:

命令:_arc(绘制圆弧命令)

指定圆弧的起点或［圆心(C)］:c(指定圆弧中心点选项)

指定圆弧的圆心:_e(指定圆弧圆心)

指定圆弧的起点:150(指定半径为 150)

指定圆弧的端点或［角度(A)/弦长(L)］:"正交 开"(指定圆弧端点)

命令:

注意:当系统提示"指定圆弧的起点:"时,可以采用 2 种方法来确定圆弧的起点和端点的位置:

a. 打开"正交"模式开关(状态栏中),绘图区将出现竖直向上的橡皮筋线,此时在键盘上输入"150",即可确定该圆弧的起点。

b. 确定圆弧圆心后,将光标竖直向上轻轻地拖曳,可以看到从圆心位置开始,竖直向上有一条临时出现的虚线(系统自动追踪线),此时在键盘上输入"150",也可以确定该圆弧的起点。

③绘制正八边形,如图 3-28 所示。

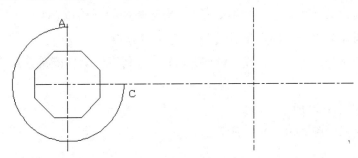

图 3-28　绘制正八边形

系统提示如下:

命令:_polygon(执行正多边形命令)

输入边的数目<8>:(绘制正八边形)

指定正多边形的中心点或[边(E)]:(指定正八边形外切圆圆心)

输入选项[内接于圆(I)/外切于圆(C)]<I>:c(选择外切于圆的方式确定正八边形)

指定圆的半径:87.5(指定圆半径)

命令:

④绘制圆和圆弧,如图 3-29 所示。

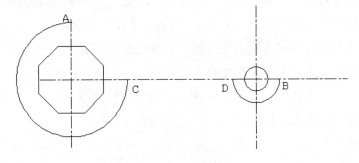

图 3-29　绘制圆和圆弧

系统提示如下:

命令:_circle(执行绘制圆命令)

指定圆的圆心或[三点(3P)/两点(2P)/切点、切点、半径(T)]:(指定圆心位置)

指定圆的半径或[直径(D)]:d(选择直径选项)

指定圆的直径:62.5(指定直径为 62.5)

命令:

绘制圆弧时,系统提示:

命令:_arc(执行绘制圆弧命令)

指定圆弧的起点或［圆心(C)］:c(选择圆心选项)

指定圆弧的圆心:＜对象捕捉 开＞(指定圆弧的圆心位置)

指定圆弧的起点:62.5(利用正交功能确定起点)

指定圆弧的端点或［角度(A)/弦长(L)］:(利用正交功能确定端点)

命令:

结果如图 3-29 所示。

⑤绘制椭圆弧,如图 3-30 所示。

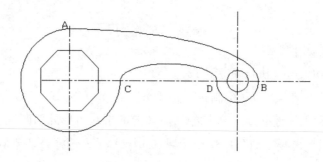

图 3-30　绘制椭圆弧

绘制 1/4 椭圆弧(从 A 到 B),系统提示如下:

命令:_ellipse(执行椭圆命令)

指定椭圆的轴端点或［圆弧(A)/中心点(C)］:_a(选择椭圆弧选项命令)

指定椭圆弧的轴端点或［中心点(C)］:c(选择中心点选项命令)

指定椭圆弧的中心点:(指定椭圆弧的中心点位置)

指定轴的端点:(指定长轴端点 B)

指定另一条半轴长度或［旋转(R)］:(指定短轴端点 A)

指定起始角度或［参数(P)］:(指定起始角度,选择点 B)

指定终止角度或［参数(P)/包含角度(I)］:(选择终止角度,选择点 A)

命令:

绘制 1/2 椭圆弧(从 C 到 D),系统提示如下:

命令:_ellipse(执行椭圆命令)

指定椭圆的轴端点或［圆弧(A)/中心点(C)］:_a(选择椭圆弧选项命令)

指定椭圆弧的轴端点或［中心点(C)］:(指定椭圆长轴端点 C)

指定轴的另一个端点:(指定椭圆长轴另一个端点 D)

指定另一条半轴长度或［旋转(R)］:50(指定短轴的半轴长度 50)

指定起始角度或［参数(P)］:(指定起始角度,选择点 D)

指定终止角度或〔参数(P)/包含角度(I)〕:(选择终止角度,选择点 C)

命令:

步骤四:标注图形

尺寸标注的详细内容见本书第 9 章,此处不作展开。

例 3.4　如图 3-31 所示,绘制房屋平面布置图中的墙线。

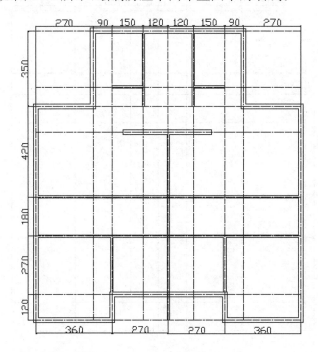

图 3-31　建筑平面布置图示例

步骤一:新建图层

执行"layer"(图层)命令,打开"图层特征管理器"对话框,新建"绘图线""中心线"和"标注"3 个图层,如图 3-32 所示。

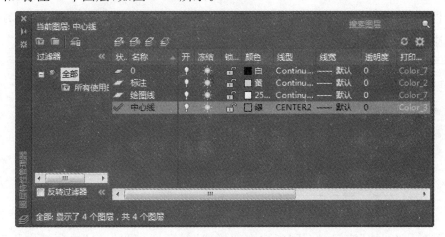

图 3-32　新建图层

步骤二：绘制轴线

①将"中心线"图层设置为当前图层。

②根据图 3-31 所示的尺寸，执行"直线"命令，绘制整个图形的轴线，如图 3-33所示。

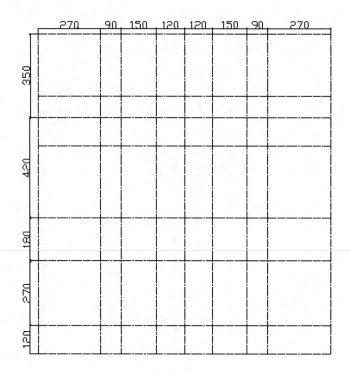

图 3-33　绘制轴线

步骤三：绘制外墙线

①将当前图层切换到"绘图线"图层。

②设置多线样式，在菜单栏中执行"格式"/"多线样式"命令，打开"多线样式"对话框，单击"新建"按钮，在弹出的"创建新的多线样式"对话框的"新样式名"文本框中输入"外墙线"，如图 3-34 所示。

图 3-34　创建新的多线样式

③单击"继续"按钮，打开"新建多线样式"对话框，在"封口"选项组中勾选直

线的起点和端点的复选框,起点和端点的角度默认设置为 90°,如图 3-35 所示。

④设置外墙线为两条平行的直线段,每条直线相对于水平中心线的偏移为 12,如图 3-35 所示。

图 3-35　设置多线的图元对象

⑤按照相同的方法,设置另一多线样式——"内墙线"。内墙线中每条直线相对于水平中心线的偏移为 6。

⑥执行"多线"命令,将"外墙线"设置为当前多线样式,对齐方式设置为"无",比例设置为 1。

系统提示如下:

命令:_mline(执行多线命令)

当前设置:对正 = 上,比例 = 20.00,样式 = STANDARD(系统默认设置信息)

指定起点或 [对正(J)/比例(S)/样式(ST)]:J(执行多线对齐方式选项命令)

输入对正类型 [上(T)/无(Z)/下(B)]<上>:Z(选择中心对齐)

当前设置:对正 = 无,比例 =20.00,样式 = STANDARD(系统提示信息)

指定起点或 [对正(J)/比例(S)/样式(ST)]:s(设置多线的缩放比例)

输入多线比例<20.00>:1(设置 1∶1 的比例)

当前设置:对正 = 无,比例 = 1.00,样式 = STANDARD(系统提示信息)

指定起点或 [对正(J)/比例(S)/样式(ST)]:st(选择多线的样式)

输入多线样式名或 [?]:外墙线(将"外墙线"设置为当前样式)

当前设置:对正 = 无,比例 = 1.00,样式 = 外墙线(系统提示信息)

设置好多线样式后,系统提示:

指定起点或[(对正(J)/比例(S)/样式(ST)]:(指定多线的起点)

指定下一点：（指定多线的第二点）

指定下一点或［放弃（U）］：

依次指定外墙线经过的点，即可绘制出外墙线，如图 3-36 所示。

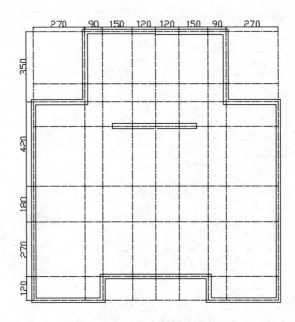

图 3-36　绘制外墙线

⑦执行"多线"命令，将"内墙线"设置为当前样式，绘制内墙线，如图 3-37 所示。

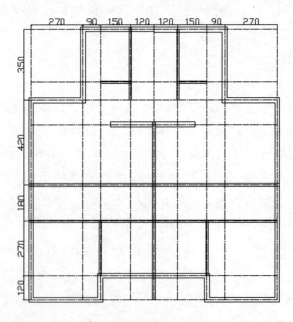

图 3-37　绘制内墙线

步骤四：编辑多线

①多线不能使用"打断""修剪"等命令直接编辑，只能使用多线的编辑工具进

行编辑,可以在菜单栏中执行"修改"/"对象"/"多线"命令,打开"多线编辑工具"对话框,如图 3-18 所示。

②在打开的"多线编辑工具"对话框中选择相应的工具后,回到绘图区中,选取需要编辑的多线,即可完成相交点处多线的编辑。完成所有的操作后,结果如图 3-38 所示。

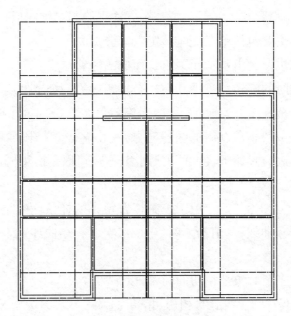

图 3-38 编辑后的多线

③关闭"中心线"图层,显示所有外墙线和内墙线的图形,如图 3-39 所示。

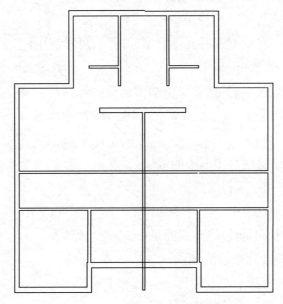

图 3-39 所有的内墙线和外墙线

思考与练习

一、填空题

（1）AutoCAD 提供了多种方法以实现相同的功能，用户可以使用菜单栏、工具栏、功能区、绘图命令和_____等方法来绘制二维图形。

（2）点的创建主要包括单点、多点、定数等分点和_____。

（3）矩形和多边形是由基本元素组合而成的能够形成一个_____的图形。

（4）绘制椭圆时的旋转角是指其中一个轴相对另一个轴的旋转角度。当旋转角为 0°时，椭圆变成一个_____；当旋转角大于 89.4°时，命令无效。

（5）多段线是一种非常有用的线段对象，是由多段直线段或圆弧组成的一个组合体；它们既可以一起编辑，也可以分别编辑，还可以具有不同的_____
_____。

（6）系统变量_____用于控制拟合得到的样条曲线类型。当其值为 5 时，生成二次 B 样条曲线；其值为 6 时，生成三次 B 样条曲线。

二、选择题

（1）要创建与三个对象都相切的圆，可以（　　）。

A. 选择"绘图"/"圆"/"相切、相切、相切"选项

B. 选择"绘图"/"圆"/"相切、相切、半径"选项

C. 选择"绘图"/"圆"/"三点"选项

D. 选择"绘图"/"圆"/"两点"选项

（2）要绘制有一定宽度或有变化宽度的图形，可以使用（　　）命令。

A. line　　　　　　B. circle　　　　　　C. arc　　　　　　D. pline

（3）圆弧的画法很多，下列不属于圆弧画法类型的是（　　）。

A. 起点、圆心、端点　　　　　　B. 起点、端点、方向

C. 起点、端点、弧长　　　　　　D. 起点、中点、端点

（4）多线可以绘制建筑图形中的墙线，系统默认为 2 条相互平行的实线，最多能够设置（　　）条相互平行的线条。

A. 32　　　　　　B. 16　　　　　　C. 8　　　　　　D. 2

（5）下列选项中，不能创建椭圆的是（　　）。

A. 指定中心点及两个轴的端点

B. 指定一个轴的两个端点及另一个轴的半轴长度

C. 指定一个旋转角来绘制椭圆

D. 指定中心点和一个长轴的长度

(6)用于控制拟合得到的样条曲线精度的系统变量是(　　　);其值越大,精度越高。

A. splinesegs　　　B. splinetype　　　C. splframe　　　D. 系统没有提供

三、简答题

(1)点的插入有几种方法? 如何设置点的显示样式?

(2)正多边形和倒角矩形是如何绘制的? 共有几种方法?

(3)绘制椭圆和椭圆弧有何区别?

(4)如何设置多线的样式? 多线的编辑修改工具有哪几类?

(5)应用多线绘制简单的建筑平面布置图时应注意哪些问题?

四、操作题

(1)使用"多段线"命令,绘制图 3-40 所示的图形。

图 3-40　创建多段线练习

（2）完成图 3-41 所示图形的绘制。

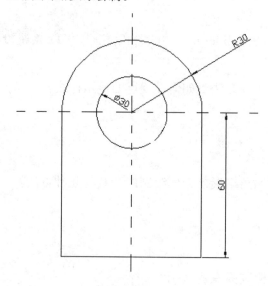

图 3-41　简单平面图练习

第 4 章　编辑二维图形

　　用户进行工程制图时,单纯地使用绘图工具很难一次性、准确地绘制出复杂的图形,必须借助于图形编辑命令,才能达到理想的效果。AutoCAD 2018 提供了许多实用而有效的编辑命令,可以轻松地对已有图形对象进行移动、旋转、缩放等操作,从而方便、快捷地绘制出各种类型的工程图,不仅保证了绘图的准确性,还减少了用户的重复绘图操作,大大提高了绘图效率。本章将介绍二维图形对象编辑的基本命令。用户可单击"修改"菜单,打开如图 4-1 所示的"修改"菜单;也可在菜单栏中选择"工具"/"工具栏"/"AutoCAD"/"修改"和"修改Ⅱ",打开修改工具栏,如图 4-2 所示。

图 4-1　"修改"菜单

图 4-2　"修改"和"修改 II"工具栏

4.1　选　取

用户使用计算机辅助绘图时,任何一项编辑操作都需要指定具体的对象,即选取该对象。在 AutoCAD 中选取对象的方法很多,可以通过单击对象逐个选取,也可以利用矩形选择框或交叉选择框选择;可以选择最近创建的对象、前面的选择集,或选择图形中的所有对象;也可以向选择集中添加对象,或从中删除对象。所有被选择的对象将组成一个选择集,选择集可以包含单个对象,也可以包含更复杂的多个对象。

当用户执行编辑命令或执行其他某些命令时,系统通常提示"选择对象:",此时光标的形状变成一个小方框。被选取的对象以虚线显示。每次选定对象后,"选择对象:"提示会重复出现,直至按"Enter"键或单击右键才能结束选择,确定完成对象选择集。

当选择对象时,在命令行的"选择对象:"提示下输入"?"后,系统提示如下:

选择对象:?(输入"?"字符)

需要点或窗口(W)/上一个(L)/窗交(C)/框(BOX)/全部(ALL)/栏选(F)/圈围(WP)/圈交(CP)/编组(G)/添加(A)/删除(R)/多个(M)/前一个(P)/放弃(U)/自动(AU)/单个(SI)/子对象(SU)/对象(O)(选项)

下面介绍一些常用的选择对象的方法:

①直接选取对象。直接选取是 AutoCAD 绘图中最常见的一种选取方法。在选取对象的过程中,只需单击该对象即可完成选取操作。被选取后的对象将以虚线显示,表示该对象已被选中。如果要选取多个图形对象,可以按住"Ctrl"键,逐个选取。

②全部方式。当系统提示"选择对象:"时,输入"all"命令后按"Enter"键,即可选中绘图区中的所有对象。

③窗口方式。用鼠标指定窗口的一个顶点,然后移动鼠标,再单击鼠标左键,确定一个矩形窗口,可选中完全处在窗口内的对象。

④窗交方式。与"窗口方式"相似,不同的是与矩形窗口相交的所有对象和窗口内的对象均被选取。

⑤圈围方式。依次输入第一角点、第二角点等,绘制出一个不规则的多边形窗口,可选中位于该窗口内的对象。

4.2　删除和恢复

在对图形对象进行编辑的过程中,经常会遇到操作失误或需要删除多余对象的情况。这时便需要使用"恢复"命令或"删除"命令进行设置。

4.2.1　删除对象

用户可以使用以下 4 种方法执行该命令:

①在"修改"工具栏中单击 ✂ (删除)图标。

②在"修改"功能区中单击 ✂ (删除)图标。

③在菜单栏中执行"修改"/"删除"命令。

④在命令行中输入"erase"命令。

执行上述命令后,用户选中所要删除的图形对象,按"Enter"键,即可删除。

此外,也可以先选择对象,再单击"删除"图标删除对象;还可以先选择对象,在显示夹点后按"Delete"键删除对象。

4.2.2　恢复删除对象

用户可以使用以下 3 种方法执行该命令:

①在快捷工具栏中单击 ↩ (放弃)图标。

②在命令行中输入"oops"命令。

③在键盘上按"Ctrl+Z"组合键。

注意:oops 命令只能恢复最后一次执行的删除操作。如果要连续向前恢复所做的操作,就要使用"undo"取消命令。

4.3　复制、镜像和偏移

在创建图形的过程中,为了提高绘图工作效率,通常可以在原有图形对象的基础上进行复制、镜像和偏移,产生一个或多个相同的对象,从而起到事半功倍的作用。

4.3.1　复制对象

用户可以使用以下 4 种方法执行该命令:

①在"修改"工具栏中单击 ⬛ (复制)图标。

②在"修改"功能区中单击 ⬛ (复制)图标。

③在菜单栏中执行"修改"/"复制"命令。

④在命令行中输入"copy"命令。

若要复制得到如图 4-3 所示的 3 个相同对象,可按下述方法操作:

命令:_copy(输入命令)

选择对象:指定对角点:找到 27 个(选择要复制的对象,如图 4-3 左上角所示虚线对象)

选择对象:

当前设置: 复制模式 = 多个

指定基点或[位移(D)/模式(O)]<位移>:(指定基点 A)

指定第二个点或[阵列(A)]<使用第一个点作为位移>:(指定位移点,即复制对象到目标点 B)

指定第二个点或[阵列(A)/退出(E)/放弃(U)]<退出>:(指定位移点,即复制对象到目标点 C)

指定第二个点或[阵列(A)/退出(E)/放弃(U)]<退出>:(指定位移点 D 并且按"Enter"键结束)

完成操作,结果如图 4-3 所示。

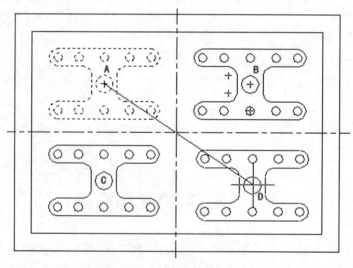

图 4-3　多重复制对象

4.3.2　镜像对象

当绘制对称的图形对象时,用户可以只画出一半,然后利用镜像功能复制出另一半,大大提高工作效率。

用户可以使用以下 4 种方法执行该命令:

①在"修改"工具栏中单击 ⚏ (镜像)图标。

②在"修改"功能区中单击 ⚏ (镜像)图标。

③在菜单栏中执行"修改"/"镜像"命令。

④在命令行中输入"mirror"命令。

执行该命令后,系统提示如下:

命令:_mirror(输入命令)

选择对象:(选择要镜像的对象,如图 4-4 所示镜像前的图形对象)

选择对象:(按"Enter"键或继续选择要复制的对象)

指定镜像线的第一点:(选择对称线上的任一点 A)

指定镜像线的第二点:(指定对称线上的另一点 B)

要删除源对象吗? [是(Y)/否(N)]<否>:(选择镜像的方式)

完成操作,结果如图 4-4 所示。

注意:执行镜像命令后,当系统提示"要删除源对象吗?"时,用户若选择"Y"(删除),则原对象删除,系统只保留对称线 AB 以上的图形。默认值为"N"(不删除)。

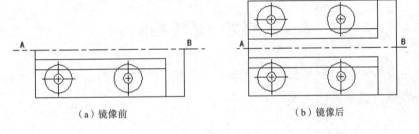

(a)镜像前　　　　　　　　(b)镜像后

图 4-4　镜像对象

4.3.3　偏移对象

偏移对象是指将选定的线、圆、弧等对象做同心偏移复制,根据偏移距离的不同,形状不发生变化,但其大小重新计算。直线的偏移,可视作平行复制,如图 4-5 所示。

用户可以使用以下 4 种方法执行该命令:

①在"修改"工具栏中单击 ⊥ (偏移)图标。

②在"修改"功能区中单击 ⊥ (偏移)图标。

③在菜单栏中执行"修改"/"偏移"命令。

④在命令行中输入"offset"命令。

执行偏移命令后,系统提示信息如下:

命令:_offset(输入命令)

当前设置:删除源=否　图层=源　OFFSETGAPTYPE=0

指定偏移距离或［通过(T)/删除(E)/图层(L)］＜0.5000＞:(指定偏移距离)

选择要偏移的对象,或［退出(E)/放弃(U)］＜退出＞:(选择对象,如图 4-5 所示中间的椭圆弧或中间的多段线)

指定要偏移的那一侧上的点,或［退出(E)/多个(M)/放弃(U)］＜退出＞:(指定偏移的方位)

选择要偏移的对象,或［退出(E)/放弃(U)］＜退出＞:(继续执行偏移命令或按"Enter"键退出)

注意:用户可以通过指定偏移的距离来复制偏移对象,也可以通过指定偏移对象的通过点来复制偏移的对象。

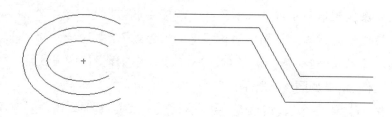

图 4-5　偏移对象

4.4　移动、旋转和阵列

绘图时若需要根据工程制图的情况来调整图形对象的位置,可以通过移动、旋转和阵列对象等方法来实现。

4.4.1　移动对象

移动是将所选对象位置平移,不改变对象的方向和大小,如图 4-6 所示。

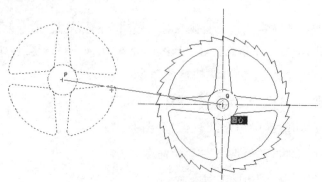

图 4-6　移动对象

用户可以使用以下 4 种方法执行该命令：

①在"修改"工具栏中单击 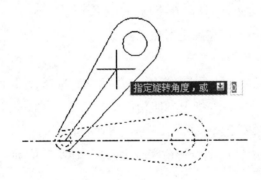（移动）图标。

②在"修改"功能区中单击 （移动）图标。

③在菜单栏中执行"修改"/"移动"命令。

④在命令行中输入"move"命令。

执行命令后，系统提示信息如下：

命令：_move（输入命令）

选择对象：指定对角点：找到 33 个（选取图 4-6 左侧虚线图形对象）

选择对象：（继续选择对象，或按"Enter"键确定选择集）

指定基点或［位移(D)］＜位移＞：（指定基点 P）

指定第二个点或 ＜使用第一个点作为位移＞：（指定目标点 Q）

结果如图 4-6 所示。

4.4.2　旋转对象

旋转对象是将指定对象绕基点旋转一定的角度，如图 4-7 所示。

图 4-7　旋转对象

用户可以使用以下 4 种方法执行该命令：

①在"修改"工具栏中单击 （旋转）图标。

②在"修改"功能区中单击 （旋转）图标。

③在菜单栏中执行"修改"/"旋转"命令。

④在命令行中输入"rotate"命令。

执行命令后，系统提示信息如下：

命令：_rotate（输入命令）

UCS 当前的正角方向：ANGDIR＝逆时针　　ANGBASE＝0（系统提示信息）

选择对象：指定对角点：找到 6 个（选取图 4-7 所示虚线图形对象）

选择对象：(继续选择对象，或按"Enter"键确定选择集)

指定基点：(指定旋转的基点)

指定旋转角度，或［复制(C)／参照(R)］＜75＞：(指定旋转的角度)

注意：用户还可以使用参考角度的方法旋转对象，如图 4-8 所示。执行的操作如下：

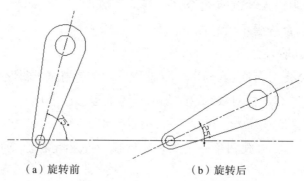

（a）旋转前　　　　　　（b）旋转后

图 4-8　参照方式旋转对象

命令：_rotate(输入命令)

UCS 当前的正角方向：ANGDIR＝逆时针　　ANGBASE＝0(系统提示信息)

选择对象：指定对角点：找到 6 个(选择对象)

选择对象：(按"Enter"键确定对象选择集)

指定基点：(选取其点位置)

指定旋转角度，或［复制(C)／参照(R)］＜75＞：r(选择参照角度方法旋转对象)

指定参照角 ＜30＞：75(指定参照角度 75°)

指定新角度或［点(P)］＜0＞：25(指定新的角度)

注意：系统实际旋转角度为新角度减去参照角度，正值为逆时针方向旋转，负值为顺时针方向旋转。

4.4.3　阵列对象

阵列对象是按照矩形或环形的方式多重复制对象。

用户可以使用以下 4 种方法执行该命令：

①在"修改"工具栏中单击 图标。

②在"修改"功能区中单击 ![图标]阵列 (阵列)图标。

③在菜单栏中执行"修改"/"阵列"命令。

④在命令行中输入"array"命令。

执行"阵列"命令并确定对阵列对象选择集后，AutoCAD 2018 在功能区中打开"阵列创建"选项卡，如图 4-9 所示。

图 4-9　"阵列创建"选项卡(矩形阵列)

(1)矩形阵列

选择"矩形阵列"选项时,"阵列创建"选项卡中各项功能如下:

①"行数":用于输入矩形阵列的行数。

②"列数":用于输入矩形阵列的列数。

③"行偏移":用于输入行间距。若输入正值,由原对象向上阵列,输入负值向下阵列。可输入相邻对象的偏移量,也可输入总体的行距。

④"列偏移":用于输入列间距。若输入正值,由原对象向右阵列,输入负值向左阵列。可输入相邻对象的偏移量,也可输入总体的列距。

执行"矩形阵列"命令后,用户可单击"阵列创建"选项卡的"关闭阵列"按钮,退出"阵列"命令。

如图 4-10 所示,将虚线显示对象矩形阵列成 3 行 4 列,操作如下:

命令:_arrayrect(输入命令)

选择对象:指定对角点:找到 66 个(选择对象)

选择对象:(按"Enter"键确定对象选择集)

在功能区的"创建阵列"选项卡中输入阵列对象的行距和列距,结果如图 4-10 所示。

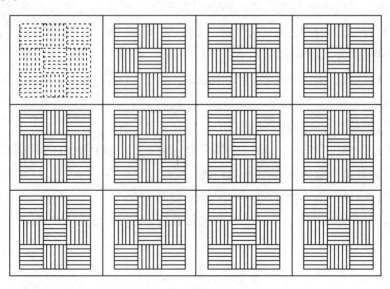

图 4-10　矩形阵列对象

（2）环形阵列

利用环形阵列命令，用户可以通过围绕指定的中心点或旋转轴，复制选定对象，创建阵列。用户可通过如下方式执行"环形阵列"命令：

①在命令行中输入"arraypolar"命令。

②在"修改"工具栏中按住矩形阵列图标▦，在打开的快捷菜单中单击▦（环形阵列）图标。

③在功能区中单击矩形阵列图标▦ 阵列 ▾的右下角下拉按钮，在打开的快捷菜单中选择▦（环形阵列）图标。

④在菜单栏中执行"修改"/"阵列"/"环形阵列"命令。

执行"环形阵列"命令后，打开如图 4-11 所示的"阵列创建"选项卡。

图 4-11　"阵列创建"选项卡（环形阵列）

命令：_arraypolar

选择对象：指定对角点：找到 13 个（选择阵列的对象，如图 4-12（a）所示）

选择对象：（按"Enter"键确定对象选择集）

类型＝极轴　关联＝是

指定阵列的中心点或［基点（B）/旋转轴（A）］：

选择夹点以编辑阵列或［关联（AS）/基点（B）/项目（I）/项目间角度（A）/填充角度（F）/行（ROW）/层（L）/旋转项目（ROT）/退出（X）］＜退出＞：

该对话框中各选项的功能如下：

①"基点"：用于确定环形阵列的中心；可输入坐标值，或单击光标，在绘图区内确定中心点。

②"项目"：用于指定阵列复制对象的数目。

③"项目间角度"和"填充角度"：用于指定环形阵列的角度；前者指定相邻对象的角度，后者设置全体阵列对象的角度。

④"旋转项目"：用于指定阵列对象是否旋转。

使用环形阵列的方法，选择基点和项目数后，可绘制如图 4-12 所示的图案。

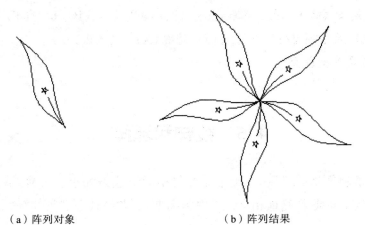

（a）阵列对象　　　　　　　　（b）阵列结果

图 4-12　环形阵列对象

(3)路径阵列

路径阵列是指沿整个路径或部分路径平均复制对象。阵列的路径可以是直线、多段线、三维多段线、样条曲线、螺旋线、圆弧、圆、椭圆或椭圆弧。

用户可通过如下方式执行"路径阵列"命令：

①在命令行中输入"arraypath"命令。

②在"修改"工具栏中按住矩形阵列图标■，在打开的快捷菜单中单击■（路径阵列）图标。

③在功能区中按住矩形阵列图标■，在打开的快捷菜单中单击■（路径阵列）图标。

④在菜单栏中执行"修改"/"阵列"/"路径阵列"命令。

将图 4-13 所示的"五角星"图案沿圆弧阵列 6 个对象，执行命令如下：

（a）阵列前对象和路径　　　　　　　　（b）阵列结果

图 4-13　路径阵列对象

命令：_arraypath（执行路径阵列命令）

选择对象：指定对角点：找到 10 个（选择阵列对象，"五角星"图案）

选择对象：（按"Enter"键确定对象选择集）

类型 ＝ 路径　关联 ＝ 是

选择路径曲线：（选择阵列的路径，"圆弧"曲线）

选择夹点以编辑阵列或［关联(AS)/方法(M)/基点(B)/切向(T)/项目(I)/行(R)/层(L)/对齐项目(A)/z 方向(Z)/退出(X)］＜退出＞：

命令：正在重生成模型。

命令：

4.5　拉伸和延伸

用户在绘制图形的过程中，经常需要调整图形线条大小和位置，或延伸某对象使其与指定的对象精确地相交。这时就需要用到"拉伸"和"延伸"命令。

4.5.1　拉伸对象

"拉伸"命令可以将对象进行拉伸或移动，如图 4-14 所示。

用户可以使用以下 4 种方法执行该命令：

①在"修改"工具栏中单击 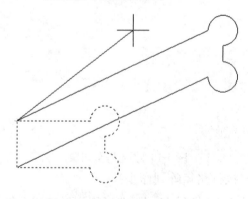(拉伸)图标。

②在功能区中单击 (拉伸)图标。

③在菜单栏中执行"修改"/"拉伸"命令。

④在命令行中输入"stretch"命令。

执行命令后，系统提示信息如下：

命令：_stretch（输入命令）

以交叉窗口或交叉多边形选择要拉伸的对象...（系统默认选取对象的方式）

选择对象：指定对角点：找到 5 个（选取对象，如图 4-14 所示虚对象）

选择对象：（按"Enter"键确定对象选择集）

图 4-14　拉伸对象

指定基点或［位移(D)］＜位移＞：（指定基点）

指定第二个点或 ＜使用第一个点作为位移＞：（确定目标点）

结果如图 4-14 所示。

注意:执行该命令时必须使用窗口方式选择对象。整个对象位于窗口内时,执行结果是移动对象;当对象与选择窗口相交时,执行结果则是拉伸或压缩对象。

4.5.2　延伸对象

使用"延伸"命令可以将对象延伸到指定的边界,如图 4-15 所示。

用户可以使用以下 3 种方法执行该命令:

①在"修改"工具栏中单击 图标。

②在菜单栏中执行"修改"/"延伸"命令。

③在命令行中输入"extend"命令。

执行命令后,系统提示:

命令:_extend(输入命令)

当前设置:投影=UCS,边=无(系统默认的当前设置)

选择边界的边…

选择对象或 <全部选择>:找到 1 个(选择边界对象,如图 4-15 所示的虚线圆弧)

选择对象:(按"Enter"键确定对象选择集)

选择要延伸的对象,或按住 Shift 键选择要修剪的对象,或[栏选(F)/窗交(C)/投影(P)/边(E)/放弃(U)]:(选择需要延伸的对象或选项)

选择要延伸的对象,或按住 Shift 键选择要修剪的对象,或[栏选(F)/窗交(C)/投影(P)/边(E)/放弃(U)]:(按"Enter"键结束命令)

结果如图 4-15 所示。

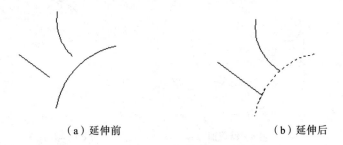

（a）延伸前　　　　　　　　　　（b）延伸后

图 4-15　延伸对象

注意:选择要延伸的对象时,拾取点决定了延伸的方向。和"修剪"命令一样,延伸边界对象和被延伸对象可以是同一个对象。

4.6　修　剪

绘图中经常需要修剪图形,将超出的部分去掉,以使图形精确相交。"修剪"

命令是以指定的对象为边界,将被修剪对象超出的部分剪切掉,如图 4-16 所示。

用户可以使用以下 4 种方法执行该命令:

①在"修改"工具栏中单击 ⊸⊢(修剪)图标。

②在功能区中单击 ⊸⊢(修剪)图标。

③在菜单栏中执行"修改"/"修剪"命令。

④在命令行中输入"trim"命令。

执行命令后,系统提示信息如下:

命令:_trim(输入命令)

当前设置:投影=UCS,边=延伸(当前系统默认的设置信息)

选择剪切边...

选择对象或 <全部选择>:找到 1 个(选择边界对象)

选择对象:找到 1 个,总计 2 个(选择边界对象)

选择对象:(确定边界对象选择集,如图 4-15 所示的两个虚线圆)

选择要修剪的对象,或按住 Shift 键选择要延伸的对象,或[栏选(F)/窗交(C)/投影(P)/边(E)/删除(R)/放弃(U)]:(选择要修剪的对象或选项)

选择要修剪的对象,或按住 Shift 键选择要延伸的对象,或[栏选(F)/窗交(C)/投影(P)/边(E)/删除(R)/放弃(U)]:(选择要修剪的对象或按"Enter"键结束命令)

修剪结果如图 4-16 所示。

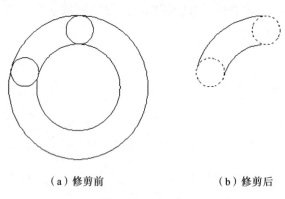

（a）修剪前　　　　　　　　　　（b）修剪后

图 4-16　修剪对象

4.7　打断、打断于点和合并

4.7.1　打断对象

打断是删除部分对象或将对象分解成两部分,打断的对象可以是直线、圆、圆弧、椭圆及参照线等，如图 4-17 所示。

用户可以使用以下 4 种方法执行该命令：

①在"修改"工具栏中单击▨（打断）图标。

②在功能区中单击▨（打断）图标。

③在菜单栏中执行"修改"/"打断"命令。

④在命令行中输入"break"命令。

执行命令后，系统提示信息如下：

命令：_break（输入命令）

选择对象：（选择对象指定打断点 A）

指定第二个打断点 或 [第一点(F)]：（指定打断点 B）

命令：

结果如图 4-17 所示。

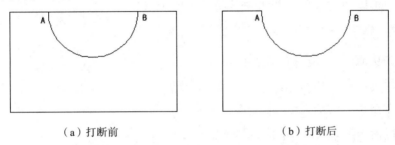

（a）打断前　　　　　　　　　　　（b）打断后

图 4-17　打断对象

注意：由于圆和椭圆等对象具有旋转方向性，在打断此类对象时断开的部分是从打断点 1 到打断点 2 之间逆时针旋转的部分，因此，指定第一点时应考虑删除段的位置，如图 4-18 所示。

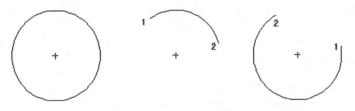

图 4-18　打断对象（起点位置不同）

4.7.2　打断于点

"打断于点"命令是"打断"命令的后续命令，可以将对象在一点处断开生成两个对象。

用户在"修改"工具栏或功能区中单击▨（打断于点）图标后，系统提示如下：

命令：_break（输入命令）

选择对象：(选择对象)

指定第二个打断点 或 [第一点(F)]：_f(当前提示信息)

指定第一个打断点：(在对象上指定打断点)

指定第二个打断点：@(当前提示信息)

命令：

注意：结束命令后，在选取点被打断的对象以指定的分解点为界被打断为两个实体，外观上没有任何变化，此时用户可以利用选择对象的夹点显示来辨别对象是否已被打断。

4.7.3　合并对象

"合并"命令可以根据需要连接某一连续图形上的两个部分，或将某段圆弧闭合为整个圆，如图 4-19 所示。

用户可以使用以下 4 种方法执行该命令：

①在"修改"工具栏中单击 ▬▬ (合并)图标。

②在功能区中单击 ▬▬ (合并)图标。

③在菜单栏中执行"修改"/"合并"命令。

④在命令行中输入"join"命令。

执行命令后，系统提示信息如下：

命令：JOIN(输入命令)

选择源对象或要一次合并的多个对象：找到 1 个(选择合并的对象圆弧 A)

选择要合并的对象：找到 1 个，总计 2 个 (选取圆弧 B)

选择要合并的对象：

2 条圆弧已合并为 1 条圆弧(系统提示)

命令：

合并结果如图 4-19 所示。

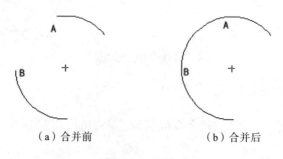

（a）合并前　　　　　　　　（b）合并后

图 4-19　合并对象

4.8　倒角和圆角

使用"倒角"和"圆角"命令可以修改对象,使其以倒角或圆角相连接。要对两个非平行的对象执行倒角或圆角,可以通过延伸或修剪,使它们产生倒角或圆角的效果。在机械制图中倒角和圆角的应用非常普遍。

4.8.1　倒角

倒角可以将两条相交的直线或多段线等对象绘制出倒角。

用户可以使用以下 4 种方法执行该命令:

①在"修改"工具栏中单击█(倒角)图标。

②在功能区中单击█(倒角)图标。

③在菜单栏中执行"修改"/"倒角"命令。

④在命令行中输入"chamfer"命令。

执行命令后,系统提示信息如下:

命令:_chamfer(输入命令)

("修剪"模式) 当前倒角距离 1 = 0.0000,距离 2 = 0.0000(当前系统设置)

选择第一条直线或［放弃(U)/多段线(P)/距离(D)/角度(A)/修剪(T)/方式(E)/多个(M)］:(选择第一条直线或选项)

选择第二条直线,或按住 Shift 键选择直线以应用角点或［距离(D)/角度(A)/方法(M)］:

命令行中各选项的功能如下:

①系统默认项,用户选择第一条直线后,再选择第二条直线,系统将按当前倒角设置进行倒角。

②"距离":用于指定第一和第二倒角距离,并且第一和第二倒角距离可以不相等。用户输入"D"后,系统提示如下:

指定第一个倒角距离 ＜0.0000＞:30(指定第一个倒角距离)

指定第二个倒角距离 ＜30.0000＞:(指定第二个倒角距离)

选择第一条直线或［放弃(U)/多段线(P)/距离(D)/角度(A)/修剪(T)/方式(E)/多个(M)］:(选择第一条直线或选项)

选择第二条直线,或按住 Shift 键选择直线以应用角点或［距离(D)/角度(A)/方法(M)］:(选择第二条直线)

命令:

指定倒角距离和选择直线后,系统完成倒角操作,结果如图 4-20 所示。

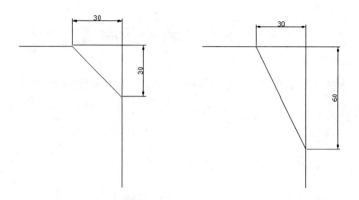

图 4-20　指定距离方式倒角

③"角度":根据第一个倒角距离和一个指定角度进行倒角。用户输入"A"后,系统提示如下:

指定第一条直线的倒角长度 <0.0000>:30(指定第一个倒角距离)

指定第一条直线的倒角角度 <0>:45(指定倒角角度)

选择第一条直线或 [放弃(U)/多段线(P)/距离(D)/角度(A)/修剪(T)/方式(E)/多个(M)]:(选择第一条直线或选项)

选择第二条直线,或按住 Shift 键选择直线以应用角点或 [距离(D)/角度(A)/方法(M)]:(选择第二条直线)

命令:

指定倒角距离、角度和直线后,结果如图 4-21 所示。

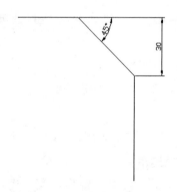

图 4-21　指定距离和角度方式倒角

④"修剪":用于确定倒角时倒角边是否剪切。默认值为剪切模式。用户输入"T"后,系统提示如下:

输入修剪模式选项 [修剪(T)/不修剪(N)] <修剪>:n(选取不修剪模式)

选择第一条直线或 [放弃(U)/多段线(P)/距离(D)/角度(A)/修剪(T)/方式(E)/多个(M)]:(选择第一条直线或选项)

选择第二条直线,或按住 Shift 键选择直线以应用角点或 [距离(D)/角度

（A)/方法(M)]:(选择第二条直线)

命令:

修剪与不修剪模式如图 4-22 所示。

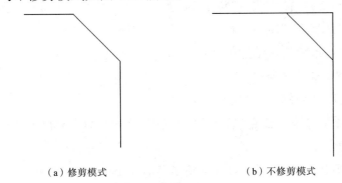

（a）修剪模式　　　　　　　　（b）不修剪模式

图 4-22　修剪与不修剪模式倒角比较

⑤"多段线":用于对多段线进行倒角。用户输入"P"后,系统提示:

命令:_chamfer(输入命令)

("修剪"模式)当前倒角距离 1 = 5.0000,距离 2 = 5.0000(当前设置)

选择第一条直线或[放弃(U)/多段线(P)/距离(D)/角度(A)/修剪(T)/方式(E)/多个(M)]:p(多段线倒角或选项)

选择二维多段线或[距离(D)/角度(A)/方法(M)]:(选取多段线)

8 条直线已被倒角(系统提示信息)

命令:

直接选取多段线即可完成倒角,如图 4-23 所示。

注意:多段线倒角也可以用于矩形、正多边形等对象。

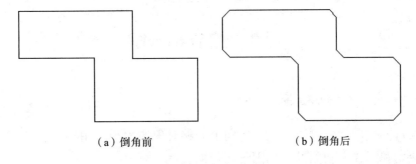

（a）倒角前　　　　　　　　　　（b）倒角后

图 4-23　多段线倒角

4.8.2　圆角

可以进行圆角的对象有直线、构造线、圆、圆弧等。圆角半径是连接圆角对象的半径。在默认情况下,圆角半径为 0 或上次设置的半径。

用户可以使用以下 4 种方法执行该命令:

①在"修改"工具栏中单击 (圆角)图标。

②在功能区中单击 (圆角)图标。

③在菜单栏中执行"修改"/"圆角"命令。

④在命令行中输入"fillet"命令。

执行命令后,系统提示信息如下:

命令:_fillet(输入命令)

当前设置:模式＝修剪,半径＝0.0000

选择第一个对象或［放弃(U)/多段线(P)/半径(R)/修剪(T)/多个(M)］:r (设置圆角半径)

指定圆角半径 ＜0.0000＞:10(圆角半径值为10)

选择第一个对象或［放弃(U)/多段线(P)/半径(R)/修剪(T)/多个(M)］: (选择第一个对象)

选择第二个对象,或按住 Shift 键选择对象以应用角点或［半径(R)］:(选择第二个对象)

结果如图 4-24 所示。

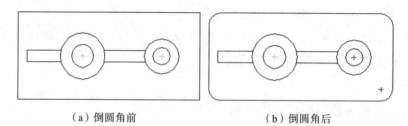

（a）倒圆角前   （b）倒圆角后

图 4-24   倒圆角对象

4.9   缩放和分解

4.9.1   缩放对象

执行"缩放"命令可以在一个方向上调整对象的大小。用户可在 X 轴和 Y 轴方向使用相同或不相同的比例因子进行缩放。

用户可以使用以下 4 种方法执行该命令:

①在"修改"工具栏中单击 (缩放)图标。

②在功能区中单击 (缩放)图标。

③在菜单栏中执行"修改"/"缩放"命令。

④在命令行中输入"scale"命令。

执行命令后，系统提示信息如下：

命令：_scale(输入命令)

选择对象：指定对角点：找到 25 个（选择对象）

选择对象：(按"Enter"键确定对象选择集)

指定基点：(输入对象的基点位置)

指定比例因子或［复制(C)/参照(R)］＜1.0000＞:0.8(指定缩放的比例因子)

命令：

完成操作，结果如图 4-25 所示。

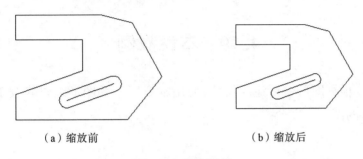

（a）缩放前　　　　　　　　　　　　（b）缩放后

图 4-25　缩放对象

4.9.2　分解对象

矩形、多段线、块、标注的尺寸、填充等操作结果均为一个整体。如果用"分解"命令将它们分解开来，就可以很方便地对其进行编辑了。

用户可以使用以下 4 种方法执行该命令：

①在"修改"工具栏中单击 图标。

②在功能区中单击 图标。

③在菜单栏中执行"修改"/"分解"命令。

④在命令行中输入"explode"命令。

执行命令后，系统提示信息如下：

命令：_explode(输入命令)

选择对象：(选择要分解的对象，如图 4-26 所示插入的块)

选择对象：(继续选择对象或按"Enter"键确定选择集)

结果如图 4-26 所示，由显示夹点可知块已被分解。

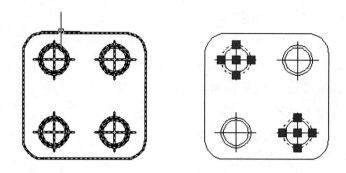

图 4-26　分解块对象

4.10　本章教例

例 4.1　根据图形中标注的尺寸,使用本章所学的图形编辑修改工具,绘制图 4-27 所示的图形。

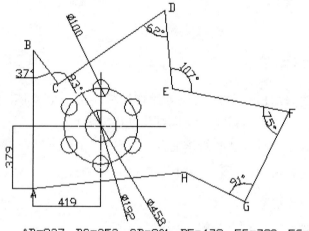

AB=837, BC=253, CD=801, DE=478, EF=730, FG=603, GH=410.

图 4-27　平面工程图练习

步骤一:绘制边框线

①绘制直线段 AB,执行"直线"命令,在绘图区中确定起点 A,指定直线端点 B 时输入相对点 A 的相对坐标值((@ 0,837),如图 4-28 所示。

命令:_line(执行"直线"命令)

指定第一点:(指定起点 A)

指定下一点或 [放弃(U)]:@0,837(输入相对坐标)

指定下一点或 [放弃(U)]:(按"Enter"键结束"直线"命令)

命令:

②复制直线 AB，即绘制两条相重合的直线 AB。

③旋转直线段 AB，执行旋转命令，将复制的直线段绕点 B，逆时针方向旋转 $37°$，如图 4-29 所示。

命令：_rotate（执行"旋转"命令）

UCS 当前的正角方向：ANGDIR＝逆时针　ANGBASE＝0（系统提示信息）

选择对象：找到 1 个（选取复制的直线段）

选择对象：（按"Enter"键确定对象选择集）

指定基点：＜对象捕捉　开＞（指定基点 B）

指定旋转角度，或［复制(C)/参照(R)］＜267＞：37（指定旋转的角度）

命令：

④将直线段的长度缩短到 BC 线段的长度（253），执行"lengthen"（长度）命令，系统提示如下：

命令：lengthen（执行长度命令）

选择对象或［增量(DE)/百分数(P)/全部(T)/动态(DY)］：t（选择对象的总长度选项命令）

指定总长度或［角度(A)］＜801.0000＞：253（指定总长度值为 253）

选择要修改的对象或［放弃(U)］：（选择需修改的对象）

命令：

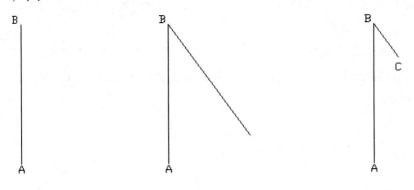

图 4-28　绘制直线　　　　图 4-29　复制并旋转直线　　　　图 4-30　设定直线段长度

注意：当用户执行"lengthen"（长度）命令，系统提示"选择要修改的对象或［放弃(U)］："时，要求用户选择伸长或缩短的曲线的一端，另一端将保持不变。

⑤绘制直线段 CD。可以按以上步骤中绘制线段 BC 的方法，也可以使用环形阵列的方法：将直线段 BC 绕点 C 顺时针方向环形阵列 2 个对象，设置如图 4-31 所示。

进行环形阵列时，系统提示如下：

命令：_arraypolar（执行"环形阵列"命令）

选择对象：找到 1 个（选择线段 BC）

图 4-31　环形阵列设置

选择对象：(确定对象选择集)

类型 ＝ 极轴　关联 ＝ 是(系统提示信息)

指定阵列的中心点或［基点(B)/旋转轴(A)]:(选择点 C)

选择夹点以编辑阵列或［关联(AS)/基点(B)/项目(I)/项目间角度(A)/填充角度(F)/行(ROW)/层(L)/旋转项目(ROT)/退出(X)]＜退出＞:i(设置阵列对象的数目)

输入阵列中的项目数或［表达式(E)]＜6＞:2(指定阵列数目)

选择夹点以编辑阵列或［关联(AS)/基点(B)/项目(I)/项目间角度(A)/填充角度(F)/行(ROW)/层(L)/旋转项目(ROT)/退出(X)]＜退出＞:f(设置环形阵列的角度)

指定填充角度(＋＝逆时针、－＝顺时针)或［表达式(EX)]＜360＞:－93(指定角度值)

选择夹点以编辑阵列或［关联(AS)/基点(B)/项目(I)/项目间角度(A)/填充角度(F)/行(ROW)/层(L)/旋转项目(ROT)/退出(X)]:as(设置对象的关联属性)

创建关联阵列［是(Y)/否(N)]＜是＞:n(指定阵列复制对象不关联)

选择夹点以编辑阵列或［关联(AS)/基点(B)/项目(I)/项目间角度(A)/填充角度(F)/行(ROW)/层(L)/旋转项目(ROT)/退出(X)]＜退出＞:(按"Enter"键完成阵列操作)

命令:

完成以上操作,结果如图 4-32 所示。

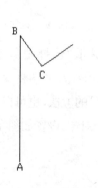

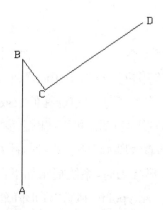

图 4-32　环形阵列线段 BC　　　　图 4-33　设定线段 CD 总长度

⑥将阵列复制的直线段的长度设定为 CD 的长度值(801),如图 4-33 所示。

⑦可以通过旋转再缩放线段长度,或执行"环形阵列"命令后再缩放线度长度的方法,确定点 H 的位置,再连接 AH,完成整个图形边框的绘制,如图 4-34 所示。

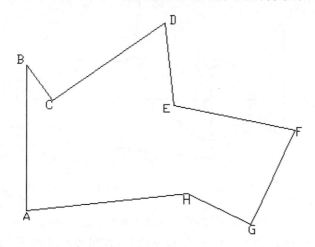

图 4-34　完成边框的绘制

步骤二:绘制线框内部对象

①确定内部图形的中心。执行"直线"命令,起点为点 A,端点相对于点 A 的相对坐标为((@ 419,379),如图 4-35 所示。

系统提示如下:

命令:_line(执行"直线"命令)

指定第一点:(指定直线起点 A)

指定下一点或 [放弃(U)]:@419,379(指定端点相对坐标点 O)

指定下一点或 [放弃(U)]:(按"Enter"键结束直线命令)

命令:

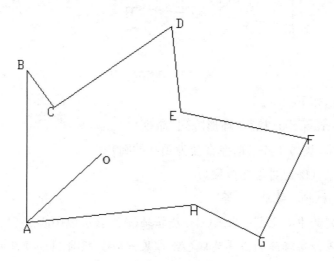

图 4-35　确点相对坐标点

②以点 O 为中心,按图 4-27 给定的尺寸绘制圆对象,如图 4-36 所示。

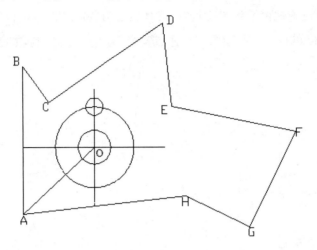

图 4-36　绘制以中心点为参考位置的对象

③将直径为 100 的圆,绕中心点 O,沿圆周方向环形阵列 6 个对象,再删除直线 AO,完成该图形的绘制,如图 4-37 所示。

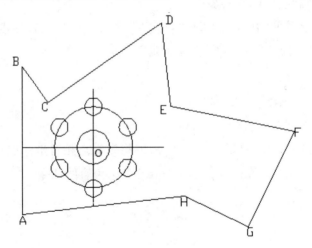

图 4-37　完整的图形

系统提示如下:

命令:_arraypolar(执行"环形阵列"命令)

选择对象:找到 1 个(选择直径为 100 的圆)

选择对象:(确定对象选择集)

类型 = 极轴　关联 = 否

指定阵列的中心点或 [基点(B)/旋转轴(A)]:(选取中心点 O)

选择夹点以编辑阵列或 [关联(AS)/基点(B)/项目(I)/项目间角度(A)/填充角度(F)/行(ROW)/层(L)/旋转项目(ROT)/退出(X)]＜退出＞:i

输入阵列中的项目数或［表达式(E)］<6>:6(设置阵列的数目)

选择夹点以编辑阵列或［关联(AS)/基点(B)/项目(I)/项目间角度(A)/填充角度(F)/行(ROW)/层(L)/旋转项目(ROT)/退出(X)］<退出>:as

创建关联阵列［是(Y)/否(N)］<否>:N(设置阵列"不关联"属性)

选择夹点以编辑阵列或［关联(AS)/基点(B)/项目(I)/项目间角度(A)/填充角度(F)/行(ROW)/层(L)/旋转项目(ROT)/退出(X)］<退出>:(按"Enter"键完成环形阵列操作)

命令:

例 4.2　按图 4-38 所示的尺寸标注,完成图形的绘制。

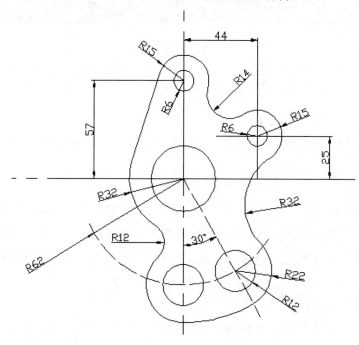

图 4-38　二维机械图练习示例

步骤一:创建图层

执行"图层"命令,创建图层,如图 4-39 所示。

步骤二:绘制中心线

①将"中心线"图层设置为当前图层。

②在绘图区中绘制两条相互垂直于点 A 的直线,并将水平位置直线向上偏移 25、竖直位置直线向右偏移 44,偏移后的直线相交于点 B,如图 4-40 所示。

执行"偏移"命令时,系统提示:

命令:_offset(执行"偏移"命令)

当前设置:删除源=否　图层=源　OFFSETGAPTYPE=0(系统提示信息)

指定偏移距离或［通过(T)/删除(E)/图层(L)］<通过>:25(设定偏移距离)

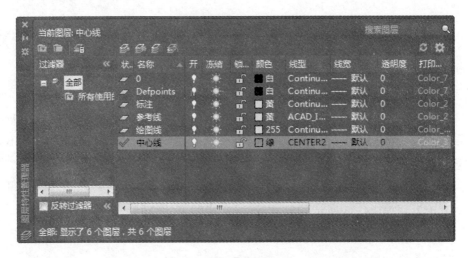

图 4-39　创建图层

选择要偏移的对象，或［退出(E)/放弃(U)］＜退出＞:(选择水平位置直线对象)

指定要偏移的那一侧上的点，或［退出(E)/多个(M)/放弃(U)］＜退出＞:(指定向哪一侧偏移)

选择要偏移的对象，或［退出(E)/放弃(U)］＜退出＞:(按"Enter"键结束命令)

命令:

命令:OFFSET(执行偏移命令)

当前设置:删除源＝否　图层＝源　OFFSETGAPTYPE＝0(系统提示信息)

指定偏移距离或［通过(T)/删除(E)/图层(L)］＜25.0000＞:44(设定偏移距离)

选择要偏移的对象，或［退出(E)/放弃(U)］＜退出＞:(选择竖直位置直线对象)

指定要偏移的那一侧上的点，或［退出(E)/多个(M)/放弃(U)］＜退出＞:(指定向哪一侧偏移)

选择要偏移的对象，或［退出(E)/放弃(U)］＜退出＞:(按"Enter"键结束命令)

命令:

偏移对象后，打断多余的线条，只保留相交于点 B 的部分直线段，如图 4-40所示。

步骤三:绘制参考线

①将"参考线"图层设置为当前图层。

②执行直线命令，起点指定在点 A 位置，端点输入相对于点 A 的极坐标(@120＜－60)。

③执行"圆弧"命令，将圆弧的中心设定在点 A，半径设为 62，圆弧线段位于第三象限和第四象限，如图 4-41 所示。

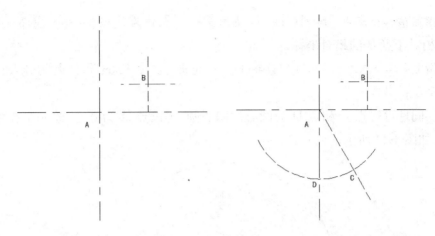

图 4-40 绘制中心线 图 4-41 绘制"参考线"图层对象

步骤四:绘制图形

①将"绘图线"图层设置为当前图层。

②以点 A 为圆心,绘制半径为 32 和 19 两个同心圆,如图 4-42 所示。

③以点 B 为圆心,绘制半径为 15 和 6 的两个同心圆,并将其复制到点 E(点 E 相对于点 B 的相对坐标为(@-44,32),如图 4-43 所示。

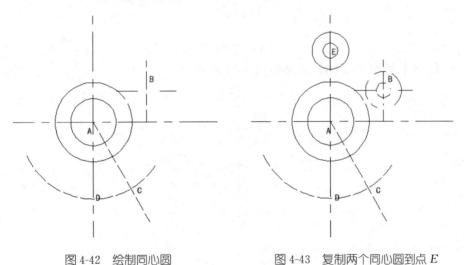

图 4-42 绘制同心圆 图 4-43 复制两个同心圆到点 E

复制操作提示:

命令:_copy(执行"复制"命令)

选择对象:找到 1 个(选择半径为 6 的圆)

选择对象:找到 1 个,总计 2 个(选择半径为 15 的圆)

选择对象:(按"Enter"键确定对象选择集)

当前设置:复制模式=多个(系统默认提示信息)

指定基点或[位移(D)/模式(O)]<位移>:(指定基点 B)

指定第二个点或［阵列(A)］＜使用第一个点作为位移＞:@－44,32(指定点 E 相对于点 B 的相对坐标)

指定第二个点或［退出(E)/放弃(U)］＜退出＞:(按"Enter"键结束"复制"命令)

命令:

④同理可得点 C 和点 D 为圆心的同心圆,再以点 A 为圆心,绘制半径为 84 的圆,如图 4-44 所示。

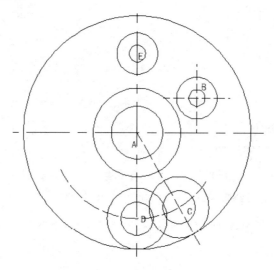

图 4-44　绘制圆对象

⑤修剪半径为 84 的圆,结果如图 4-45 所示。

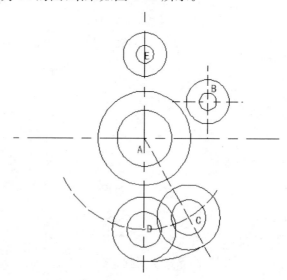

图 4-45　修剪圆对象

执行"修剪"命令,系统提示如下:

命令:_trim(执行修剪命令)

当前设置:投影＝UCS,边＝无　选择剪切边...(系统默认提示信息)

选择对象或 ＜全部选择＞:找到 1 个(选择以点 C 为圆心、半径为 22 的圆)

选择对象:找到 1 个,总计 2 个(选择以点 D 为圆心、半径为 22 的圆)

选择对象:(按"Enter"键确定对象选择集)

选择要修剪的对象,或按住 Shift 键选择要延伸的对象,或［栏选(F)/窗交(C)/投影(P)/边(E)/删除(R)/放弃(U)］:(选择需修剪的对象)

选择要修剪的对象,或按住 Shift 键选择要延伸的对象,或［栏选(F)/窗交(C)/投影(P)/边(E)/删除(R)/放弃(U)］:(按"Enter"键结束"修剪"命令)

命令:

⑥执行"圆角"命令,完成边界连接,如图 4-46 所示。

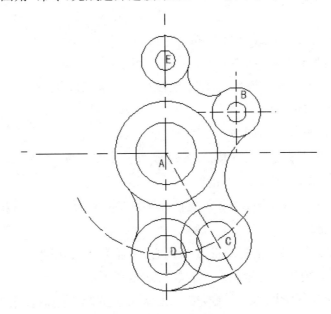

图 4-46　边界倒圆角

执行"圆角"命令,系统提示如下:

命令:_fillet(执行"圆角"命令)

当前设置:模式＝修剪,半径＝25.0000(系统提示信息)

选择第一个对象或［放弃(U)/多段线(P)/半径(R)/修剪(T)/多个(M)］:r(设定圆角半径)

指定圆角半径 ＜25.0000＞:14(指定圆角半径值)

选择第一个对象或［放弃(U)/多段线(P)/半径(R)/修剪(T)/多个(M)］:(选择以点 B 为圆心、半径为 15 的圆)

选择第二个对象,或按住 Shift 键选择要应用角点的对象:(选择以点 E 为圆心、半径为 15 的圆)

命令:

命令:_fillet(按"Enter"键重复执行"圆角"命令)

当前设置:模式=修剪,半径=14.0000(系统提示信息)

选择第一个对象或[放弃(U)/多段线(P)/半径(R)/修剪(T)/多个(M)]:r(重新设定圆角半径)

指定圆角半径 <14.0000>:32(指定圆角半径为32)

选择第一个对象或[放弃(U)/多段线(P)/半径(R)/修剪(T)/多个(M)]:(选择以点 B 为圆心、半径为 15 的圆)

选择第二个对象,或按住 Shift 键选择要应用角点的对象:(选择以点 C 为圆心、半径为 22 的圆)

命令:

命令:_fillet(按"Enter"键重复执行"圆角"命令)

当前设置:模式=修剪,半径=14.0000(系统提示信息)

选择第一个对象或[放弃(U)/多段线(P)/半径(R)/修剪(T)/多个(M)]:r(重新设定圆角半径)

指定圆角半径 <14.0000>:12(指定圆角半径为 12)

选择第一个对象或[放弃(U)/多段线(P)/半径(R)/修剪(T)/多个(M)]:(选择以点 D 为圆心、半径为 22 的圆)

选择第二个对象,或按住 Shift 键选择要应用角点的对象:(选择以点 A 为圆心、半径为 32 的圆)

⑦执行"直线"命令,完成以点 A 为圆心、半径为 32 和以点 E 为圆心、半径为 15 的两个圆的外公切线的绘制。绘制外公切线需要捕捉切点。读者可以在菜单栏中执行"工具"/"草图设置"命令,或右击状态栏的"对象捕捉"和"对象捕捉追踪"图标,在弹出的快捷菜单中选择"对象捕捉追踪设置"命令选项,打开"草图设置"对话框,单击"对象捕捉"选项卡的"全部清除"按钮,再勾选"切点"复选框,如图 4-47 所示,单击"确定"按钮,即可完成切点捕捉设置。

当系统提示指定直线起点时,将光标放置在半径为 15 的圆周上,出现黄色的切点标记,单击鼠标左键,即可捕捉到切点。同理,也可捕捉到半径为 32 的圆的切点,如图 4-48 所示。

⑧修剪图形,删除多余的线条,完成整个图形的绘制,结果如图 4-49 所示。

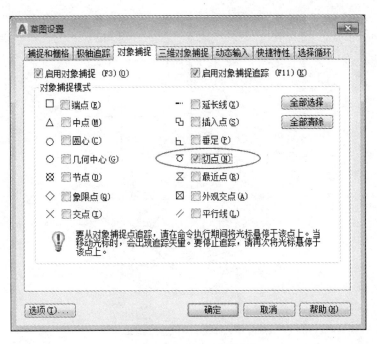

图 4-47　设置切点的捕捉

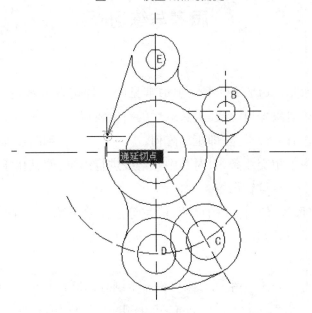

图 4-48　捕捉切点

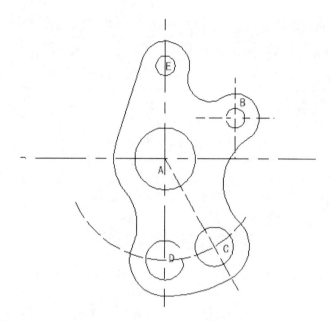

图 4-49   修剪并得到完整的图形

思考与练习

一、填空题

(1)直接选取是 AutoCAD 绘图中最常见的一种选取方法,在选取对象的过程中,只需单击该对象即可完成,被选取后的对象将以_____显示。

(2)阵列操作有 3 种类型,即矩形阵列、_____和路径阵列。

(3)假若有两条相交线条,只对其中一条线进行编辑,使其位于另一线条的一侧,可使用_____编辑命令。

(4)矩形、多段线、块、标注的尺寸、填充等操作结果均为一个整体,可以使用_____命令将其拆开。

二、选择题

(1)在 AutoCAD 中,一组同心圆可由一个画好的圆执行(   )命令来实现。

A. stretch   B. move   C. extend   D. offset

(2)下列命令中不能实现复制操作的是(   )。

A. 复制   B. 镜像   C. 分解   D. 偏移

(3)(   )命令只能恢复最后一次执行的删除操作。

A. undo   B. opps   C. oops   D. ops

(4)在绘制图形的过程中,经常需要调整图形线条大小和位置,或延伸某对象使其与指定对象精确地相交。这时就需要用到"拉伸"和"延伸"命令。其中,

（　　）是"拉伸"命令，（　　）是"延伸"命令。

A. stretch extend

B. extend stretch

C. stretch scale

D. extend length

(5)下列关于打断与打断于点的说法中，不正确的是(　　)。

A. 打断是将所选对象分成两部分

B. 打断将删除所选对象上的某一部分

C. 打断于点是将对象在指定点外断开成两个对象

D. 一个图形对象在执行打断于点后，效果与打断操作相同

三、简答题

(1)在实际绘图过程中应如何创建图层？创建图层的作用是什么？

(2)正交、对象捕捉、相对坐标和极坐标是如何设置的？

四、操作题

(1)使用偏移和修剪工具，绘制如图 4-50 所示的图案。

(2)完成如图 4-51 所示的图案绘制。注意基点和插入目标点的位置。

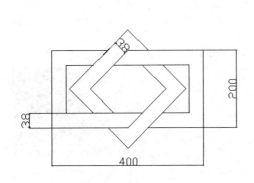

图 4-50　操作题(1)图

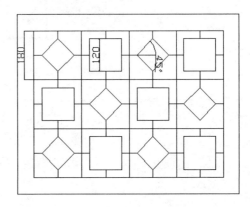

图 4-51　操作题(2)图

(3)请按照图 4-52 所示的各线段的尺寸和位置要求,完成该图形的绘制。

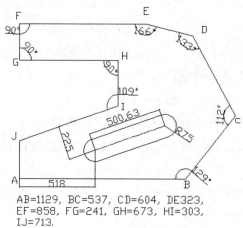

AB=1129, BC=537, CD=604, DE323,
EF=858, FG=241, GH=673, HI=303,
IJ=713.

图 4-52 操作题(3)图

(4)请按照图 4-53 所示的要求,完成该图形的绘制。

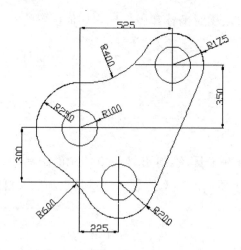

图 4-53 操作题(4)图

第5章　面域与图案填充

面域是具有边界的平面区域,是面对象。从外观上看,面域和一般的封闭线框没有区别,但实际上面域就像一张没有厚度的纸。面域除了包括边界外,还包括边界内的平面(面域内部可以包含孔)。构成面域的封闭对象可以很方便地过渡到三维实体。

图案填充是指使用指定线条图案来充满指定区域的图形对象,常常用于表达剖切面和不同类型物体对象的外观纹理等,被广泛应用于机械图、建筑图、地形图等各类工程图的绘制中。

通过本章的学习,读者应能够创建面域,对面域进行布尔运算,还应了解图案填充的功能。

5.1　将图形转换为面域

用户可以将由某些对象围成的封闭区域转换为面域。面域是一种二维封闭区域,具有几何特性(如面积)和物理特性(如质量中心)。

上述封闭的区域可以是矩形、正多边形、圆、椭圆、封闭二维多段线和封闭的样条曲线等对象构成的封闭区域,也可以是由圆弧、直线、二维多段线、椭圆弧、样条曲线等对象构成的封闭区域。

5.1.1　创建面域

用户可以使用以下 3 种方法执行创建面域命令:

①在“绘图”工具栏中单击 ▣ (面域)图标。

②在菜单栏中执行“绘图”/“面域”命令。

③在命令行中输入“region”命令。

执行命令后,系统提示信息如下:

命令:_region(输入命令)

选择对象:指定对角点:找到 8 个(选择封闭的图形对象)

选择对象:(按“Enter”键确定对象选择集)

已提取 1 个环。(系统提示)

已创建 1 个面域。

命令:

　　完成操作后，读者可以通过夹点观察图中的 8 段圆弧组成一个面域，结果如图 5-1 所示。

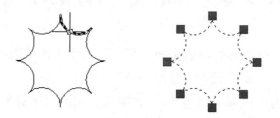

图 5-1　创建面域对象

　　用户还可以通过以下方法创建面域：

　　①菜单栏中执行"绘图"/"边界"命令。

　　②命令行中输入"boundary"命令。

　　执行以上命令之一，打开"边界创建"对话框，如图 5-2 所示。在"对象类型"下拉列表框中选择"面域"选项，也可以将图 5-1 所示的 8 段圆弧转换为一个面域。

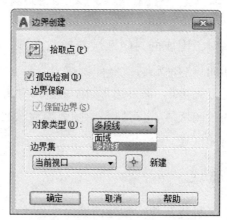

图 5-2　"边界创建"对话框

　　"边界创建"对话框中各选项的功能如下：

　　①"拾取点" ：单击该按钮，可对需要创建边界的闭合区域进行选择。

　　②"孤岛检测"复选框：勾选该复选框后可检测内部闭合边界，并将所选的边界设置成孤岛。

　　③"对象类型"下拉列表框：为用户所选边界提供了两种类型，即多段线和面域。如果选择"面域"选项，则不仅包括边界线的信息，还包括边界所包围的整个区域即整个面的信息。

　　注意：用户可以用"分解"（explode）命令将面域的各个组成元素转换成相应的直线、弧线等对象。

5.1.2　对面域进行布尔运算

布尔运算的对象只包括共面的面域和实体对象，对于普通的线条图形对象是无效的。在 AutoCAD 2018 中，用户可以使用"修改"/"实体编辑"命令中的相关子命令，对面域进行布尔运算。布尔运算共有 3 种类型，如图 5-3 所示。

①"并集"：或命令行中输入"union"命令。用户连续选择要进行并集运算的面域对象，按下"Enter"键，即可将选择的面域合并为一个图形并结束命令。

②"差集"：或命令行中输入"subtract"命令。用于创建使用一个面域减去另一个面域的差集。

③"交集"：或命令行中输入"intersect"命令。用于创建两个或两个以上面域相交的部分。

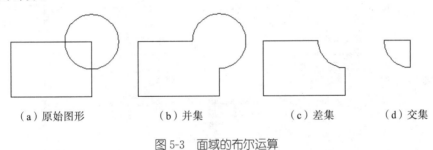

（a）原始图形　　　　　（b）并集　　　　　（c）差集　　　　（d）交集

图 5-3　面域的布尔运算

5.2　使用图案填充

对编辑好的图形进行尺寸标注前，要设置图案填充。用户可以根据工程制图的需要，使用预定义的填充图案样式，或者使用当前的线型定义一个简单的图案样式，还可以创建更加复杂的填充图案。

用户可以使用以下 3 种方法执行图案填充命令：

①在"绘图"工具栏中单击▣（图案填充）图标。

②在菜单栏中执行"绘图"/"图案填充"命令。

③在命令行中输入"hatch"命令。

如果关闭 AutoCAD 2018 的功能区，执行该命令后，打开"图案填充和渐变色"对话框，如图 5-4 所示。

(1)设置填充类型

填充图案首先需要指定某一种类型的填充图案。用户可以在图 5-4 所示的"类型和图案"选项组中选择或自定义图案样式。"类型"下拉列表框中共有 3 种图案类型。

①"预定义"：指定一个预定义的图案样式，可以控制预定义图案的角度和缩放比

例。用户单击"图案(P)"后的按钮，可弹出"填充图案选项板"对话框，如图 5-5 所示。

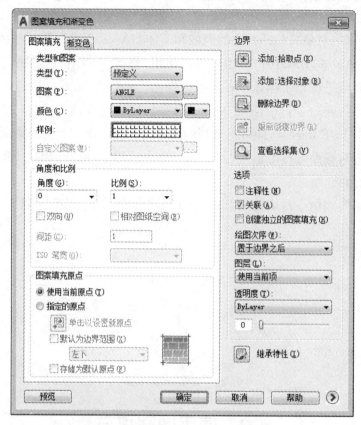

图 5-4　"图案填充和渐变色"对话框的"图案填充"选项卡

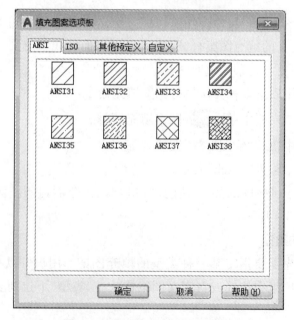

图 5-5　"填充图案选项板"对话框

②"用户定义"：基于图形中当前线型创建直线图案，可以控制用户定义图案中直线的角度、布置方式和间距。

③"自定义"：指定以任意自定义 PAT 文件定义的图案。用户必须将自定义的 PAT 文件添加到 AutoCAD 的搜索路径。

（2）设置填充角度和比例

选择了填充图案后，可以根据工程制图的需要，在"角度和比例"选项组（如图 5-4 所示）中设置相应的参数，以控制填充图案的显示样式和缩放比例。

①"角度"：用于设置图案填充时的角度值。

②"比例"：用于设置图案填充时的比例值，可根据需要放大或缩小。

③"双向"：勾选该复选框时，可使用相互垂直的两组平行线填充图形。

④"相对图纸空间"：勾选该复选框时，可设置比例因子为相对于图纸空间的比例，可以根据布局的比例调整填充图案的显示效果。

⑤"间距"：用于设置填充平行线间的距离。

注意：根据选择的图案类型的不同，"角度和比例"选项组中各选项显示的方式也不同。例如，当用户选择"用户定义"图案类型时，系统将显示"角度""双向"和"间距"选项，其他选项呈灰色，不能使用。

（3）指定填充的边界

用户要选择图案填充的边界，可通过单击"边界"选项组的对应按钮，执行添加、删除等操作来完成。

①"添加：拾取点"按钮：选取填充区域内的一个点，系统会自动计算出包围该点的封闭填充边界。如果用户选取点后，系统不能形成封闭的填充边界，则会显示出错提示。

②"添加：选择对象"按钮：通过选择对象的方式来定义填充区域的边界。

如果用户没有关闭 AutoCAD 2018 的功能区，执行"hatch"（图案填充）命令后，可在功能区中打开"图案填充创建"选项卡，如图 5-6 所示。各选项组的功能和图 5-4 所示的"图案填充"选项卡的选项组相似，此处不再赘述。

注意：用户可以在命令行中输入"ribbon"命令打开功能区。

图 5-6　功能区的"图案填充创建"选项卡

例 5.1　用实体（solid）方式填充如图 5-7 所示的图案。

步骤一：创建图案的边界区域

图 5-7　实体填充图案

①使用样条曲线绘制边界,如图 5-8 所示。在绘制样条曲线时,应确保 4 条边界首尾相连,形成内外两个封闭的图形。

②绘制"五角星"对象。在图 5-8 所示的图形中先绘制一个正五边形,将正五边形的对角线依次连接起来,再删除正五边形,然后使用"修剪"命令修剪掉多余的线条,构成图案填充的边界区域,如图 5-9 所示。

图 5-8　图案轮廓　　　　　　　图 5-9　图案填充的边界

步骤二:图案填充

①将当前图层的颜色设置为红色。

②执行"图案填充"命令,打开图 5-4 所示的"图案填充和渐变色"对话框的"图案填充"选项卡;或打开图 5-6 所示的功能区"图案填充创建"选项卡。

③在"类型和图案"选项组中选择系统默认的"预定义"类型;单击"图案"下拉列表后的按钮,打开图 5-5 所示的"填充图案选项板"对话框,单击"其他预定义"选项卡,选择"solid"(实体)图案,单击"确定"按钮,回到"图案填充和渐变色"对话框。或打开功能区"图案填充创建"选项卡,选择"solid"(实体)图案。

④在"图案填充和渐变色"对话框中单击"拾取点"按钮,回到绘图区中选择填充的区域(如图 5-10 所示的虚对象)。

⑤单击"确定"按钮,回到"图案填充和渐变色"对话框,再单击"确定"按钮,完成图 5-10 所示虚对象的填充,结果如图 5-11 所示。

图 5-10　填充区域　　　　图 5-11　填充部分对象　　　图 5-12　填充完整的对象

⑥将当前图层的颜色设定为黄色,使用同样的方法填充"五角星"和内部两条样条曲线组成的区域,结果如图 5-12 所示。

步骤三:环形阵列对象

对上一步完成填充的对象进行环形阵列复制,操作如下:

命令:_arraypolar

选择对象:指定对角点:找到 15 个(选择阵列的对象)

选择对象:(按"Enter"键确定对象的选择集)

类型 ＝ 极轴　关联 ＝ 否

指定阵列的中心点或［基点(B)/旋转轴(A)］:(选择阵列的中心点)

选择夹点以编辑阵列或［关联(AS)/基点(B)/项目(I)/项目间角度(A)/填充角度(F)/行(ROW)/层(L)/旋转项目(ROT)/退出(X)］＜退出＞:I(指定阵列复制的数目)

输入阵列中的项目数或［表达式(E)］＜6＞:5(环形阵列复制 5 个对象)

选择夹点以编辑阵列或［关联(AS)/基点(B)/项目(I)/项目间角度(A)/填充角度(F)/行(ROW)/层(L)/旋转项目(ROT)/退出(X)］＜退出＞:f(设置填充角度)

指定填充角度(＋＝逆时针、－＝顺时针)或［表达式(EX)］＜360＞:(指定填充角度为 360°)

选择夹点以编辑阵列或［关联(AS)/基点(B)/项目(I)/项目间角度(A)/填充角度(F)/行(ROW)/层(L)/旋转项目(ROT)/退出(X)］＜退出＞:rot(设置阵列对象的旋转属性)

是否旋转阵列项目?［是(Y)/否(N)］＜是＞:(阵列对象旋转)

选择夹点以编辑阵列或［关联(AS)/基点(B)/项目(I)/项目间角度(A)/填充角度(F)/行(ROW)/层(L)/旋转项目(ROT)/退出(X)］＜退出＞:(按"Enter"键退出)

命令:

结果如图 5-7 所示。

例 5.2　使用当前线型填充如图 5-13 所示的图形。

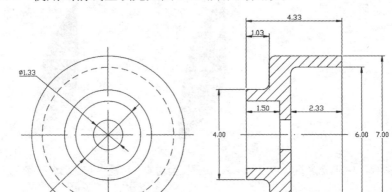

图 5-13　当前线型填充图形

具体操作步骤如下：

①将当前图层的线型设置为填充阴影线所要求的线型。

②执行"图案填充"命令，打开图 5-4 所示的"图案填充和渐变色"对话框的"图案填充"选项卡。

③在"类型和图案"选项组中选择"用户定义"类型，在"角度和比例"选项组中将角度设置为 45°、间距值设置为 0.3，如图 5-14 所示。

图 5-14　设置"用户定义"图案填充的类型

④在"图案填充和渐变色"对话框中单击"拾取点"按钮,回到绘图区中选取需要填充的区域,单击"确定"按钮后即可完成图 5-13 所示的线型填充。

用户也可通过功能区进行操作,具体方法如下:

①在命令行中输入"ribbon"命令,打开功能区。

②执行"hatch"(图案填充)命令。

③在功能区中打开"图案填充创建"选项卡,如图 5-15 所示。设置相关参数,完成图案填充。

图 5-15　设置"图案填充创建"选项卡

命令行中的操作步骤提示如下:

命令:_HATCH(输入命令)

当前填充图案:ANGLE(系统默认当前填充图案)

指定内部点或[特性(P)/选择对象(S)/绘图边界(W)/删除边界(B)/高级(A)/绘图次序(DR)/原点(O)/注释性(AN)/图案填充颜色(CO)/图层(LA)/透明度(T)]:p(指定内部点或修改当前填充样式)

输入图案名称或[?/实体(S)/用户定义(U)/渐变色(G)]<ANGLE>:u(指定用户定义填充样式)

指定十字光标线的角度<45>:(指定填充线的角度为 45°)

指定行距<10.0000>:0.3(指定填充平行线的间距为 0.3)

是否双向图案填充区域?[是(Y)/否(N)]<N>:(不采用双线填充)

当前填充图案:_USER(系统自动设置)

指定内部点或[特性(P)/选择对象(S)/绘图边界(W)/删除边界(B)/高级(A)/绘图次序(DR)/原点(O)/注释性(AN)/图案填充颜色(CO)/图层(LA)/透明度(T)]:正在选择所有对象...(系统提示指定填充区域内部点)

正在选择所有可见对象...

正在分析所选数据...

正在分析内部孤岛...

当前填充图案:_USER

指定内部点或[特性(P)/选择对象(S)/绘图边界(W)/删除边界(B)/高级(A)/绘图次序(DR)/原点(O)/注释性(AN)/图案填充颜色(CO)/图层(LA)/透明度(T)]:(选取填充的区域或按"Enter"键结束操作)

命令:

5.3 孤岛填充

已定义好的填充区域内的封闭区域称为孤岛。在进行图案填充时,对于孤岛,应按照当前孤岛检测样式完成填充。

用户单击"图案填充和渐变色"对话框右下角的 ⊙ 按钮,将打开"孤岛"选项组,如图 5-16 所示。

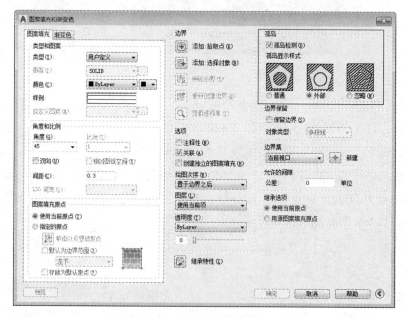

图 5-16 "孤岛"选项组

勾选"孤岛检测"复选框,可以设定 AutoCAD 对孤岛的填充方式,共有 3 种类型,填充效果如图 5-17 所示。

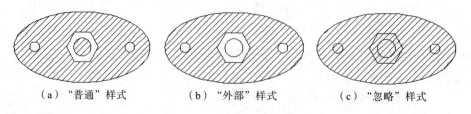

（a）"普通"样式   （b）"外部"样式   （c）"忽略"样式

图 5-17 "孤岛"填充样式

①"普通":默认的图案填充方法。当用一个窗口选择了所有实体时,图案从

最外层的边界开始填充,遇到下一个内部边界将跳过去不填充,再遇到下一个边界时又填充,即从外往内数为"偶数"的区域将不会被填充。

②"外部":从最外边向内填充,遇到与之相交的内部边界时断开填充线,不再继续填充。

③"忽略":忽略边界内的对象,所有内部结构都被填充线覆盖。

注意:AutoCAD 2018 系统变量"hpislanddetection"可以控制孤岛显示样式。其值为"0"时,表示"普通"样式;其值为"1"时,表示"外部"样式;其值为"2"时,表示"忽略"样式。

5.4　渐变色填充

根据工程制图的需要,有时一个面域内要用到一种或多种颜色。这时可采用渐变色填充。

用户可以使用以下 3 种方法执行该命令:

①在"绘图"工具栏中单击 ▣ (渐变色填充)图标。

②在菜单栏中执行"绘图"/"渐变色填充"命令。

③在命令行中输入"gradient"命令。

执行该命令后,打开"图案填充和渐变色"对话框中的"渐变色"选项卡,如图 5-18 所示。用户可以选择单色或双色进行渐变色的填充。

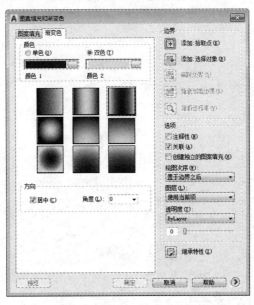

图 5-18　"图案填充和渐变色"对话框中的"渐变色"选项卡

"渐变色"选项卡中各选项的功能如下。

①"颜色"选项组:设置图案填充的颜色。

a."单色"单选按钮:使用单一色彩模式进行渐变填充。用户可以选择"索引颜色""真彩色"和"配色系统"中的颜色。

b."双色"单选按钮:使用可以在两种颜色之间平滑过渡的双色模式进行渐变填充。颜色选取与"单色"填充方式相同。

c.填充色方案:系统提供 9 种不同的渐变色填充方案,分别代表 9 种不同的颜色渐变方式。

②"方向"选项组:设置填充颜色的渐变中心和填充颜色的角度。

a."居中"复选框:设置填充颜色渐变中心。如果勾选,则填充颜色呈中心对称;如果不勾选,则填充颜色呈不对称渐变。

b."角度"下拉列表框:设置填充颜色的填充角。

注意:渐变色填充也可设置孤岛填充方式,单击"渐变色"选项卡中的扩展按钮 ,即可打开"孤岛"选项组。渐变色中的孤岛填充方式与图案填充中的孤岛填充方式相同。

如果用户打开功能区,执行"gradient"(渐变色填充)命令后,将打开渐变色"图案填充创建"选项卡,如图 5-19 所示。用户可以通过该选项卡,设置渐变色填充。

图 5-19　渐变色"图案填充创建"选项卡

思考与练习

一、填空题

(1)由圆弧、直线、二维多段线、椭圆弧、样条曲线等对象构成的封闭区域,可以通过在命令行中输入＿＿＿＿＿＿命令组成一个面域。

(2)用户可以用＿＿＿＿＿＿将面域的各个组成元素转换成相应的直线、弧线等对象。

(3)多个面域＿＿＿＿＿＿进行布尔运算。

(4)基于图形中当前线型创建直线图案,可以控制用户定义图案中直线的角度、布置方式和间距的填充方式是＿＿＿＿＿＿。

二、选择题

(1)下列关于自定义图案的说法中,不正确的是(　　)。

A. 自定义图案是用户事先定义好的图案

B. 自定义图案下拉列表框只有在采用自定义类型时才可用

C. 自定义图案是用户临时定义的图案,由一组平行线或相互垂直的两组平行线组成

D. 自定义图案为 AutoCAD 预先定义好的图案

(2)下列关于孤岛的说法中,正确的是(　　)。

A. 孤岛是指位于选择填充区域内,但不进行图案填充的区域

B. 孤岛是指位于选择填充区域内,填充另外一种图案的区域

C. 孤岛是指不在选择填充区域内,但进行图案填充的区域

D. 孤岛是自定义填充的一种方法

(3)下列命令中,不是布尔命令的是(　　)。

A. 并集　　　　　　B. 干涉　　　　　　C. 交集　　　　　　D. 差集

(4)AutoCAD 对孤岛的填充方式的选择中共有普通、(　　)和外部三种类型的显示样式。

A. 无　　　　　　　B. 忽略　　　　　　C. 自定义　　　　　D. 预定义

三、简答题

(1)在 AutoCAD 中,面域是如何形成的? 怎样对面域进行布尔运算?

(2)填充有几种类型? 各种类型的功能是什么?

(3)什么是孤岛? 孤岛填充有何规律?

(4)如何进行渐变色填充?

四、操作题

使用当前线型,填充图 5-20 所示的图形。

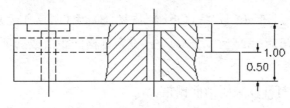

图 5-20　线型填充示例

扫一扫,获取参考答案

第6章 精确绘图的实现

在 AutoCAD 中,用户不仅可以通过指定点的坐标来绘制图形,还可以使用系统提供的"捕捉""极轴""对象的捕捉"和"对象的追踪"等功能,在不输入坐标的情况下快速、精确地绘制图形。

6.1 使用栅格、捕捉和正交功能

在绘制图形时,用户可以通过移动光标来指定点的位置,但是不能精确地指定某一点的具体位置。要精确定位点,必须使用坐标或捕捉功能。

6.1.1 设置栅格

栅格是一些标定位置的小点。显示栅格就相当于在绘图区中形成一张坐标纸,可以非常直观地显示对象的位置。

(1)打开或关闭栅格功能

在 AutoCAD 中,用户可以使用以下 4 种方法打开或关闭栅格:

①在状态栏中单击▦(栅格)图标。

②在键盘上按"F7"键。

③在命令行中输入"grid"命令后,点击"开(on)"选项。

④在菜单栏中执行"工具"/"草图设置"命令,打开"草图设置"对话框,在"捕捉和栅格"选项卡中勾选或取消勾选"启用栅格"复选框,如图 6-1 所示。

(2)设置栅格参数

用户可以在图 6-1 所示的"栅格间距"选项组中设置 X 轴间距和 Y 轴间距,单击"确定"按钮即可;也可以在命令行中输入"grid"命令设定栅格间距值,此时命令行提示如下:

命令:GRID(输入命令)

指定栅格间距(X) 或 [开(ON)/关(OFF)/捕捉(S)/主(M)/自适应(D)/界限(L)/跟随(F)/纵横向间距(A)]<5.0000>:(设定栅格间距值或选项)

各选项的功能如下:

①"开"和"关":用于打开或关闭当前栅格。

②"捕捉":用于将栅格间距设置为由"snap"命令指定的捕捉间距。

③"纵横向间距":用于设置栅格的 X 轴间距和 Y 轴间距。

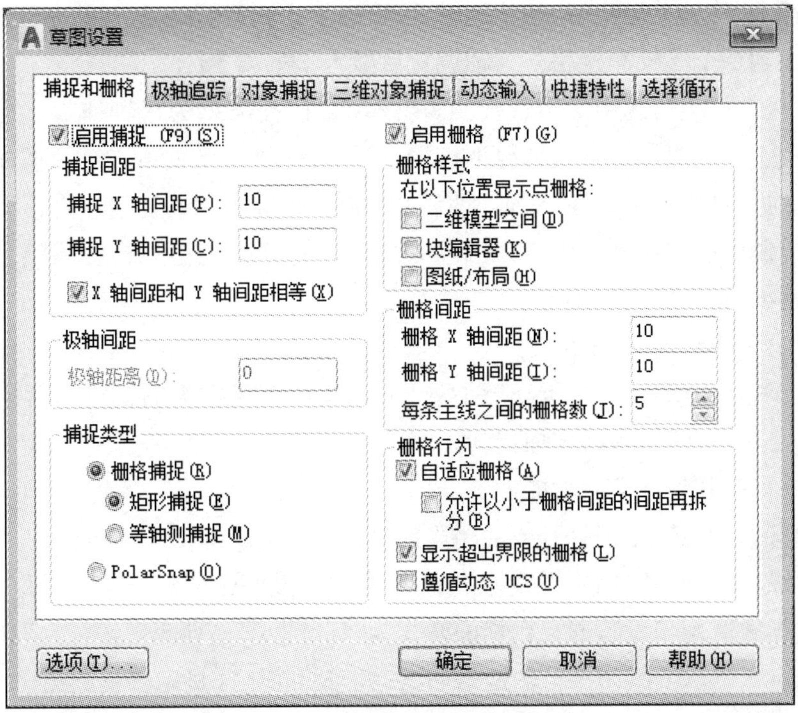

图 6-1　"捕捉和栅格"选项卡

6.1.2　设置捕捉

捕捉用于设定光标指针移动的间距。工程制图时结合栅格功能,可以提高绘图效率。

(1)打开或关闭捕捉功能

用户可以使用以下 4 种方法打开或关闭捕捉:

①在状态栏中单击▓▓(捕捉)图标。

②在键盘上按"F9"键。

③在命令行中输入"snap"命令后,单击"开(on)"或"关(off)"选项。

④在菜单栏中执行"工具"/"草图设置"命令,打开"草图设置"对话框,在"捕捉和栅格"选项卡中勾选或取消勾选"启用捕捉"复选框,如图 6-1 所示。

(2)设置捕捉参数

用户可以在图 6-1 所示的"捕捉和栅格"选项卡中设置捕捉参数。各选项功能如下:

①"捕捉间距":用于设置 X 轴间距和 Y 轴间距。

②"栅格捕捉":选中该单选按钮,可以设置捕捉类型为栅格捕捉。

当用户选中"矩形捕捉"单选按钮时,可将捕捉样式设置为标准矩形捕捉。此时光标可以捕捉一个矩形栅格。

当选中"等轴测栅格"单选按钮时,可将捕捉样式设置为等轴测捕捉。此时光标将捕捉到一个等轴测栅格。详细设置请参考本书第 10 章。

③"极轴捕捉":选中该单选按钮,可以设置捕捉类型为极轴捕捉。当用户在启用极轴追踪或对象捕捉的情况下指定点时,光标将沿极轴角或对象捕捉追踪角度进行捕捉,且用户可以在"极轴距离"文本框中指定极轴捕捉间距值。

用户还可以在命令行中输入"snap"命令设定捕捉类型和捕捉间距。此时命令行提示如下:

命令:SNAP(输入命令)

指定捕捉间距或［开(ON)/关(OFF)/纵横向间距(A)/传统(L)/样式(S)/类型(T)］<10.0000>:(设定捕捉间距值)

命令行中其他选项的功能如下:

①"开"和"关":用于打开或关闭当前捕捉。

②"纵横向间距":用于设置栅格的 X 轴和 Y 轴间距值。

③"样式":用于设置捕捉栅格的样式为"标准"或"等轴测"。"标准"样式显示与当前 UCS 的 XY 平面平行的矩形栅格;"等轴测"样式显示等轴测栅格。

④"类型":用于指定捕捉类型(极轴或栅格)。

6.1.3　使用正交模式

打开正交模式可以正交方式绘图,用户可以方便地绘制出与当前坐标系 X 轴或 Y 轴平行的线段。

可以使用以下 3 种方法打开或关闭正交模式:

①在状态栏中单击 ⌐ (正交)图标。

②在键盘上按"F8"键。

③在命令行中输入"ortho"命令后,选择"开(ON)"或"关(OFF)"选项。

打开正交功能后,输入的第一点是任意的。但当移动光标准备指定第二点时,引出的橡皮筋线已不再是这两点之间的连线,而是起点到光标十字线的垂直线中较长的那段线。这时单击光标,该橡皮筋线就变成所绘制的直线。

6.2　使用对象捕捉功能

在工程制图中,有时需要精确定位图形对象上的一些特殊点,如端点、中点、圆心、交点等。若采用手工拾取,则无法准确地找到它们。因此,AutoCAD 提供了对象捕捉功能,可以帮助用户快速、准确地捕捉到图形对象中的某些特殊点,以实现精确绘图。

6.2.1　对象捕捉

在绘图过程中,当系统要求用户指定点时,单击"对象捕捉"工具栏中相应的特征点按钮,再把光标移到要捕捉对象的特征点附近,即可捕捉到相应的对象特征点。

用户还可以通过快捷菜单来设置对象的捕捉。当按下"Shift"键或者"Ctrl"键,并且单击鼠标右键时,可以打开"对象捕捉"快捷菜单,如图 6-2 所示。从该菜单上选择需要的子命令,再把光标移到要捕捉对象的特征点附近,即可捕捉到相应的对象特征点。

图 6-2　"对象捕捉"快捷菜单

用户可以在工具栏区域中的任意位置单击鼠标右键,在弹出的"工具栏"快捷菜单中选择"对象捕捉"选项,打开"对象捕捉"工具栏,如图 6-3 所示。对象捕捉工具及其功能如表 6-1 所示。

图 6-3　"对象捕捉"工具栏

表 6-1　对象捕捉工具及其功能

序号	图标	名称	功能
1		临时追踪点	创建对象捕捉所使用的临时点
2		捕捉自	从临时参照点偏移
3		捕捉到端点	捕捉到线段或圆弧的最近端点
4		捕捉到中点	捕捉到线段或圆弧等对象的中点
5		捕捉到交点	捕捉到线段、圆弧、圆等对象之间的交点
6		捕捉到外观交点	捕捉到两个对象的外观的交点
7		捕捉到延长线	捕捉到直线或圆弧的延长线上的点
8		捕捉到圆心	捕捉到圆或圆弧的圆心
9		捕捉到象限点	捕捉到圆或圆弧的象限点
10		捕捉到切点	捕捉到圆或圆弧的切点
11		捕捉垂足	捕捉线、圆或圆弧上的垂足
12		捕捉到平行线	捕捉到与指定线平行的线上的点
13		捕捉到插入点	捕捉块、图形、文字或属性的插入点
14		捕捉到节点	捕捉到节点对象
15		捕捉到最近点	捕捉到离拾取点最近的线段、圆、圆弧或点等对象上的点
16		无捕捉	关闭对象捕捉模式
17		对象捕捉设置	设置自动捕捉模式

6.2.2　自动捕捉

当用户将光标放在一个对象上时，系统自动捕捉到该对象上所有符合条件的几何特征点，并显示出相应的标记，这就是 AutoCAD 的自动捕捉。

用户可以使用以下 3 种方法设置对象捕捉的特征点：

①在菜单栏中执行"工具"/"草图设置"命令，打开"草图设置"对话框，再选择"对象捕捉"选项卡。

②在状态栏中右击"对象捕捉"按钮，在弹出的快捷菜单中单击"对象捕捉设置"选项。

执行命令后，打开"对象捕捉"选项卡，如图 6-4 所示。

例 6.1　使用对象捕捉的方法绘制图 6-5 所示的图形。

步骤一：创建图层

创建"中心线""绘图线"和"标注"3 个图层，分别对应图 6-5 所示的图形对象。

步骤二：绘制对称线

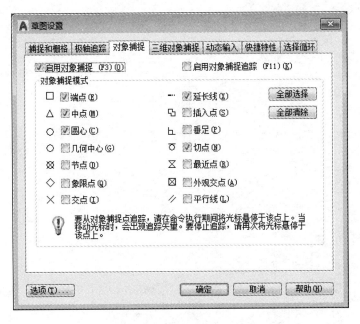

图 6-4 "草图设置"对话框的"对象捕捉"选项卡

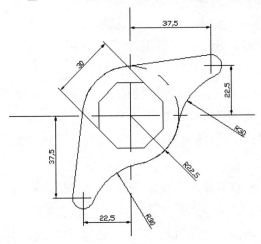

图 6-5 几何图形示例

将"中心线"图层设置为当前图层。使用"直线"命令绘制对称轴线,绘制以对称中心为圆点、半径为 22.5 的圆。再根据图 6-5 所示的尺寸偏移对称轴,相交于点 P 和点 Q,并打断多余的线条,得到图 6-6 所示的"中心线"图层的所有对象。

步骤三:绘制图形

①将"绘图线"图层设置为当前图层。打开图 6-4 所示的"对象捕捉"选项卡,选择"交点"复选框,单击"确定"按钮,分别捕捉点 O、点 P 和点 Q,并以这 3 点为圆心,绘制如图 6-7 所示的 3 个圆。

②再以"相切、相切、半径"的方式绘制与圆 O 和圆 P 相外切以及与圆 O 和圆 Q 相外切、半径都为 30 的 2 个圆,如图 6-7 所示。

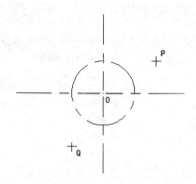

图 6-6   "中心线"图层的对象

系统提示如下：

命令：_circle（执行"圆"命令）

指定圆的圆心或［三点(3P)/两点(2P)/切点、切点、半径(T)］：t（采用"相切、相切、半径"的方式绘制圆）

指定对象与圆的第一个切点：（捕捉第一个切点）

指定对象与圆的第二个切点：（捕捉第二个切点）

指定圆的半径＜12.3000＞：30（指定外切圆半径）

命令：

注意：当系统提示捕捉切点时，光标的位置一定要移到所对应的切点位置。因此，采用"相切、相切、半径"的方式绘制圆时，需要判断目标切点大约在什么位置；否则，绘制的圆可能与一个已知圆相外切而与另一个已知圆相内切，也可能与两个已知圆都相内切。

③执行"直线"命令，打开图 6-4 所示的"对象捕捉"选项卡，单击"全部清除"按钮后，勾选"切点"复选框，单击"确定"按钮，绘制圆 O 和圆 P、圆 O 和圆 Q 的外公切线；再绘制与圆 O 和圆 P 相外切、半径为 30 的圆，以及与圆 O 和圆 Q 相外切、半径为 30 的圆，如图 6-8 所示。

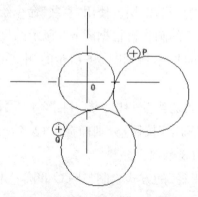

图 6-7   通过捕捉对象的方式绘制圆对象

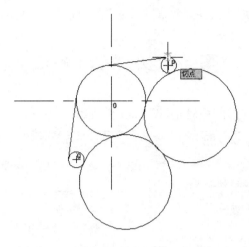

图 6-8　捕捉切点绘制圆的外公切线

注意:绘制两圆公切线时,单击"对象捕捉"选项卡的"全部清除"按钮,只选中"切点",是为了避免其他对象特征点对切点捕捉的干扰,从而可以快速地显示切点。

④修剪图形,删除多余的线条,再以点 O 为圆心,绘制内切圆直径为 30 的正八边形,如图 6-9 所示。

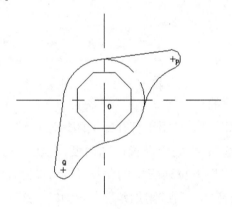

图 6-9　修剪后的图形

6.3　自动追踪

在 AutoCAD 中,自动追踪是一个非常有用的辅助绘图工具。使用自动追踪时,系统可以按指定角度绘制对象,或者绘制与其他对象有特定关系的图形。自动追踪可分为极轴追踪和对象追踪 2 种。

6.3.1　极轴追踪

极轴追踪是指按预先指定的角度增量来追踪特征点。

用户可以使用以下 2 种方法设置极轴追踪:

①在菜单栏中执行"工具"/"草图设置"命令,打开"草图设置"对话框,再选择"极轴追踪"选项卡。

②在状态栏中右击 （极轴追踪）图标,在弹出的快捷菜单中单击"正在追踪设置"命令。

执行命令后,可打开"极轴追踪"选项卡,如图 6-10 所示。

图 6-10 "极轴追踪"选项卡

该对话框中各选项的功能如下:

①"启用极轴追踪"复选框:用于打开或关闭极轴追踪。

②"极轴角设置"选项组:用于设置极轴角度,可在"增量角"下拉列表框中选择系统预设的角度。如果下拉列表中的角度不能满足需要,勾选"附加角"复选框,然后单击"新建"按钮,即可在"附加角"列表框中增加新设定的角度。

③"对象捕捉追踪设置"选项组:用于设置对象捕捉追踪。

④"极轴角测量"选项组:用于设置极轴追踪的对齐角度的测量基准。"绝对"单选按钮表示基于当前用户坐标系(UCS)确定极轴追踪角度;"相对上一段"单选按钮表示基于最后绘制的线段确定极轴追踪角度。

当系统要求指定一个点时,设置极轴追踪后可按设定的角度增量显示一条无限延伸的辅助线(一条虚线)。此时,用户就可以沿辅助线追踪得到光标点,如图 6-11 所示。

注意:若打开正交模式,光标将被限制,只沿着水平或垂直方向移动。因此,正交模式和极轴追踪模式不能同时打开。如果其中一个打开,那么另一个将自动关闭。

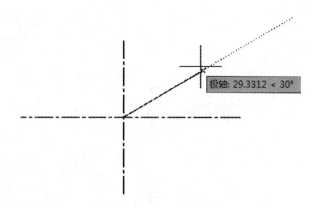

图 6-11 极轴追踪提示

例 6.2 使用精确绘图的方法绘制如图 6-12 所示的图形。

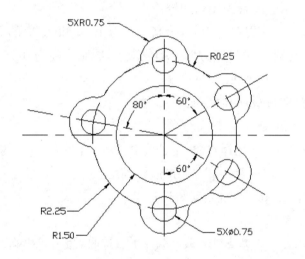

图 6-12 机械图形示例

步骤一:创建图层

创建"中心线""绘图线"和"标注"3 个图层,分别对应图 6-12 所示的图形对象。

步骤二:绘制对称轴线

①将"中心线"图层设置为当前图层。

②使用"直线"命令绘制对称轴线,再以对称中心为圆心,绘制半径为 2.25 的圆。

③打开"极轴追踪"选项卡,在图 6-10 所示的"极轴追踪"选项卡的"增量角"下拉列表框中选择 30°,单击"确定"按钮后,在绘图区中绘制与 X 轴夹 30°角的两条直线段。

④打开"极轴追踪"选项卡,勾选"极轴角设置"选项组的"附加角"复选框,单击"新建"按钮,在文本框中输入"170"(由于系统默认水平正东方向为 0°,因此 Y 轴正方向夹 80°即为 170°)。在绘图区中追踪 170°方向,绘制出的轴线如图 6-13 所示。

步骤三:绘制图形

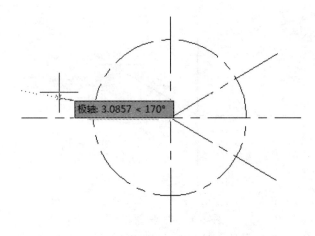

图 6-13　极轴追踪 170°方向

①将"绘图线"图层设置为当前图层。

②执行"圆"命令,捕捉对称中心,绘制半径为 1.50 和 2.25 的两个同心圆,再捕捉半径为 2.25 的圆在 Y 轴正方向上的象限点,绘制半径为 0.75 和直径为0.75 的两个同心圆,如图 6-14 所示。

③环形阵列对象,执行的命令如下:

命令:_arraypolar(输入阵列命令)

选择对象:找到 1 个(选择对象:半径为 0.75 和直径为 0.75 的两个同心圆)

选择对象:找到 1 个,总计 2 个(系统提示信息)

选择对象:(按"Enter"键确定对象选择集)

类型＝极轴　关联＝否

指定阵列的中心点或[基点(B)/旋转轴(A)]:(选取对称中心为阵列的中心点)

选择夹点以编辑阵列或 [关联(AS)/基点(B)/项目(I)/项目间角度(A)/填充角度(F)/行(ROW)/层(L)/旋转项目(ROT)/退出(X)]＜退出＞:f(设置环形阵列的角度)

指定填充角度(＋＝逆时针、－＝顺时针)或 [表达式(EX)]＜360＞:－180(指定顺时针 180°填充角)

选择夹点以编辑阵列或 [关联(AS)/基点(B)/项目(I)/项目间角度(A)/填充角度(F)/行(ROW)/层(L)/旋转项目(ROT)/退出(X)]＜退出＞:I(设置环形阵列复制的数量)

输入阵列中的项目数或 [表达式(E)]＜6＞:4(阵列复制 4 个对象)

选择夹点以编辑阵列或 [关联(AS)/基点(B)/项目(I)/项目间角度(A)/填充角度(F)/行(ROW)/层(L)/旋转项目(ROT)/退出(X)]＜退出＞:(按"Enter"键完成"环形阵列"命令)

命令:

结束"阵列"命令,结果如图 6-15 所示。

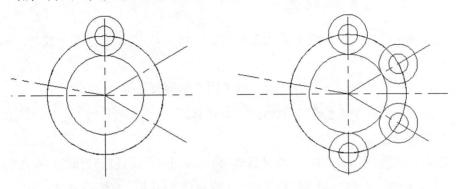

图 6-14　捕捉对象绘制的圆　　　　　　　图 6-15　环形阵列对象

④执行"复制"命令,选取半径为 0.75 和直径为 0.75 的两个同心圆,设定基点为半径为 2.25 的圆在 Y 轴正方向上的象限点,复制的目标点为与 Y 轴正方向夹 80°的直线段与半径为 2.25 的圆的交点,如图 6-16 所示。

⑤将圆角半径设置为 0.25,对所绘制的图形进行倒圆角编辑,如图 6-17 所示。

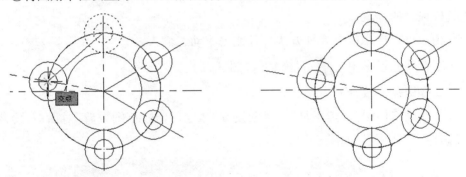

图 6-16　精确复制对象到目标位置　　　　　图 6-17　倒圆角

⑥执行"修剪"命令,修剪多余的线条,得到完整的图形,如图 6-18 所示。

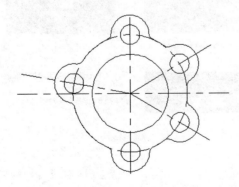

图 6-18　修剪后的图形

6.3.2　对象捕捉追踪

对象捕捉追踪是按照与对象的某种特定关系来追踪，如所绘的对象与已知对象相交、相切、垂直等。

用户可以使用以下 3 种方法打开或关闭对象捕捉追踪：

①在状态栏中单击 ■ （对象捕捉追踪）图标。

②在键盘上按"F11"键。

③在菜单栏中执行"工具"/"草图设置"命令，打开"草图设置"对话框，并在"对象捕捉"选项卡中勾选或取消勾选"启用对象捕捉追踪"复选框，如图 6-4 所示。

注意：对象捕捉追踪必须与对象捕捉同时工作，即在追踪对象捕捉到的点之前，必须先打开对象捕捉功能。

6.3.3　动态输入

动态输入功能可以动态地控制鼠标指针输入、标注输入、动态提示以及绘图工具栏提示的外观。

用户可以使用以下 3 种方法打开或关闭动态输入：

①在状态栏中单击 ■ （动态输入）图标。

②在键盘上按"F12"键。

③在菜单栏中执行"工具"/"草图设置"命令，打开"草图设置"对话框，再选择"动态输入"选项卡，如图 6-19 所示。

图 6-19　"动态输入"选项卡

AutoCAD 2018 状态栏默认关闭"动态输入"命令选项。用户可以在状态栏中单

击 ■（自定义状态栏）图标，在打开的快捷菜单中选择"动态输入"选项，状态栏中立即出现 ■（动态输入）图标。"动态输入"关闭和打开的效果如图6-20所示。

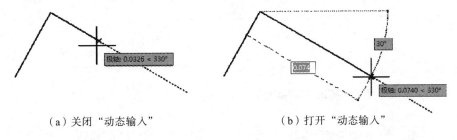

（a）关闭"动态输入"　　　　　　（b）打开"动态输入"

图 6-20　"动态输入"效果显示

注意：在工程制图过程中，打开"动态输入"可以精确地显示需要确定的点的位置与已知点的位移和参考角度等信息，为图形的绘制提供极大的便利。

例 6.3　使用自动追踪系统绘制如图 6-21 所示的图案。

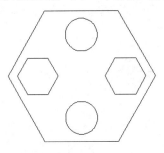

图 6-21　简单的几何图案

具体操作步骤如下：

①绘制两个正六边形后，执行"圆"命令，再打开"对象捕捉"选项卡，勾选"交点"和"延长线"两个复选框，并打开对象追踪。此时，将光标放到如图 6-22 所示的端点上，轻轻地拖曳光标就能够追踪到正六边形一边的反向延长线。用同样的方法也能追踪到另一正六边形一边的延长线，再沿边的延长线方向拖曳光标到合适的位置，就会追踪到两条延长线的交点，如图 6-23 所示。

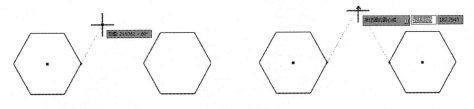

图 6-22　追踪反向延长线　　　　图 6-23　追踪对象的交点

②以上一步追踪到的交点为圆心，绘制半径为 13.5 的圆，如图 6-24 所示。采用同样的方法，绘制出另一半径相等的圆。

③执行"正多边形"命令，系统提示指定正多边形中心时，捕捉圆心和正六边

形的一个端点,在其正交方向上追踪到交点,如图 6-25 所示。

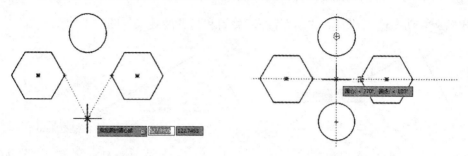

图 6-24 通过对象追踪绘制圆	图 6-25 通过自动追踪获取目标点

④以上一步追踪到的交点为中心点,指定正六边形外接圆半径时,设置角度增量为 30°,拖曳光标,追踪 300°方向,如图 6-26 所示,输入半径 62.5,结果如图 6-21所示。

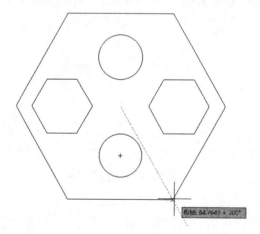

图 6-26 角度追踪

例 6.4 使用精确绘图工具,绘制如图 6-27 所示的图形。

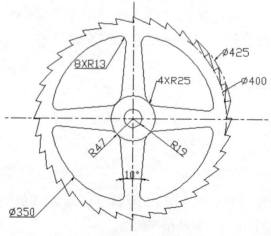

图 6-27 几何图形练习示例

步骤一：新建图层

执行"layer"（图层）命令，打开"图层特征管理器"对话框，新建"绘图层""中心线""参考线"和"标注"图层，如图 6-28 所示。

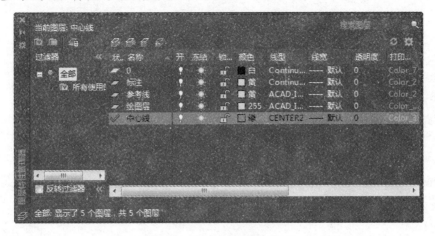

图 6-28　创建图层

步骤二：绘制中心线

将"中心线"图层设置为当前图层，打开"正交"开关，在绘图区绘制两条垂直的直线，垂足为点 O。

步骤三：绘制锯齿

①将"参考线"图层设置为当前图层。

②以点 O 为圆心，绘制直径为 425 和 400 的两个同心圆。

③在菜单栏中执行"工具"/"草图设置"命令，打开"草图设置"对话框，选择如图 6-10所示的"极轴追踪"选项卡，在"增量角"下拉列表中选择 10，如图 6-29 所示。

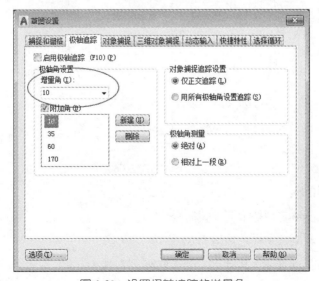

图 6-29　设置极轴追踪的增量角

④在状态栏中打开"极轴追踪"开关。执行"直线"命令,起点捕捉点 O,端点选择 10°方向线上的点,如图 6-30 所示。

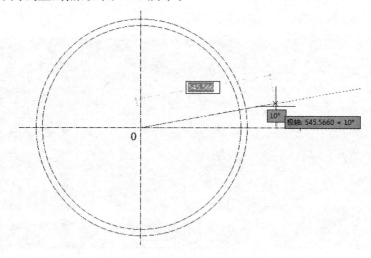

图 6-30　追踪 10°方向线

⑤将"绘图层"图层设置为当前图层。

⑥执行"直线"命令,绘制一个锯齿。

⑦将上一步完成的锯齿对象绕点 O,沿圆周方向环形阵列复制 36 个对象,如图 6-31 所示。

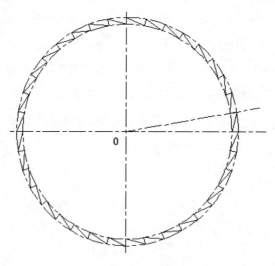

图 6-31　环形阵列

系统提示如下:

命令:_arraypolar(执行"阵列"命令)

选择对象:找到 1 个(选取阵列对象)

选择对象:找到 1 个,总计 2 个(选取阵列对象)

选择对象:(按"Enter"键确定对象选择集)

类型＝极轴　关联＝否（系统提示信息）

指定阵列的中心点或［基点(B)/旋转轴(A)］:(选取环形阵列中心点 O)

选择夹点以编辑阵列或［关联(AS)/基点(B)/项目(I)/项目间角度(A)/填充角度(F)/行(ROW)/层(L)/旋转项目(ROT)/退出(X)］＜退出＞:I(设置环形阵列的数量)

输入阵列中的项目数或［表达式(E)］＜6＞:36(指定复制数目)

选择夹点以编辑阵列或［关联(AS)/基点(B)/项目(I)/项目间角度(A)/填充角度(F)/行(ROW)/层(L)/旋转项目(ROT)/退出(X)］＜退出＞:(按"Enter"键完成命令)

命令:

步骤四:绘制参考线

①将"绘图层"设置为当前图层,以点 O 为圆心,分别绘制半径为 19 和 47 的两个同心圆。

②将"参考线"图层设置为当前图层。

③设置极轴追踪的增量角为 45°。执行"直线"命令,起点为点 O,端点追踪极角为 225°的方向,如图 6-32 所示。

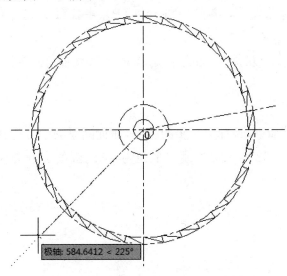

图 6-32　追踪 225°方向线

步骤五:绘制单个"扇形"对象

①将"绘图层"图层设置为当前图层。

②设置极轴追踪的增量角为 5°,执行"直线"命令,在绘图区空白处任意指定直线段的起点,追踪 95°方向,如图 6-33 所示。

③重复执行直线命令,指定直线的起点为上一步所绘直线的端点,追踪 175°方向后,确定端点,如图 6-34 所示。

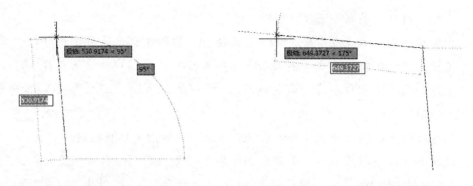

图 6-33   追踪 95°方向线   图 6-34   追踪 175°方向线

④执行"圆角"命令,设置圆角半径为 25。

系统提示如下:

命令:_fillet(执行"圆角"命令)

当前设置:模式=修剪,半径=13.0000(系统默认提示信息)

选择第一个对象或[放弃(U)/多段线(P)/半径(R)/修剪(T)/多个(M)]:r
(设置圆角半径)

指定圆角半径 <13.0000>:25(指定圆角半径为 25)

选择第一个对象或[放弃(U)/多段线(P)/半径(R)/修剪(T)/多个(M)]:
(选择第一条边界曲线)

选择第二个对象,或按住 Shift 键选择对象以应用角点或[半径(R)]:(选择
第二条边界曲线)

命令:

⑤执行"移动"命令,选择上一步的图形,捕捉圆弧的中心为移动的基点,如图
6-35 所示,捕捉图 6-32 所示参考线与半径为 47 的圆的交点为移动的目标点,如
图 6-36 所示。

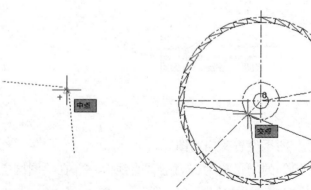

图 6-35   捕捉圆弧中点   图 6-36   捕捉插入点

⑥绘制以点 O 为圆心、直径为 350 的圆。

⑦选择直径为 350 的圆和与坐标轴夹 5°的直线为边界,执行"圆角"命令,设置圆角半径为 13。再进行修剪,得到单个"扇形"对象,如图 6-37 所示。

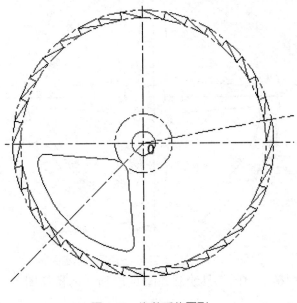

图 6-37　修剪后的图形

⑧将单个的"扇形"对象绕点 O,沿 360°方向环形阵列 4 个对象,如图 6-38 所示。

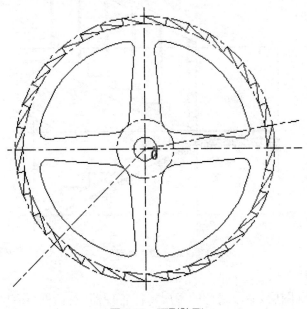

图 6-38　环形阵列

⑨打开"图层特征管理器"对话框,关闭"参考线"图层,结果如图 6-39 所示。

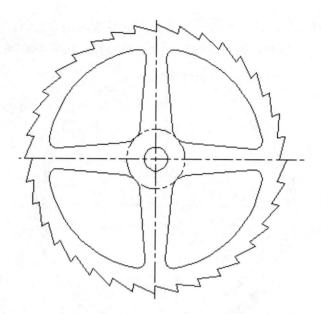

图 6-39　关闭"参考线"图层后显示结果

例 6.5　使用精确绘图工具绘制如图 6-40 所示的楼梯图形。

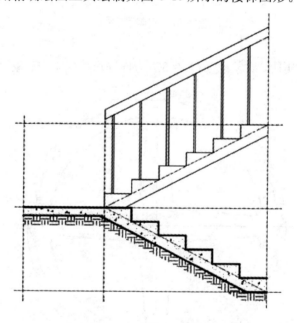

图 6-40　楼梯剖面图

步骤一：新建图层

执行"layer"（图层）命令，打开"图层特征管理器"对话框，新建"定位轴线""楼梯（剖切）""楼梯"和"填充"图层，如图 6-41 所示。

步骤二：绘制定位轴线

①将"定位轴线"图层设置为当前图层。

②绘制一条长度为 3000 的水平直线，依次向上偏移 900、900。

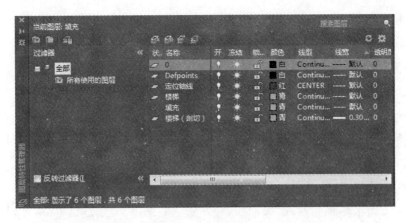

图 6-41　新建图层

③绘制一条长度为 2000 的竖向直线,依次向右偏移 900、1800。

④绘制两条斜向直线,如图 6-42 所示。

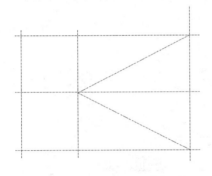

图 6-42　绘制定位轴线

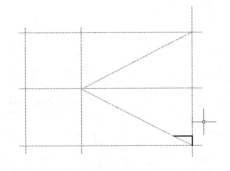

图 6-43　绘制楼梯(第一级)

步骤三:绘制楼梯(剖切)

①将"楼梯(剖切)"图层设置为当前图层。

②捕捉右下交点,绘制第一级高 150、宽 300 的楼梯,如图 6-43 所示。

③执行"路径阵列"命令,完成剩余楼梯的绘制,如图 6-44 所示。

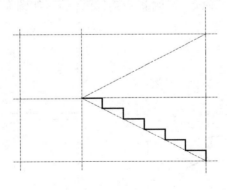

图 6-44　路径阵列楼梯

系统提示如下：

命令：_arraypath(执行"路径阵列"命令)

选择对象：找到 1 个(选取阵列对象)

选择对象：找到 2 个 (选取阵列对象)

选择路径曲线：(单击左键确定路径曲线)

选择夹点以编辑阵列或[关联(AS)方法(M)基点(B)切向(T)项目(I)行(R)层(L)对齐项目(A)Z 方向(Z)退出(X)]＜退出＞：M(选择方法)

输入路径方法[定数等分(D)定距等分(M)]：D(选择定数等分)

选择夹点以编辑阵列或[关联(AS)方法(M)基点(B)切向(T)项目(I)行(R)层(L)对齐项目(A)Z 方向(Z)退出(X)]＜退出＞：I (选择项目)

输入沿路径的项目数[表达式(E)]：7

④删除多余线条，绘制直线，完成楼梯(剖切)的绘制，如图 6-45 所示。

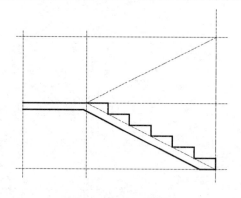

图 6-45　绘制楼梯剖面

步骤四：绘制楼梯

①将"楼梯"图层设置为当前图层。

②捕捉交点，绘制第一级高 150、宽 300 的楼梯，如图 6-46 所示。

③执行"路径阵列"命令，完成剩余楼梯的绘制，如图 6-47 所示。

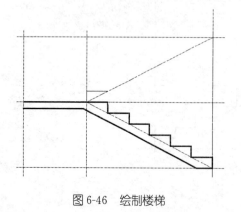

图 6-46　绘制楼梯

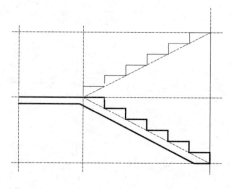

图 6-47　路径阵列楼梯

④采用"直线"完成栏杆和扶手的绘制，如图 6-48 所示。

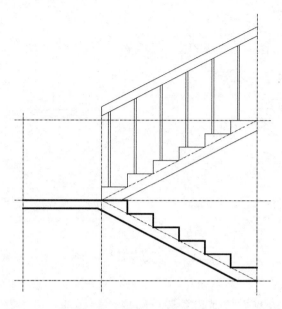

图 6-48　绘制楼梯栏杆和扶手

步骤五：填充楼梯（剖切）材料

①将"填充"图层设置为当前图层。

②执行"hatch"（图案填充）命令，在"图案"中选择 AR-CONC，单击"拾取点"，如图 6-49 所示；完成对楼梯（剖切）上部的填充，如图 6-50 所示。

③执行"hatch"（图案填充）命令，在"图案"中选择 H-BONE，单击"拾取点"，完成对楼梯（剖切）下部的填充，如图 6-51 所示。

图 6-49　设置楼梯预定义填充图案

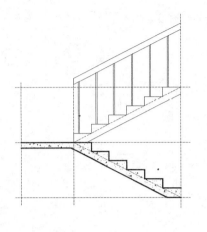

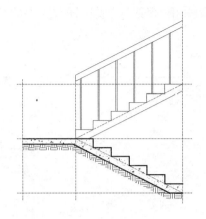

图 6-50 楼梯(剖切)上部填充　　　　图 6-51 楼梯(剖切)下部填充

6.4　参数化设置

AutoCAD 2018 具有较强的参数化图形绘制功能。参数化图形设计主要包括几何约束和标注约束。约束是应用于平面图形对象的关联和限制。用户对图形应用约束后,对被约束对象所做的更改操作会自动关联到其他图形对象。一般情况下,应用几何约束可以确定设计图形的形状,应用标注约束可以快速确定形状的大小。功能区的"参数化"选项卡如图 6-52 所示。

图 6-52　功能区的"参数化"选项卡

用户使用约束主要有以下 3 种情况:

①未约束。将未约束应用于任何几何图形。

②欠约束。将某些约束应用于几何图形,但是未达到完全约束图形的状态。

③完全约束。将所有相关几何约束和标注约束应用于几何图形。完全约束的一组对象还需要包括至少一个固定约束,以锁定几何图形的位置。

6.4.1　几何约束

几何约束控制对象相对于彼此的关系。用户可以通过约束图形中的几何图形保持设计规范和要求,也可以立即将多个几何约束应用于对象。几何约束可以使用公式和表达式,用户只需输入相应的变量值就能够快速地更改设计。几何约束通常还需要与标注约束共同使用,以使用户图形严格地遵守设计的规范。

用户打开功能区"参数化"选项卡或调用"几何约束"工具栏(如图 6-53 所示),可以选择"重合""平行"和"相切"等几何约束选项,各选项的功能如表6-2所示。

图 6-53　"几何约束"工具栏

表 6-2　几何约束的类型与功能

约束类型	图标	功能
重合		约束两个点使其重合,或者约束一个点使其位于对象或对象延长部分的任意位置;第 2 个选定点或对象将设为与第 1 点或对象重合
垂直		约束两直线或多段线,使其夹角始终保持 90 度;第 2 个选定对象将设为与第 1 个对象垂直
平行		选择要置为平行的两个对象;默认时第 2 个对象将被设为与第 1 个对象平行
相切		约束两条曲线或直线和曲线,使其彼此相切或其延长线彼此相切
水平		约束一条直线或一对点,使其与当前 UCS 的 X 轴平行;默认时对象上第 2 个选定点与第 1 个对象水平
竖直		约束一条直线或一对点,使其与当前 UCS 的 Y 轴平行;默认时对象上第 2 个选定点与第 1 个对象垂直
共线		约束两条直线,使其位于同一无限长的线上;默认时应将第 2 条选定直线与第 1 条共线
同心		约束选定的圆、圆弧和椭圆,使其具有相同的圆心
平滑		约束一条样条曲线,使其与其他样条曲线、直线、圆弧或多段线彼此相连并保持 G2 连续性;选定的第 1 条对象必须为样条曲线;第 2 条选定对象将设为与第 1 条样条曲线 G2 连续
对称		约束对象上的两条曲线或两个点,使其以选定直线为对称轴彼此对称
相等		约束两条直线或多段线使其具有相同长度,或约束圆弧和圆使其具有相同半径值;使用多个选项可以将两个或多个对象设为相等
固定		约束一个点或一条曲线,使其固定在相对于世界坐标系的特定位置和方向上

例 6.6　使用几何约束工具,将图 6-54 所示图形中的圆 O_1 与圆 O_2 同心约束,直线 l 与圆 O_2 相切,结果如图 6-55 所示。

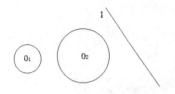

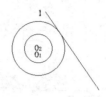

图 6-54 几何约束前   图 6-55 几何约束后

①在"几何约束"工具栏中单击▦（固定）图标，或在功能区的"参数化"选项卡的"几何"选项组中选择▦（固定）图标，执行命令后选择需要固定位置的圆 O_2。圆 O_2 位置固定后如图 6-56 所示。

命令行显示如下：

命令：_GcFix（执行"固定"命令）

选择点或 [对象(O)] <对象>：（指定固定约束对象，选择圆 O_2）

命令：

②将圆 O_1 与圆 O_2 同心约束。单击◉（同心）图标，选择固定的圆 O_2，再将圆 O_1 同心对齐到圆 O_2，如图 6-57 所示。

执行同心约束命令，命令行显示如下：

命令：_GcConcentric（执行"同心"命令）

选择第一个对象：（选择圆 O_2）

选择第二个对象：（选择圆 O_1）

命令：

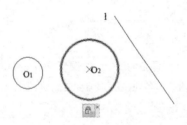

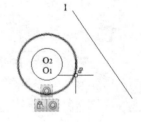

图 6-56 固定约束圆 O_2 图 6-57 同心约束

③单击◉（相切）图标，将直线 l 约束至与圆 O_2 相外切，如图 6-58 所示。

命令行显示如下：

命令：_GcTangent（执行"相切"命令）

选择第一个对象：（选择圆 O_2）

选择第二个对象：（选择直线 l）

命令：

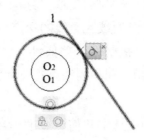

图 6-58 相切约束

6.4.2 自动约束

使用自动约束,用户可以根据对象相对于彼此的方向将几何约束自动地应用到图形对象的选择集上。

在功能区的"参数化"选项卡的"几何"选项组中单击 ██(自动约束)图标,或在命令行中输入"AutoConstrain"命令,系统提示如下:

命令:_AutoConstrain(执行"自动约束"命令)

选择对象或[设置(S)]:s

当用户输入"s",按"Enter"键后,打开"约束设置"对话框,如图 6-59 所示。

图 6-59 "约束设置"对话框

各选项的功能如下:

①"选项列表":可以显示各约束类型的优先级和应用设置。"优先级"控制约束的应用顺序;"约束类型"控制应用于对象的约束类型。

②"相切对象必须共用同一交点"复选框:指定两条曲线必须共用一个点(在距离公差内指定),以便应用相切约束。

③"垂直对象必须共用同一交点"复选框:指定相互垂直的直线必须相交或者一条直线的端点必须与另一条直线或直线的端点重合(在距离公差内指定)。

④"公差"选项组:设定可接受的公差值,以确定应用约束的范围。其中,"距离"公差应用于重合、同心、相切和共线约束;"角度"公差应用于水平、竖直、平行、垂直、相切和共线约束。

用户在"约束设置"对话框选定几何约束的类型后,利用▨(自动约束)命令就可对图形对象进行自动约束设置。自动约束前后对比如图 6-60 所示。

设置自动约束后,用户可以显示或隐藏几何约束的类型。

（a）自动约束前　　　　　　　　　（b）自动约束后

图 6-60　自动约束

6.4.3　标注约束

在工程制图过程中使用参数化设置,不能仅使用几何约束,通常还需要使用标注约束。标注约束能够控制图形的大小和比例。当需要确定图形对象之间的距离和角度、圆的大小以及圆弧的角度大小时,标注约束可以满足作图的需要。"标注约束"工具栏如图 6-61 所示,各命令选项的功能如表 6-3 所示。

图 6-61　"标注约束"工具栏

表 6-3　标注约束的类型与功能

约束类型	图标	功能
对齐		约束对象上两点之间的距离
线性		约束两点之间的水平或竖直距离
水平		约束对象上两点之间或不同对象两点间 X 轴的距离
竖直		约束对象上两点之间或不同对象两点间 Y 轴的距离
角度		约束直线段或多段线之间的角度、圆弧等角度,或指定对象上三点之间的角度
半径		约束圆或圆弧的半径。
直径		约束圆或圆弧的直径

标注约束能够快速地确定图形的位置和大小。例如,对图 6-62 所示的图形设置几何约束和标注约束后,结果如图 6-63 所示。

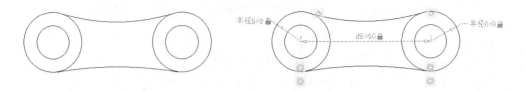

图 6-62 原始图形式   图 6-63 设置约束

命令行显示如下:

命令:_GcTangent(执行相切几何约束命令)

选择第一个对象:(选择相切曲线,上面的圆弧切线)

选择第二个对象:(选择相切曲线,半径为 9 的圆)

命令:

再次执行以上命令,设置如图 6-63 所示图形中上面的圆弧与两个半径为 9 的圆相切约束。

将两组圆设置为"同心"几何约束,命令行显示如下:

命令:_GcConcentric(执行"相切"几何约束命令)

选择第一个对象:(选择半径为 9 的圆)

选择第二个对象:(选择半径小于 9 的圆)

命令:

在"标注约束"工具栏中单击 ⚏(对齐)图标,或在命令行中输入"DcAligned"命令,执行"对齐"标注约束命令。

命令行显示如下:

命令:_DcAligned(执行"对齐"标注约束)

指定第一个约束点或 [对象(O)/点和直线(P)/两条直线(2L)]<对象>:(指定第一点)

指定第二个约束点:(指定第二点)

指定尺寸线位置:(指定尺寸线位置)

标注文字=40(系统自动计算距离值)

命令:

设置完成后,结果如图 6-63 所示。如果选择对齐标注,将默认的尺寸"40"修改为"30"后,结果如图 6-64 所示。

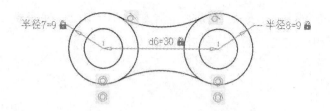

图 6-64　修改"对齐"标注约束

6.5　查询对象的几何特性

查询是计算机辅助设计的重要工具。用户使用"查询"命令可以查看 AutoCAD 2018 系统的运行状态,查询图形对象的数据信息,计算距离、面积和质量特性等。

用户可以在菜单栏中执行"工具"/"查询"命令,打开查询对象几何特性菜单,如图 6-65 所示;也可以在工具栏任意区域右键单击,在弹出的工具栏快捷菜单中选择"查询"选项,打开"查询"工具栏,如图 6-66 所示。

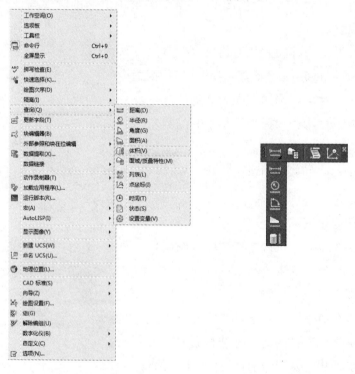

图 6-65　调用"查询"菜单　　　　图 6-66　"查询"工具栏

6.5.1　对象的基本属性查询

用户可以使用工具栏命令,也可以使用菜单命令,还可以通过命令行输入相关的命令,查询图形对象的基本属性。

(1)查询点坐标

"定位点"命令用于查询指定点的坐标值。

用户可以使用以下 3 种方法执行该命令：

①在"查询"工具栏中单击图标。

②在菜单栏中执行"工具"/"查询"/"点坐标"命令。

③在命令行中输入"id"命令。

执行该命令后,命令行将给出定点的 X、Y 和 Z 坐标值;系统将显示坐标点作为最后生成点记入系统变量"lastpoint"中,在后续命令中,输入"@"即可调用该点。

注意:"定位点"命令是一条透明命令。

(2)查询距离

执行"距离"命令可方便地查询两点之间的直线距离,以及该直线与 X 轴的夹角。

用户可以使用以下 3 种方法执行该命令：

①在"查询"工具栏中单击图标。

②在菜单栏中执行"工具"/"查询"/"距离"命令。

③在命令行中输入"dist"命令。

执行该命令后,指定点 A 和点 B,屏幕显示如图 6-67 所示。

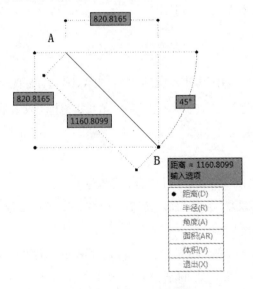

图 6-67　查询两点间的距离

系统默认选项为查询"距离",按下"Enter"键后,系统提示如下：

命令:DIST(执行"距离"查询命令)

指定第一点:(指定第一点,即点 A)

指定第二个点或［多个点(M)］:(指定第二点,即点 B)

距离＝5.0694,XY 平面中的倾角＝315,与 XY 平面的夹角＝0

X 增量＝3.5846,Y 增量＝－3.5846,Z 增量＝0.0000(系统显示信息)

输入选项［距离(D)/半径(R)/角度(A)/面积(AR)/体积(V)/退出(X)］<距离>:＊取消＊(按"Esc"键退出)

命令:

(3)查询半径

执行查询半径命令,用户可方便地查询圆弧或圆的半径和直径。

用户可以在"查询"工具栏中单击 (半径)图标,或在菜单栏中执行"工具"/"查询"/"半径"命令。

系统提示如下:

命令:_MEASUREGEOM(执行"查询"命令)

输入选项［距离(D)/半径(R)/角度(A)/面积(AR)/体积(V)］<距离>:_radius(选择查询"半径"选项)

选择圆弧或圆:(选择查询半径的对象)

半径＝2.3831

直径＝4.7662(系统提示查询结果)

输入选项［距离(D)/半径(R)/角度(A)/面积(AR)/体积(V)/退出(X)］<半径>:＊取消＊(按"Esc"键退出)

命令:

(4)查询角度

执行查询角度命令,用户可方便地测量圆弧、圆、直线或顶点的角度。

用户可以在"查询"工具栏中单击 (角度)图标,或者在菜单栏中执行"工具"/"查询"/"角度"命令。

系统提示如下:

命令:_MEASUREGEOM(执行"查询"命令)

输入选项［距离(D)/半径(R)/角度(A)/面积(AR)/体积(V)］<距离>:_angle(选择查询"角度"选项)

选择圆弧、圆、直线或 <指定顶点>:(选择查询角度的对象)

角度 ＝ 240°(系统提示查询结果)

输入选项［距离(D)/半径(R)/角度(A)/面积(AR)/体积(V)/退出(X)］<角度>:＊取消＊(按"Esc"键退出)

命令:

6.5.2　查询面积

在 AutoCAD 2018 中,执行面积查询命令可以计算一系列指定点之间的面积和周长,或计算多种对象的面积和周长,还可以使用加模式和减模式来计算组合对象的面积。

用户可以使用以下 3 种方法执行该命令:

①在"查询"工具栏中单击 图标。

②在菜单栏中执行"工具"/"查询"/"面积"命令。

③在命令行中输入"area"命令。

执行该命令后,系统提示如下:

命令:_MEASUREGEOM(执行"查询"命令)

输入选项[距离(D)/半径(R)/角度(A)/面积(AR)/体积(V)]＜距离＞:_area(选择查询"面积"选项)

指定第一个角点或[对象(O)/增加面积(A)/减少面积(S)/退出(X)]＜对象(O)＞:O(选择面积查询的方式)

选择对象:

从命令行提示信息中可知,查询面积命令共有 4 种不同的选择方式。

(1)指定第一个角点

该选项要求用户选择第一个角点,系统将根据各点连线所围成的封闭区域来计算其面积和周长。

(2)对象

该选项允许用户查询由指定实体所围成区域的面积。只能查询由圆、椭圆、矩形、正多边形、多段线、样条曲线、面域等命令所绘制的图形的面积和周长。

注意:如果多段线的线宽大于 0,系统将按其中心线来计算其面积和周长;对于非封闭的多段线或样条曲线,系统将假设已有一条直线连接多段线或样条曲线的首尾,然后计算该封闭区域的面积,但周长仍然按多段线或样条曲线的实际长度计算。

(3)增加面积

该选项表示多个图形对象面积的加法运算。

(4)减少面积

该选项表示多个图形对象面积的减法运算。

例 6.7　使用面积查询工具计算如图 6-68 所示图形阴影部分的面积。

执行查询面积命令,系统提示如下:

命令:_MEASUREGEOM(执行"查询"命令)

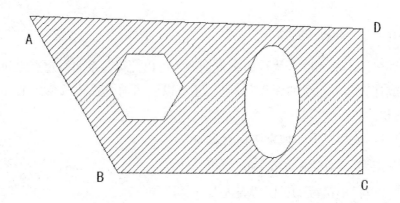

图 6-68　计算阴影部分的面积

输入选项［距离(D)/半径(R)/角度(A)/面积(AR)/体积(V)］＜距离＞：_area(选择"面积"查询选项)

指定第一个角点或［对象(O)/增加面积(A)/减少面积(S)/退出(X)］＜对象(O)＞：a(计算总面积)

指定第一个角点或［对象(O)/减少面积(S)/退出(X)］：

("加"模式)指定下一个点或［圆弧(A)/长度(L)/放弃(U)］：(选择点 A)

("加"模式)指定下一个点或［圆弧(A)/长度(L)/放弃(U)］：(选择点 B)

("加"模式)指定下一个点或［圆弧(A)/长度(L)/放弃(U)］：(选择点 C)

("加"模式)指定下一个点或［圆弧(A)/长度(L)/放弃(U)/总计(T)］＜总计＞：(选择点 D)

("加"模式)指定下一个点或［圆弧(A)/长度(L)/放弃(U)/总计(T)］＜总计＞：(按"Enter"键,确定选择集)

面积 ＝ 30.6669,周长 ＝ 24.1555(显示四边形 ABCD 的面积和周长)

总面积 ＝ 30.6669(显示总面积)

指定第一个角点或［对象(O)/减少面积(S)/退出(X)］：s(选择面积相减模式)

指定第一个角点或［对象(O)/增加面积(A)/退出(X)］：o(选择"对象"选项)

("减"模式) 选择对象：(选取正六边形对象)

面积 ＝ 2.5981,周长 ＝ 6.0000 (显示正六边形的面积和周长)

总面积 ＝ 28.0689 (显示相减后的总面积)

("减"模式) 选择对象：(选取椭圆形对象)

面积 ＝ 3.3667,周长 ＝ 7.1152(显示椭圆形的面积和周长)

总面积 ＝ 24.7022(显示相减后的总面积)

输入选项［距离(D)/半径(R)/角度(A)/面积(AR)/体积(V)/退出(X)］＜面积＞：＊取消＊(按"Esc"键退出命令)

命令：

6.5.3　查询面域/质量特性

使用"面域/质量特性"命令可以计算并显示面域或实体的质量特性,如面积、质心和边界框等。

用户可以使用以下 3 种方法执行该命令:

①在"查询"工具栏中单击![icon](面域/质量特性)图标。

②在菜单栏中执行"工具"/"查询"/"面域/质量特性"命令。

③在命令行中输入"massprop"命令。

AutoCAD 允许用户将"面域/质量特性"命令查询结果写入文本文件中,此时,系统提示如下:

是否将分析结果写入文件?[是(Y)/否(N)]<否>:

默认情况下不写入,如果输入"Y",系统将进一步提示输入一个文件名,并将其结果保存在该文件中。

查询面域的"面域/质量特性"时,系统提示信息如图 6-69 所示。

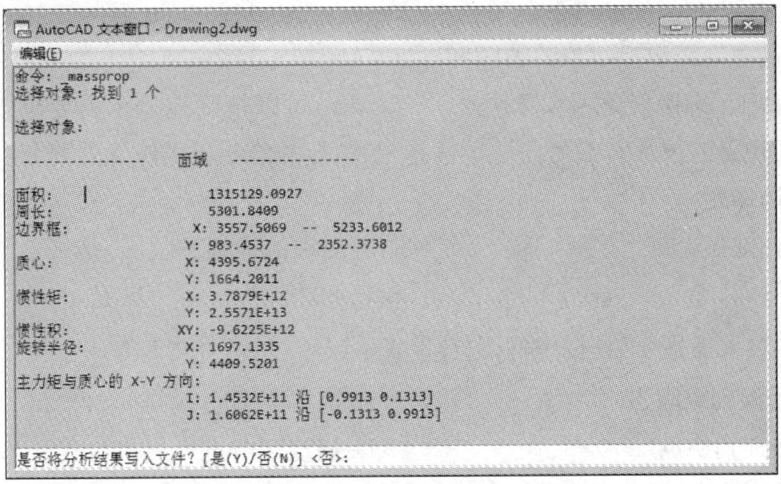

图 6-69　面域对象的"面域/质量特性"显示

注意:对于一个没有在 XY 平面上形成面域的对象,系统将不显示惯性矩、惯性积、旋转半径及主力矩和质心的 X-Y 方向等信息。

6.5.4　列表查询

列表查询工具可查询所选实体的类型、所属图层、图纸空间等特性参数,而且可根据选定对象给出不同的附加信息。

用户可以使用以下 3 种方法执行该命令:

①在"查询"工具栏中单击图标。

②在菜单栏中执行"工具"/"查询"/"列表"命令。

③在命令行中输入"list"命令或"dblist"命令。

执行"列表"命令后,可显示指定对象的数据库信息。如果某个实体的颜色或线型不是随图层,系统将报告有关信息。

思考与练习

一、填空题

(1)若需要在 AutoCAD 绘图区域内打开栅格显示,可以在命令行中输入_____命令。

(2)捕捉栅格的样式可以是"标准"类型,显示与当前 UCS 的 XY 平面平行的矩形栅格;还可以设置为_____类型。

(3)若打开正交模式,光标将被限制,只沿着水平或垂直方向移动,因此正交模式和_____不能同时被用户打开。如果一个系统打开,则另一个系统将自动关闭。

(4)自动追踪包括对象的追踪和_____追踪。

(5)在工程制图过程中,打开_____可以精确地显示需要确定的点的位置与已知点的位移和参考角度等信息,为图形的绘制提供极大的便利。

二、选择题

(1)在键盘上按下(   )键,系统将打开对象的捕捉。

A. F3　　　　　　　B. F7　　　　　　　C. F9　　　　　　　D. F11

(2)"对象捕捉"工具栏中的图标 ✖ 表示(   )。

A. 捕捉到象限点　　　　　　　　B. 捕捉到圆心

C. 捕捉到切点　　　　　　　　　D. 捕捉到节点

(3)用户可以通过快捷菜单设置对象捕捉,当按下"Shift"键或者"Ctrl"键,并且单击鼠标右键时,可以打开(   )快捷菜单。

A. 栅格捕捉　　　B. 对象捕捉　　　C. 极角捕捉　　　D. 自动追踪

(4)"对象捕捉"选项卡是在(   )对话框中设置的。

A. 选项　　　　　　B. 草图设置　　　　C. 图层　　　　　D. 绘图环境

(5)下列关于自动追踪的说法中,正确的是(   )。

A. 自动追踪包括栅格的追踪和对象的追踪

B. 自动追踪是系统自动设置的,不需要用户对其设定

C. 自动追踪包括对象的追踪和极轴的追踪

D. 以上说法都不正确

(6)下列关于查询工具的说法中,错误的是(　　)。

A. 查询面积命令共有指定点、对象、加和减 4 种不同的查询方式

B. 实体的"面域/质量特性"查询选项包括惯性矩、旋转半径等信息

C. 实体的颜色或线型如果不是随图层属性,将不能执行"列表"查询命令

D. "查询"命令不仅查询图形的数据信息,还可以查看系统的运行状态

三、简答题

(1)栅格与捕捉有何联系?

(2)栅格捕捉包括哪两种模式? 各有何特点?

(3)极轴追踪与对象捕捉追踪有何区别?

四、操作题

(1)使用精确绘图工具,完成下列图形的绘制。

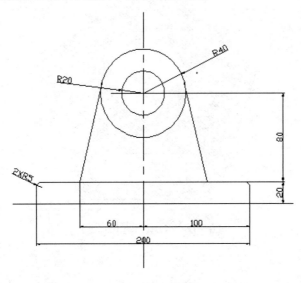

图 6-70　轴承支座图

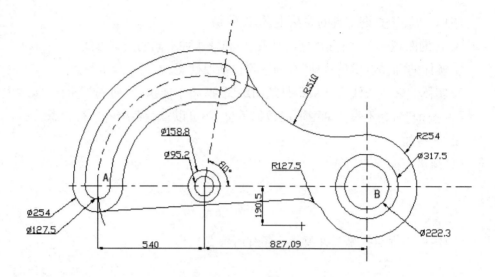

图 6-71　平面机械图形示例

提示：图 6-71 所示的图形中半径为 127.5 的圆弧圆心的确定方法：以点 B 为圆心，以（127.5＋254）长为半径，画圆弧，该圆弧与水平轴向下偏移 190.5 所得的直线段相交的交点即为所绘圆弧的圆心。

（2）使用"查询"工具计算图 6-72 所示图形中阴影部分的面积。

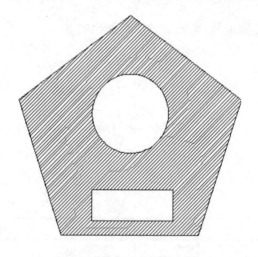

图 6-72　面积计算图形示例

扫一扫，获取参考答案

第7章 文字与表格

每一张工程图除了包含各种视角的图形外,还需要有一些文字注释来说明图样中的一些非图形信息。另外,有时也需要使用表格来列出一些数据或材料详细列表等信息。例如,机械工程图形中的技术要求、设计标准、装配说明,以及工程制图中的建筑说明、结构说明等,都要通过 AutoCAD 中的文字与表格功能来创建。

7.1 设置文字样式

文字常用于表达一些与图形相关的重要信息,如标题、标记图形等。图样的文字样式应符合国家制图标准的要求,且需要根据实际情况设置文字的大小、方向等。

用户可在"文字"工具栏中单击右键,在弹出的快捷菜单中选择"文字"选项;或在菜单栏中执行"工具"/"工具栏"/"AutoCAD"/"文字"命令,打开"文字"工具栏,如图 7-1 所示。

图 7-1 "文字"工具栏

所有的文字都有与之相关联的文字样式。在创建文字注释和尺寸标注时,一般使用当前文字样式,也可以重新设置文字样式或创建新的样式。

用户可以使用以下 3 种方法设置文字样式:

①在"文字"工具栏中单击 (文字样式)图标。

②在菜单栏中执行"格式"/"文字样式"命令。

③在命令行中输入"style"命令。

执行该命令后,打开"文字样式"对话框,如图 7-2 所示。

对话框中各选项的功能如下:

①"样式"选项组:用于设置当前样式、新建文字样式、修改或删除已有的文字样式。默认样式为 Standard(标准样式)。用户可以单击"新建"按钮,弹出"新建文字样式"对话框,在"样式名"文本框中输入用户新建样式名,如图 7-3 所示。"置为当前"按钮可以将用户新建的文字样式设置为当前样式。

②"字体"选项组:用于设置字体以及相应的样式。默认字体为 txt. shx,该字

图 7-2 "文字样式"对话框

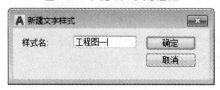

图 7-3 "新建文字样式"对话框

体存在于系统的字体文件中,通用于各种文字样式。

③"大小"选项组:用于设置文字的字高。"高度"文本框用于控制文字显示的大小,此选项是所有设置中最关键、最重要的一项。勾选"注释性"复选框可以使缩放注释的过程自动化,从而使注释在图纸上以合适的大小打印。

④"效果"选项组:用于编辑字体的某些特殊效果。

7.2 单行文字

单行文字的每一行都是一个文字对象,可以用来创建文字内容比较简短的文字对象。

7.2.1 创建单行文字

用户可以使用以下 3 种方法创建单行文字:

①在"文字"工具栏中单击 ![单行文字图标] (单行文字)图标。

②在菜单栏中执行"绘图"/"文字"/"单行文字"命令。

③在命令行中输入"dtext"命令。

执行命令后,系统提示:

命令:DTEXT(输入命令)

当前文字样式:"工程图一"　文字高度:2.5000　注释性:否　对正:左(显示当前文字样式、对齐方式、字高等系统信息)

指定文字的起点或 [对正(J)/样式(S)]:(指定文字的起点或选项)

指定高度 <2.5000>:25(指定字高)

指定文字的旋转角度 <0>:(指定文字旋转角度值)

当用户输入文字旋转角度后,就可以在指定的位置输入标注的文字了。

7.2.2　使用文字控制符

在实际设计绘图过程中,有时需要标注一些特殊的字符。例如,在文字上方或下方加划线,标注度(°)、±等符号。此类特殊字符不能从键盘上直接输入,因此 AutoCAD 系统提供了相应的控制符,以实现这些标注的要求。如表 7-1 所示为一些常用的控制符。

表 7-1　常用的标注控制符

控制符	功能	控制符	功能
%%O	打开或关闭文字上划线	\U+2220	标注角度(∠)符号
%%U	打开或关闭文字下划线	\U+2126	标注欧姆(Ω)符号
%%D	标注度(°)符号	\U+2260	标注不相等(≠)符号
%%P	标注正负公差(±)符号	\U+2248	标注(≈)
%%C	标注直径(Φ)符号	\U+2082	标注下标 2 符号
%%%	标注%	\U+00B2	标注上标 2 符号
		\U+00B3	标注上标 3 符号

7.2.3　编辑单行文字

在 AutoCAD 中,可以对首次输入的文字进行编辑,也可以在输入完毕后重新对其进行编辑。编辑单行文字包括编辑文字的内容、对齐方式和缩放比例。

用户可以在菜单栏中执行"修改"/"对象"/"文字"子菜单中的相应命令,进行文字编辑。各选项的功能如下:

①"编辑"命令:用于在绘图区中单击需要编辑的单行文字,以进入编辑状态,重新输入修改后的文字内容。也可以在命令行中输入"ddedit"命令。

②"比例"命令:用于在缩放基点位置重新指定修改对象的字高、匹配对象或缩放比例。也可以在命令行中输入"scaletext"命令。

③"对正"命令:用于设置文字的对齐方式。

用户也可以在"文字"工具栏中单击 ✎ (编辑文字)图标,进行文字编辑。

例 7.1　在指定的区域输入字高为 20、与水平方向的夹角为 30°的单行文字

"偏差值不超过±0.25°"。

　　具体操作步骤如下：

　　命令：DTEXT

　　当前文字样式："Standard"　文字高度：0.2000　注释性：否（系统提示信息）

　　指定文字的起点或［对正(J)/样式(S)］：（指定单行文字的插入点位置）

　　指定高度＜0.2000＞：20（指定文字旋转的角度）

　　指定文字的旋转角度＜0＞：30

　　此时命令行为空白，光标在指定的绘图区域中显示输入字符的形状，提示用户在键盘上输入字符。用户可输入"％％U 偏差值％％U 不超过％％P0.25％％D"，按"Ctrl＋Enter"组合键结束。

　　结果如图 7-4 所示。

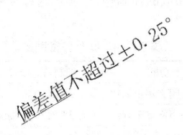

图 7-4　单行文字示例

7.3　多行文字

　　多行文字又称为段落文字，是一种更易于管理的文字对象，可以由两行以上的文字组成，而且各行文字都是作为一个整体处理的。在实际制图中，常用多行文字功能创建较为复杂的文字说明，如图样的技术要求、设计说明等。

7.3.1　创建多行文字

　　用户可以使用以下 5 种方法创建多行文字：

　　①在"文字"工具栏中单击 **A**（多行文字）图标。

　　②在"绘图"工具栏中单击 **A**（多行文字）图标。

　　③在功能区的"默认"选项卡的"注释"选项组中单击 **A**（多行文字）图标。

　　④在菜单栏中执行"绘图"/"文字"/"多行文字"命令。

　　⑤在命令行中输入"mtext"命令。

　　执行命令后，用户可以在绘图区中指定一个用于放置多行文字的矩形区域，此时 AutoCAD 2018 的功能区立即打开"文字编辑器"选项卡，如图 7-5 所示。利用"文字编辑器"选项卡,用户可以设置多行文字的样式、字体及大小等属性。

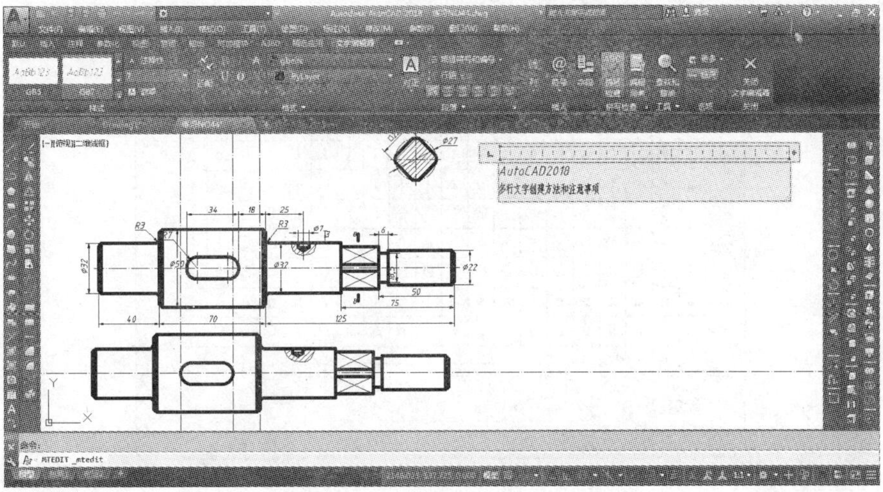

图 7-5　"文字编辑器"功能区及文字输入窗口

7.3.2　多行文字中特殊符号的输入

当需要输入特殊符号时,用户可以单击功能区中"插入"选项组的  （符号）
图标,在弹出的快捷菜单中选择特殊符号,如图 7-6 所示。当用户执行"符号"/
"其他"命令时,将打开"字符映射表"对话框,如图 7-7 所示,可以在输入的多行文
字中插入其他特殊符号。

图 7-6　多行文字的选项菜单

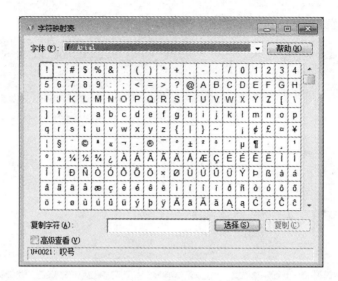

图 7-7　"字符映射表"对话框

7.3.3　编辑多行文字

用户可以使用以下 3 种方法编辑所创建的多行文字：

①在菜单栏中执行"修改"/"对象"/"文字"/"编辑"命令后，再选中所创建的多行文字。

②在绘图窗口中双击所创建的多行文字对象。

③右击输入的多行文字，在弹出的快捷菜单中执行"重复"命令后，选中所创建的多行文字。

执行命令后，将在功能区中打开"文字编辑器"选项卡，如图 7-5 所示，此时可以对其进行编辑修改操作。

7.3.4　文字的镜像

无论是对单行文字还是对多行文字，系统变量"mirrtext"都可以控制镜像文字的可读性。其值为"0"时，镜像复制后的文字可读，如图 7-8 所示；其值为"1"时，镜像复制后的文字不可读，如图 7-9 所示。系统默认值为"0"。

中文AutoCAD 2018学习指南　　　　　　中文AutoCAD 2018学习指南
多行文字创建及其注意事项　　　　　　多行文字创建及其注意事项

图 7-8　mirrtext 值为 0 时的镜像文字效果

中文AutoCAD 2018学习指南
多行文字创建及其注意事项

图 7-9　mirrtext 值为 1 时的镜像文字效果

7.4 表 格

表格主要用来展示与图形相关的标准、数据、材料信息等内容。不同类型的工程图使用的表格样式差异很大。用户可以直接使用软件默认的格式制作表格，也可以自定义表格样式。

7.4.1 创建表格

用户可以使用以下 4 种方法创建表格：

①在"绘图"工具栏中单击 (表格)图标。

②在功能区的"注释"选项组中单击 (表格)图标。

③在菜单栏中执行"绘图"/"表格"命令。

④在命令行中输入"table"命令。

执行命令后，可以打开"插入表格"对话框，如图 7-10 所示。

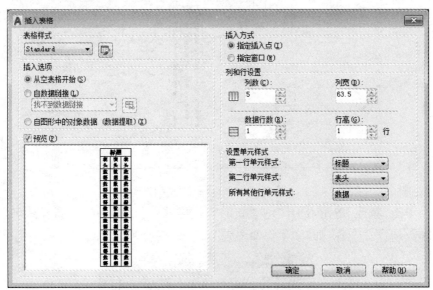

图 7-10 "插入表格"对话框

对话框中各选项组的功能如下：

①"表格样式"选项组：用于设置当前样式，新建、修改或删除已有表格样式。

②"插入选项"选项组：可以创建一个空的表格，也可以从外部导入数据来创建表格，还可以从可输出到表格或外部文件的图形中提取数据来创建表格。

③"插入方式"选项组：可以在绘图窗口中的某点插入固定大小的表格，也可以在绘图窗口中通过拖动表格边框来创建任意大小的表格。

④"行和列设置"选项组：可以通过改变"列数""列宽""数据行数"及"行高"文本框中的数值来调整表格的外观大小。

⑤"设置单元样式"选项组：可以设置"第一行单元样式""第二行单元样式"和"所有其他单元样式"。

注意：可以从 Excel 中直接复制表格，并将其作为 AutoCAD 2018 表格对象粘贴到图形中；也可以从外部直接导入表格对象；另外，还可以将 AutoCAD 2018 中的表格数据输出，以便在 Excel 或其他应用程序中使用。

7.4.2　自定义表格样式

用户可以根据需要自定义表格样式，具体操作如下：

①在菜单栏中执行"格式"/"表格样式"命令后，打开"表格样式"对话框，如图 7-11 所示。

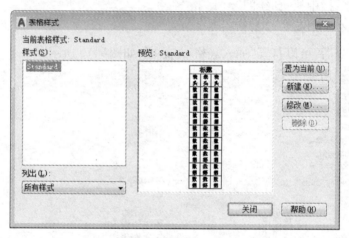

图 7-11　"表格样式"对话框

②单击"新建"按钮，打开"创建新的表格样式"对话框，并在"新样式名"文本框中输入新样式名称（如"学生作业图表"），如图 7-12 所示。

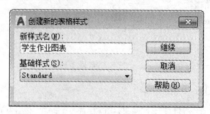

图 7-12　"创建新的表格样式"对话框

③单击"继续"按钮，打开"新建表格样式"对话框，如图 7-13 所示。此对话框中各选项功能如下：

a."常规"选项卡：可以设置表格的填充颜色、对齐方式、数据格式、类型及页边距等特性。此选项卡最重要的功能就是可以定义表格样式中任意单元样式的数据和格式，以及覆盖特殊单元的数据和格式。用户单击"格式"选项右侧的按钮，打开"表格单元样式"对话框，如图 7-14 所示，可以定义数据类型。"数据类型"列表框中选择的选项不同，右侧显示的内容也会不同。

　　b."文字"选项卡：可以设置表格单元的文字样式、高度、颜色和角度等特性，如图 7-15 所示。

　　c."边框"选项卡：可以设置表格的边框是否显示，也可以设置表格的线宽、线型和颜色等特性，如图 7-16 所示。如勾选"双线"复选框，还可设置双线的间距。

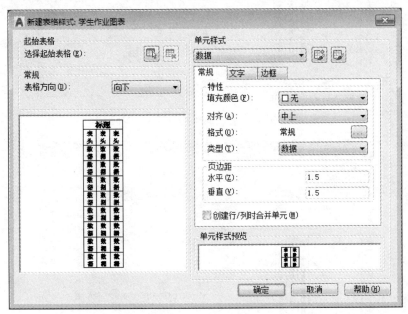

图 7-13　定义新表格样式

图 7-14　"表格单元格式"对话框

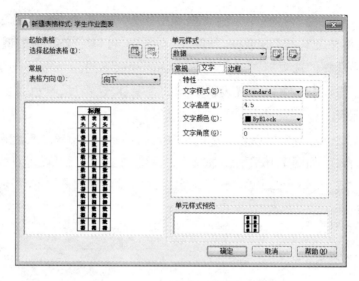

图 7-15　设置表格样式的"文字"属性

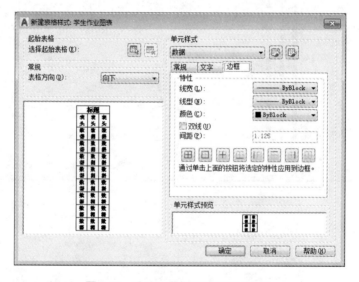

图 7-16　设置表格样式的"边框"属性

7.4.3　编辑表格

(1)使用夹点编辑表格

使用夹点功能可以快速修改表格。如图 7-17 所示,用户单击表格线选中该表格,可以显示夹点。

单击各夹点可以实现如下操作:

①点 A:表格的左上顶点,用于移动表格。

②点 B:表格的左下顶点,用于修改表格的高度并按比例修改所有行。

③点 C:表格的右下顶点,用于同时修改表格的高度和宽度并按比例修改行和列。

④点 D：表格的右上顶点，用于修改表格的宽度并按比例修改所有行。

⑤中间列夹点：在列标题行的顶部，用于修改列的宽度，可以加宽或缩小相邻列而不改变被选表格的宽度。若同时按下"Ctrl"键并选择列夹点，可以修改列的宽度，并加宽或缩小表格以适应此修改。

注意：最小列宽是单个字符的宽度。空白表格最小行高是文字的高度加上单元边距。

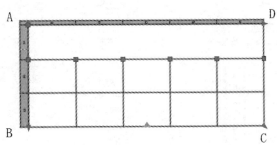

图 7-17　表格夹点示意图

（2）使用夹点修改表格中单元

用户可以通过如下步骤修改表格单元。

①选取一个或多个表格单元：

a. 在单元内单击鼠标左键，可以选取一个表格单元。

b. 选中一个表格单元后，按住"Shift"键并在另一个单元内单击，可以同时选中这两个单元以及它们之间的所有单元。

c. 在选定单元内单击，拖动到要选择的单元区域，然后释放鼠标左键，可以选中这个单元区域。

②要修改选定表格单元的行高，可以拖动顶部或底部的夹点。如果选中多个单元，每行的行高将做同样的修改。

③要修改选定单元的列宽，可以拖动左侧或右侧的夹点。如果选中多个单元，则每列的列宽将做同样的修改。

④如果要合并选定的单元，则单击鼠标右键，在打开的快捷菜单中执行"合并"命令中相应的子命令即可。

例 7.2　创建如图 7-18 所示的表格。

		比　例			
		数　量			
设　计		材　料		共　张　第　张	
审　核			计算机科学与技术系		
批　准					

图 7-18　创建表格示例

具体操作步骤如下：

①定义表格样式"学生作业图表"。在菜单栏中执行"绘图"/"表格"命令，打

开"插入表格"对话框,在"表格样式"下拉列表框中选择"学生作业图表"选项;将"列数"和"行数"设置为"5";在"第一行单元样式""第二行单元样式"和"所有其他行单元样式"的下拉列表框中选择"数据"选项,如图 7-19 所示。

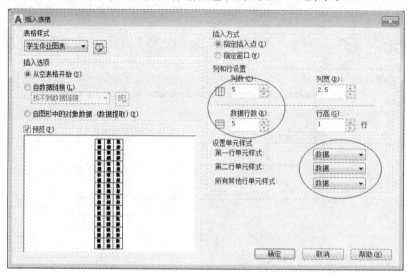

图 7-19　设置"插入表格"的属性

②单击"确定"按钮。在插入表格位置的绘图区域中单击鼠标左键后,插入表格。此时,系统在功能区中打开"文字编辑器"选项卡,如图 7-20 所示。

图 7-20　表格文字编辑

③在"表格"窗口中单击"确定"按钮,完成表格的创建。在单元格 A6 中单击鼠标左键并拖动至 E7 单元格,选中 A6 到 E7 单元格,并在弹出的"表格"工具栏中选择"删除行"命令图标,如图 7-21 所示。

④在 A1 单元格中单击鼠标左键,并拖动至 B2 单元格,在功能区"合并"选项组中单击(合并单元格)图标,合并单元格 A1：B2,如图 7-22 所示。

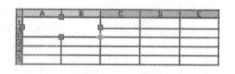

图 7-21　删除行　　　　　　　　图 7-22　合并 A1：B2 单元格

⑤按照上一步骤,分别完成单元格 C4：E5 和单元格 E1：E2 的合并,结果如图 7-23 所示。

⑥将鼠标指针放置在任一表格线位置,单击鼠标,即可打开该表格的夹点,如图 7-24 所示,选择对应的夹点并移动到合适的位置。

⑦将表格线全部移动到合适的位置后,在键盘上按下"Esc"键,即可完成表格的编辑。

⑧在菜单栏中执行"绘图"/"多行文字"命令后,在目标单元格中指定多行文字输入的区域。此时,AutoCAD 2018 功能区中打开"文字编辑"选项卡,输入文字,调整对齐方式,根据不同的文字类型定义相应的文字格式,完成文字的输入。创建好的表格如图 7-18 所示。

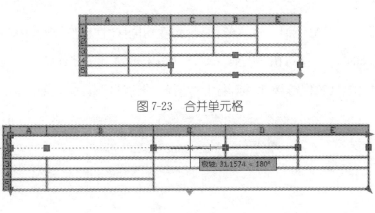

图 7-23　合并单元格

图 7-24　表格夹点

7.4.4　使用 Excel 生成表格

在 AutoCAD 早期版本中,用户只能使用第三方软件在 AutoCAD 和 Excel 之间导入导出数据,很不方便。AutoCAD 2018 可以将表格数据链接至 Microsoft Excel 中,用户可以在 Excel 中创建表格,利用"选择性粘贴"的功能将 Excel 电子表格输入成为一个 AutoCAD 表格。在 AutoCAD 2018 中,DWG 文件中的表格能直接与 Excel 表格相链接,极大地方便了用户对 DWG 文件中数据的管理。

AutoCAD 对数据链接的更新是双向的。用户如果更改了链接的 Excel 电子表格中的数据,此更改将被快速下载到已建立的数据链接中;如果更改了 AutoCAD 图形链接表格中的数据,则可以将这些更改的数据上传到外部电子表格。所有链接的信息均可轻松保持最新同步,而且 AutoCAD 能够将 Excel 电子表格中的信息以列的形式与图形中提取的数据合并。

例 7.3　在 AutoCAD 2018 中插入如图 7-25 所示的 Excel 电子表格。

具体操作步骤如下:

①打开 Excel 电子工作薄,录入如图 7-25 所示的数据,并将该工作薄保存为"示例规格表.xls"。

库房主要存货灯具列表

序号	名称	型号规格	单位	数量	备注
1	西式吊灯	70w*1	套	120	充足
2	西式吊灯	120w*2	套	25	不足
3	落地台灯	50w*1	套	68	充足
4	台灯	80w*1	套	76	不足
5	台灯	500w*1	套	91	充足
6	庭院灯	1200w*1	套	68	充足
7	草坪灯	60w*1	套	43	不足
8	水中灯	J12v120w*1	套	67	充足

图 7-25　灯具规格表

②启动 AutoCAD 2018,进入绘图界面,在功能区"注释"选项组中单击▦(表格)图标,如图 7-19 所示,在"插入选项"选项组中选择"自数据链接"选项。

③单击 田 (数据链接)图标,打开"选择数据链接"对话框,如图 7-26 所示。

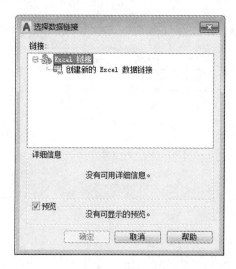

图 7-26　"选择数据链接"对话框

④在"选择数据链接"对话框中单击"创建新的 Excel 数据链接"选项,打开"输入数据链接名称"对话框,在"名称"文本框中输入"示例规格表",如图 7-27 所示。

图 7-27　"输入数据链接名称"对话框

⑤单击"确定"按钮,弹出"新建 Excel 数据链接"对话框,如图 7-28 所示。

⑥单击"浏览文件"下拉列表右侧的按钮,在打开的文件列表中选择需要导入的 Excel 文件,即步骤①中的"示例规格表. xls",此时对话框如图 7-29 所示。

⑦单击"确定"按钮,返回到"选择数据链接"对话框,"Excel 链接"卷展栏中增加一行导入的"示例规格表"选项,"预览"框中可显示导入的 Excel 文件的数据,如图 7-30 所示。

图 7-28 "新建 Excel 数据链接:示例规格表"对话框

图 7-29 导入 Excel 文件

图 7-30 导入链接的 Excel 数据

⑧单击"确定"按钮,返回到"插入表格"对话框,"预览"框中立即显示生成 Excel 文件中的数据,如图 7-31 所示。

⑨单击"确定"按钮,返回到 AutoCAD 绘图环境中,移动光标至合适的位置并单击,即可插入如图 7-25 所示的 Excel 数据表格。

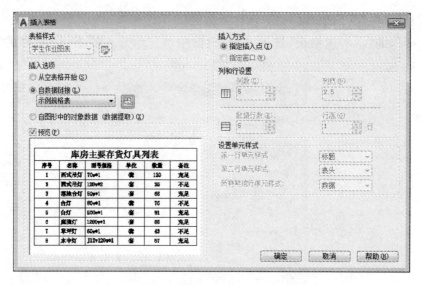

图 7-31　生成 Excel 文件中的数据

思考与练习

一、填空题

（1）在 AutoCAD 中创建工程图时，所有添加的注释文字都有与之关联的 _____ 。

（2）AutoCAD 2018 共有两种输入文字的方式，即单行文字和 _____ 。

（3）当镜像文字时，为了使文字可读，需要设定 _____ 系统变量的值。

（4）在 AutoCAD 2018 中绘制表格时，通过创建 _____ ，可以保证标准的字体、颜色、文本、高度和行距。

（5）用户可以在 Excel 中创建表格，利用 _____ 功能将 Excel 电子表格输入成为一个 AutoCAD 表格。

二、选择题

（1）定义字体样式的命令是（　　）。

A. dimlinear　　　B. style　　　C. dtext　　　D. mtext

（2）用 text 命令表示正负符号的是（　　）。

A. ％％U　　　B. ％％P　　　C. ％％O　　　D. ％％C

（3）在编辑表格时，可以通过拖动夹点来调整表格的列宽或行高。当更改列宽时，可按住（　　）键，同时选中夹点并拖动光标，即可更改列宽并拉伸表格。

A. Shift　　　B. Ctrl　　　C. Alt　　　D. Tab

（4）在选择多个单元格时，除了可以通过拖动光标来选择外，也可以按下

(　　)键来选择多个单元格。

A. Shift　　　　　B. Ctrl　　　　　C. Alt　　　　　D. Tab

(5)在 AutoCAD 2018 中,创建单行文字适合于(　　)。

A. 设计说明　　　B. 制图标准　　　C. 标签　　　　D. 施工要求

(6)下列说法中错误的是(　　)。

A. DWG 文件中的表格能直接与 Excel 表格相连接

B. AutoCAD 对数据链接的更新是双向的

C. AutoCAD 2018 是使用第三方软件将 AutoCAD 和 Excel 相互导入导出数据,而不能直接导入完成

D. AutoCAD 可以将 Excel 电子表格中的信息以列的形式与图形中提取的数据合并

三、简答题

(1)如何设置文字样式?

(2)单行文字与多行文字的区别与联系是什么?

(3)文字镜像后显示可读的系统变量是什么? 是如何设置的?

四、操作题

(1)输入单行文字显示下列字符。

$$\underline{\pm 偏差值}不能超过 0.5°$$

(2)利用 AutoCAD 的表格功能,创建如图 7-32 所示的表格。

图　名	比例	
	数量	
制图		绘图单位
审核		

图 7-32　创建表格

扫一扫,获取参考答案

第8章 块

使用 AutoCAD 2018 绘图时,如果图形中有大量相同或相似的内容,或者所绘制的图形与已有的图形文件相同,用户可以将需要重复绘制的图形创建成"块",需要时直接将块插入图形中,也可以将已有的图形文件直接插入当前图形中,提高绘图效率。此外,用户还可以根据需要,为块添加属性,指明块的名称、用途等信息。

8.1 创建与编辑块

块是一个或多个对象形成的集合,常用于绘制复杂、重复的图形。若将一组对象组合成块,就可以根据作图需要将这组对象插入图中任意指定位置,还可以按不同的比例和旋转角度插入。

8.1.1 块的特点

AutoCAD 2018 中普遍使用块的原因是可以提高绘图速度,节省存储空间,便于修改图形,且可以添加属性。

(1)提高绘图速度

在工程制过程图中,常常要绘制一些重复出现的图形。如果把这些需要重复绘制的图形做成块保存起来,绘制时就可以直接插入块,即将绘图变成拼图,避免大量的重复性工作,从而提高绘图速度。

(2)节省存储空间

AutoCAD 2018 要保存图形中每一个对象的相关信息。例如,对象的类型、位置、图层等都要占用存储空间。如果一幅图中绘有大量相同的图形,会占用较大存储空间。但如果把相同图形事先定义成一个块,绘制它们时就可以直接把块插入图中的各个相应位置。这样既可以满足绘图要求,又可以节省存储空间。虽然块的定义中包含了图形的全部对象,但系统只需要进行一次这样的定义。对每次插入的块,AutoCAD 2018 仅需要记住这个块对象的有关信息(如块名、插入点坐标和插入比例等),从而可节省存储空间。

(3)便于修改图形

一张工程图纸往往需要经过多次修改才能完成。如电路设计中将 NPN 型三极管替换成 PNP 型三极管,机械设计中将顺时针方向的螺纹修改为逆时针方向的螺纹等。若对旧图纸上的每一个对象都进行修改，则既费时又费力，还容易出错。但是若将修改后的对象定义成块，则所有插入图形中的块就会自动修改过来。

(4)可以添加属性

很多块还要求有文字信息，以进一步解释其用途。AutoCAD 允许为块添加这些文字属性，可以选择在插入块中显示或不显示这些属性，也可以从图中提取这些信息并将它们传送到数据库中。

8.1.2　创建块

创建块通常也称为创建内部块，这是由于创建的块保存在定义该块的图形中，只能在当前图形中应用，不能插入其他图形中。

用户可以使用以下 4 种方法创建内部块：

①在“绘图”工具栏中单击（创建块）图标。

②在功能区的“块”面板中单击（创建块）图标。

③在菜单栏中执行“绘图”/“块”/“创建”命令。

④在命令行中输入“block”命令。

执行该命令后，打开“块定义”对话框，如图 8-1 所示。

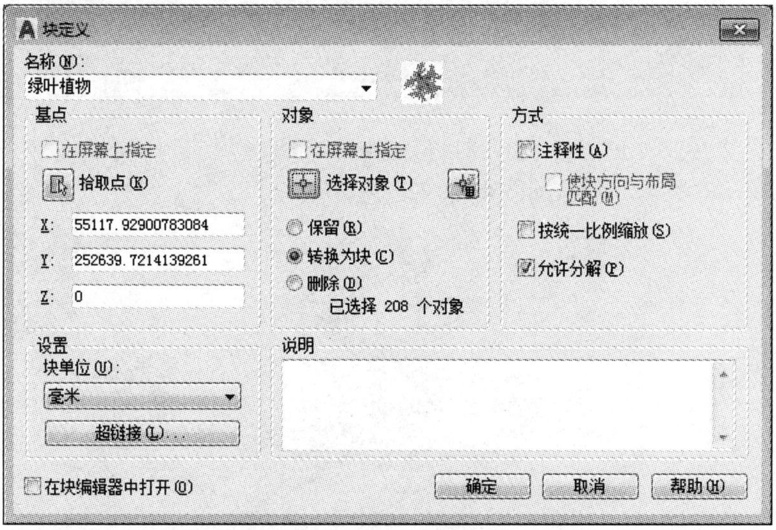

图 8-1　“块定义”对话框

该对话框中各选项的功能如下：

①“名称”文本框：用于输入新建块的名称。

②“基点”选项组：用于设置该块插入基点的坐标。

③“对象”选项组：用于选择要创建块的实体对象。“保留”单选按钮表示创建

块后保留原对象;"转换为块"表示创建块后,将原图形对象转换为块;"删除"表示创建块后删除原图形对象。

④"方式"选项组:用于设定块的方式。勾选"注释性"复选框可以使当前创建的块具备注释功能;勾选"使块方向与布局匹配"复选框可以在插入块时,使其与布局方向相匹配;勾选"允许分解"复选框表示以分解的方式将对象定义成块,即该块插入图形中仍然是多个分开的单个对象。

⑤"设置"选项组:用于块定义的基本设置。"块单位"下拉列表框用于设置块的单位;"超链接"按钮用于打开"插入超链接"对话框,如图 8-2 所示,插入超链接文档。

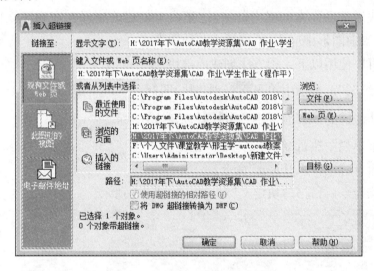

图 8-2 "插入超链接"对话框

例 8.1 将图 8-3 所示的图形定义为内部块。

图 8-3 创建内部块的对象

定义块的操作步骤如下:

①执行"创建块"命令,打开"块定义"对话框,如图 8-1 所示,在"名称"文本框中输入"绿叶植物"。

②选择块的基点。单击"拾取点"图标,在绘图区中指定块的基点。指定基点

后,系统返回"块定义"对话框。

③选择组成块的对象。单击"对象"选项组中的"选取对象"图标,在绘图区指定组成内部块的对象。选择对象后,系统返回"块定义"对话框。

④单击"确定"按钮即可完成。

8.1.3　保存块

在 AutoCAD 中,可以通过执行"wblock"命令,将块、对象选择集或一个完整文件写入一个图形文件中,将其以文件的形式存储起来,形成外部块。与内部块不同的是,外部块可以永久性地存储起来,并且可以在任何图形文件中使用。

用户可以在命令行中输入"wblock"命令,打开"写块"对话框,如图 8-4 所示。

图 8-4　"写块"对话框

块的保存提供了以下 3 种对象的来源:

①"块":指明存入图形文件的是块。用户可以从列表框中选择已完成定义的块名称。

②"整个图形":将当前图形文件看成一个块,并存储到指定的文件中。

③"对象":将选定对象存入文件。此时要求指定块的基点,并选择块所包含的对象。

"目标"选项组用于设置块保存的路径、文件名以及将保存的块插入其他图形时所使用的单位。

8.1.4 插入块

创建块或图形文件的目的是要在绘制图形过程中使用。块在插入时将作为单个的对象置于图形文件中。

用户可以使用以下 4 种方法插入块：

①在"绘图"工具栏中单击 (插入块)图标。

②在功能区的"块"面板中单击 (插入块)图标。

③在菜单栏中执行"插入"/"块"命令。

④在命令行中输入"insert"命令。

执行命令后，打开**"插入"对话框**，如图 8-5 所示。

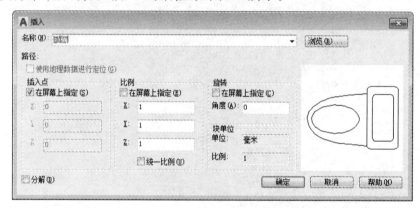

图 8-5 "插入"对话框

各选项的功能如下：

①"名称"下拉列表框：用于输入或选择已有的块名称，也可以单击"浏览"按钮，在打开的"选择图形文件"对话框中选择需要的外部块。

②"插入点"选项组：用于确定块的插入点。可以输入坐标值，也可以通过勾选"在屏幕上指定"复选框，在绘图区内指定插入点。

③"比例"选项组：用于确定块的插入比例。可以选择 X、Y 和 Z 轴三个方向缩放相同或不相同的比例。

④"旋转"选项组：用于确定块插入的旋转角度。可以直接在"角度"文本框中输入角度值，也可以勾选"在屏幕上指定"复选框，在绘图区上指定。

⑤"分解"复选框：用于确定是否把插入的块分解为各自独立的对象。

例 8.2 应用块的方法绘制如图 8-6 所示的平面布置图。

步骤一：绘制房间的平面图

由于房间的平面图比较简单，读者可以使用"直线"命令先绘制内墙线或外墙线，再偏移出墙宽。编辑后得到的平面图如图 8-7 所示。

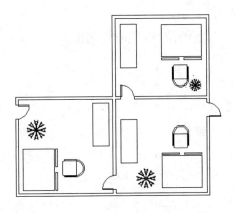

图 8-6 简单的平面布置图示例

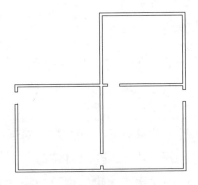

图 8-7 房间的轮廓线

步骤二：将房间内的对象定义为块并保存

①根据图 8-6 所示的图形，分别绘制下列图案。

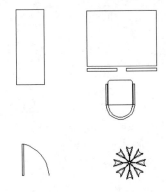

图 8-8 创建块的对象

②执行"创建块"命令，将上图中的各个对象创建的块依次命名为"柜子""办公桌椅""门"和"花草"。

③执行"写块"（保存块）命令，将上一步创建的四个块对象保存到指定的文件夹中。

步骤三：将块插入合适位置

将块插入图 8-7 中合适的位置，完成的图形如图 8-6 所示。

在插入块时，系统提示：

命令：_insert （输入"插入块"命令）

指定插入点或 [基点(B)/比例(S)/旋转(R)]：s(设定插入块的缩放比例)

指定 XYZ 轴的比例因子 <1>：0.5(指定缩放比例为 0.5)

指定插入点或 [基点(B)/比例(S)/旋转(R)]：r(设定插入块的旋转角度)

指定旋转角度 <0>：90(指定旋转角度为 90°)

指定插入点或 [基点(B)/比例(S)/旋转(R)]：(指定块的插入点位置)

命令：

8.1.5　块的属性

块的属性是从属于块的非图形信息。块中的文本对象是块的组成部分。在插入块时，用户可以根据提示，输入属性定义的值，增加图形的可读性。

(1)定义块的属性

用户可以使用以下 4 种方法来打开"块的属性"对话框：

①在菜单栏中执行"绘图"/"块"/"定义属性"命令。

②在功能区的"块定义"面板中单击 (定义属性)图标。

③在命令行中输入"attdef"命令。

执行定义属性命令，打开"属性定义"对话框，如图 8-9 所示。

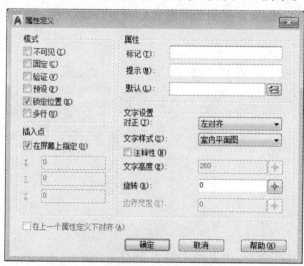

图 8-9　"属性定义"对话框

各选项的功能如下：

①"模式"选项组：用户可以设置属性的不同模式。包括以下 6 个选项：

a.“不可见”:用于设置插入块后是否显示其属性。

b.“固定”:用于设置属性是否为固定值。

c.“验证”:用于设置是否对属性值进行验证。勾选该复选框,插入块时系统将显示一次提示,让用户验证所输入的属性值是否正确;否则不要求用户验证。

d.“预设”:用于确定是否将属性值直接预置成它的默认值。

e.“锁定位置”:用于确定属性设置的位置,默认勾选。

f.“多行”:用于多行设置块的属性。

②“属性”选项组:用于定义块的属性。包括以下 3 个选项:

a.“标记”:用于输入所定义属性的标志。

b.“提示”:用于输入插入属性图块时需要提示的信息。

c.“默认”:用于输入图块属性的值。

完成“属性定义”对话框中各项内容的设置后,单击“确定”按钮,系统将完成一次属性定义。用户也可以为块定义多个属性。

例 8.3　将 8-10 所示的图形定义为块,块名为例块 A。按表 8-1 为例块 A 定义 3 个属性。

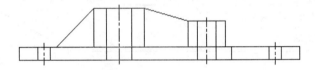

图 8-10　定义块的图形

表 8-1　块的属性信息

属性标记	属性提示	属性默认值	属性模式
名称	无	前视图	固定
日期	绘制日期	2017 年 11 月	无
制图人	绘图人姓名	王伍柒	预设

具体操作步骤如下:

①在菜单栏中执行“绘图”/“块”/“定义属性”命令,打开“属性定义”对话框,如图 8-9 所示。

②在“模式”选项组中勾选“固定”复选框;在“属性”选项组的“标记”文本框中输入“名称:”,并在“默认”文本框中输入“前视图”。

③在“文字设置”选项组的“文字高度”文本框中输入合适的字高。

④设置好“名称”属性的选项后,单击“确定”按钮回到绘图区中,选取合适的插入点位置。

⑤重复以上操作两次,按照表 8-1 所示的属性项,分别设置好“日期”和“制图

人"两项属性,如图 8-11 所示。

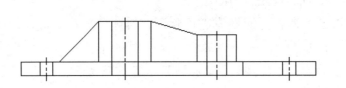

名称:
日期:
制图人:

图 8-11   创建块的属性

⑥在命令行中输入"wblock"命令,打开"写块"对话框,如图 8-4 所示,将图 8-11所示的图形作为一个以"例块 A"为名称的块保存到指定的路径中。

在创建带有附加属性的块时,需要同时选择块属性作为块的成员对象。带有属性的块创建完成后,用户就可以打开"插入"对话框在 AutoCAD 图形文件中插入块了。

例 8.4   将例 8.3 中创建的块插入图 8-12 中。

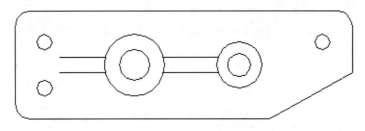

图 8-12   工程图示例

具体操作步骤如下:

①执行"插入"/"块"命令,打开"插入"对话框,如图 8-5 所示。

②单击"浏览"按钮,选择例 8.3 所创建的块"例块 A"并打开。

③在绘图区中选取"例块 A"的插入点。

④此时命令行提示信息如下:

命令:_insert   (输入命令)

指定插入点或 [基点(B)/比例(S)/旋转(R)]:(选取块的插入点位置或选项)

输入属性值

日期:<2017 年 11 月>:(提示输入日期)

结果如图 8-13 所示。

(2)编辑属性的定义

对于已经插入图形中的含有属性定义的块实例,可以对其进行编辑。

用户可以按照如下方法来执行:

①在菜单栏中执行"修改"/"对象"/"属性"/"单个"命令。

②在功能区中单击"块"面板的"编辑属性"子菜单中的 ⬛⬛ (单个)图标。

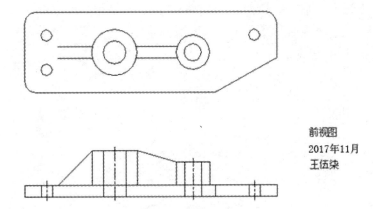

前视图
2017年11月
王伍染

图8-13 插入带属性的块

此时,系统出现"选择块"的提示信息。在图形中选择要编辑的块,系统弹出"增强属性编辑器"对话框,如图8-14所示。

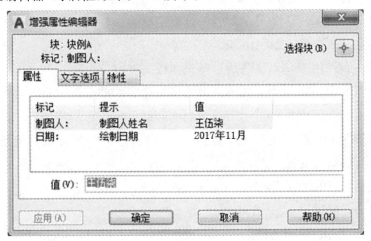

图8-14 "增强属性编辑器"对话框

各选项的功能如下:

①"属性"选项卡:用于显示指定给每个属性的标记、提示和值。用户可以在相应的"值"文本框中更改属性值。

②"文字选项"选项卡:用于设置定义属性的文字在图形中的显示方式,包括文字样式、对正方式、高度、旋转角度、宽度因子和倾斜角度等。

③"特性"选项卡:用于定义属性所在的图层以及属性文字的线宽、线型和颜色,还可以为属性指定打印样式。

(3)修改属性的定义

用户可以使用以下2种方法修改属性定义:

①在菜单栏中执行"修改"/"对象"/"属性"/"块属性管理器"命令。

②在功能区选择"默认"选项卡,在"块"面板中单击 ▧（块属性管理器）图标。

执行上述命令后，系统弹出"块属性管理器"对话框，如图 8-15 所示。

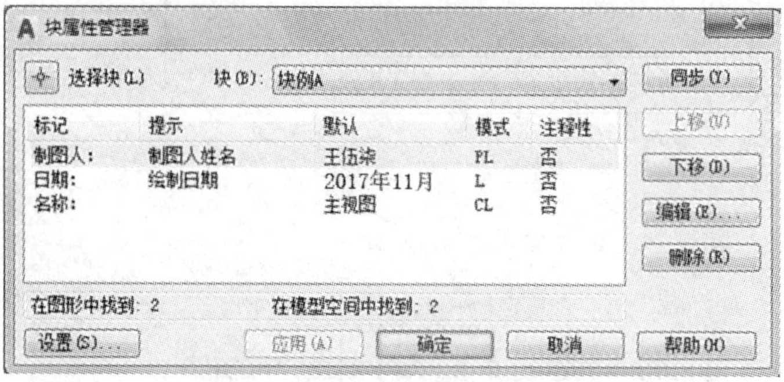

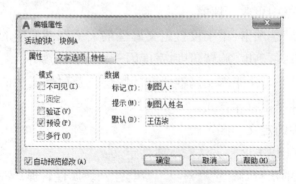

图 8-15　"块属性管理器"对话框

"块属性管理器"对话框中各选项功能如下：

①"选择块"按钮 ✛：单击此按钮，"块属性管理器"对话框将被关闭，接着从绘图区域中选择块，再返回到"块属性管理器"对话框。

②"块"下拉列表框：该下拉列表框列出了具有属性的当前图形中的所有块定义，可从中选择所要修改属性的块。

③属性列表：用于显示所选块中每个属性的特性。

④"在图形中找到"：用于显示当前图形中选定块的实例数。

⑤"在模型空间中找到"：用于显示当前模型空间或布局中选定块的实例数。

⑥"同步"按钮：单击此按钮，将更新具有当前定义的属性特性的选定块的全部实例。注意：进行此操作时，每个块中赋予属性的值不会受到影响。

⑦"上移"按钮：单击此按钮，可在提示序列的早期阶段移动选定的属性标签。注意：选定固定属性时，此按钮不可用。

⑧"下移"按钮：单击此按钮，则在提示序列的后期阶段移动选定的属性标签。注意：选定常量属性时，此按钮不可用。

⑨"编辑"按钮：可以修改相应的属性特性。单击此按钮，可打开"编辑属性"对话框，如图 8-16 所示。

图 8-16　"编辑属性"对话框

⑩"设置"按钮：单击此按钮，系统打开"块属性设置"对话框，从中可以自定义"块属性管理器"对话框中属性列表的显示外观。

8.2　使用外部参照

外部参照与块相似，两者最主要的区别是：一旦插入了块，该块就永久性地插入当前图形中，成为当前图形的一部分；而以外部参照的方式将图形插入某一图形后，被插入的图形文件的信息并不直接加入目标图形中，目标图形只记录参照文件的关系。当用户打开具有外部参照的图形文件时，系统会自动地把各外部参照图形文件重新调入内存并在当前图形中显示出来。

在 AutoCAD 2018 中，用户可以使用"参照"和"参照编辑"工具栏编辑和管理外部参照，如图 8-17 所示。

图 8-17　"参照"和"参照编辑"工具栏

8.2.1　附着外部参照

用户可以使用以下 3 种方法附着外部参照：

①在"参照"工具栏中单击 (附着外部参照)图标。

②在菜单栏中执行"插入"/"DWG 参照"命令。

③在命令行中输入"xattach"命令。

执行上述命令后，打开"选择参照文件"对话框，如图 8-18 所示。选择目标文件后，单击"打开"按钮，弹出"附着外部参照"对话框，如图 8-19 所示。

"附着外部参照"对话框中几个特殊选项的功能如下：

①"参照类型"选项组：用于确定外部参照的类型。"附加型"用于显示嵌套参照中的嵌套内容；"覆盖型"不显示嵌套参照中的嵌套内容。

②"路径类型"下拉列表：用于选择保存外部参照的路径类型，共有"完整路径""相对路径"和"无路径"3 种类型。

例 8.5　使用外部参照功能，将图 8-20 所示的图形文件(从左到右依次为"参照 A""参照 B"和"参照 C")创建成一个图形。

具体操作步骤如下：

①新建一个新的文件。

②执行"外部参照"命令，打开如图 8-18 所示的"选择参照文件"对话框，选择"参照 C"后，单击"打开"按钮。

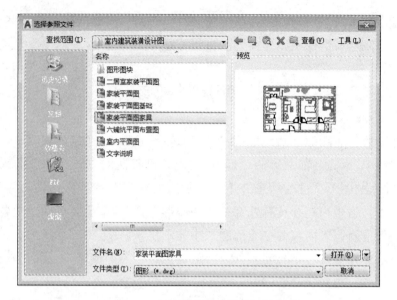

图 8-18　"选择参照文件"对话框

图 8-19　"附着外部参照"对话框

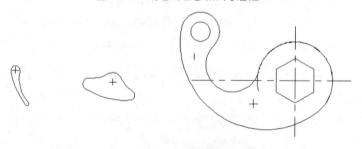

图 8-20　3 个外部参照文件

　　③打开如图 8-19 所示的"附着外部参照"对话框,将外部参照文件"参照 A"插入文件中。"插入点"选项组中系统默认坐标值都为零。

　　④执行"移动"命令,将"参照 A"图形文件移到目标位置,如图 8-21 所示。

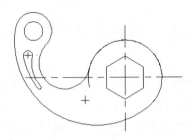

图 8-21　将"参照 C"和"参照 A"插入目标文件中

⑤重复步骤②③④，将"参照 B"插入目标文件中，结果如图 8-22 所示。

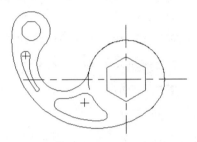

图 8-22　外部参照文件示例

8.2.2　外部参照

在命令行中输入"xref"命令，可以打开"外部参照"特性面板，如图 8-23 所示。用户可以通过此特性面板，在 AutoCAD 2018 文档中插入多种类型的外部参照文件，包括位图文件。有兴趣的读者可以尝试一下。

图 8-23　"外部参照"特性面板

8.3 AutoCAD 设计中心

AutoCAD 设计中心（AutoCAD Design Center，简称 ADC）是 AutoCAD 为用户提供的一个直观且高效的工具。利用 ADC，用户只需通过简单的鼠标拖放操作，就可以将位于本地计算机或网络上的块、图层、外部参照及光栅图像等不同的对象插入当前图形中。此外，所插入的对象还包含图层定义、线型及字体等。AutoCAD 设计中心的使用可使已有资源得到充分的利用，大幅提升图形管理和图形设计的效率。

用户可以使用以下 3 种方法打开 AutoCAD 设计中心：

①在"标准"工具栏中单击 ▦（设计中心）图标。

②在菜单栏中执行"工具"/"选项板"/"设计中心"命令。

③在命令行中输入"adcenter"命令。

执行上述命令后，打开"设计中心"窗口，如图 8-24 所示。

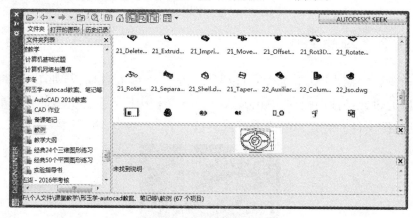

图 8-24 "设计中心"窗口

AutoCAD 设计中心由树状视图、控制板、预览窗口和说明窗口组成。树状视图又称导航窗口，用于显示计算机或网络驱动器中文件和文件夹的层次关系、打开的图形等内容。控制板用于显示树状视图中当前选定的对象。

设计中心窗口中共有 4 种选项卡，可以帮助用户查找对象，并将其加载到当前文件中。各选项卡的功能如下：

①"文件夹"选项卡：用于显示计算机或网络驱动器中文件和文件夹的层次结构。选择层次结构中的某一对象，在控制板、预览窗口和说明窗口中都会显示该对象的相关信息。

②"打开的图形"选项卡：显示当前已打开图形的内容列表，包括图形中的块、图层、线型、文字样式等。

③"历史记录"选项卡：显示最近在设计中心打开的文件列表。若双击列表中的某个图形文件，可以在"文件夹"选项卡的树状视图中定位该图形文件，并将其对象加载到当前绘图区中。

④"联机设计中心"选项卡：提供了在绘制完成前可以访问的信息（例如块、联机目录等）。用户可以在一般的设计应用中使用这些信息，以创建自己的图形。

在"设计中心"窗口中，用户可以将控制板中的对象直接拖放到打开的图形中，也可以将其复制到剪贴板上，再粘贴到目标图形中。

例 8.6 使用 AutoCAD 设计中心在图中虚对象的位置插入"马桶"块对象，如图 8-25 所示。

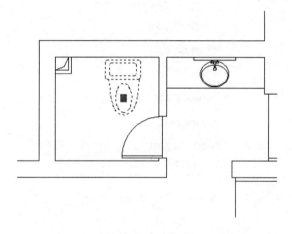

图 8-25 使用设计中心插入块对象

具体操作步骤如下：

①执行"设计中心"命令，打开"设计中心"窗口，如图 8-24 所示，在"树状视图"窗口内选择"马桶"块对象保存的文件夹，此时在控制板窗口内将显示该文件夹保存的块对象。

②读者可以通过多种方法将"马桶"块插入目标位置：

a.在控制板窗口的相对应的块对象上点击鼠标左键，拖动光标到绘图区中合适的位置释放光标。

b.在控制板窗口的相对应的块对象上，右击鼠标，在弹出的快捷菜单中选择"复制"命令，然后在绘图区中粘贴块对象。

c.在控制板窗口的相对应的块对象上，右击鼠标，在弹出的快捷菜单中选择"插入为块"命令，打开"插入"对话框，完成插入块的操作。设计中心快捷菜单如图 8-26 所示。

命令行提示如下：

命令：_-INSERT（输入步骤②命令）

输入块名或 [?]："E:\AutoCAD\CAD 作业\室内建筑装潢设计图\图形图块\

马桶 A. dwg"   单位:毫米   转换: 1(系统提示信息)

指定插入点或［基点(B)/比例(S)/X/Y/Z/旋转(R)］:r(旋转块)

指定旋转角度＜0＞:90(指定旋转角度)

指定插入点或［基点(B)/比例(S)/X/Y/Z/旋转(R)］:(选择块插入的目标点)

输入 X 比例因子,指定对角点,或［角点(C)/XYZ(XYZ)］＜1＞:(指定 X 轴方向缩放比例)

输入 Y 比例因子或 ＜使用 X 比例因子＞:(指定 Y 轴方向缩放比例)

图 8-26   设计中心快捷菜单

思考与练习

一、填空题

(1)块定义好后,将块存储起来即写块的命令是_____ 。

(2)用户除了可以创建普通块图形外,还可以创建带有_____ _____ 的块。

(3)若将一个 AutoCAD 图形文件插入指定的绘图空间内,插入的基点____ _____ 。

(4)保存块有 3 种来源:块、整个图形和_____ 。

(5)在命令行中输入"xattach"命令,表示_____ 。

二、选择题

(1)执行下列(   )命令,可以插入定义好的块。

A. block   B. insert   C. wblock   D. attach

(2)在定义块属性前,必须理解与属性相关的 3 个要素。下列选项中,不符合的是(   )。

A. 标记   B. 属性值   C.属性提示   D. 标准值

(3)执行"wblock"命令,可以创建(　　)。

A. 一个图形文件　B. 一个块集合　　C. 一个符号库　　D. 一个对象文件

(4)下列关于外部参照命令的描述中,不正确的是(　　)。

A. 用户可在"外部参照管理器"对话框中附加、覆盖、连接或更新外部参照图形

B. 覆盖外部参照不能显示嵌套的附加或覆盖外部参照,它仅显示一层深度

C. 附加外部参照支持循环嵌套

D. 每个外部文件的路径均作为数据存储于 xref 对象中

(5)下列关于 AutoCAD 设计中心的描述中,不正确的是(　　)。

A. "打开的图形"选项卡,用于显示当前已打开图形的内容列表

B. "文件夹"选项卡,用于显示计算机或网络驱动器中文件和文件夹的层交次结构

C. "历史记录"选项卡,用于显示最近在设计中心打开的文件列表

D. "联机设计中心"用于定位图形文件并将其内容加载到内容区域中

三、简答题

(1)为什么要创建块? 块有哪些特点?

(2)内部块与外部块有何区别与联系?

(3)怎样完成写块操作? 为什么要写块?

(4)块的属性是怎样定义的? 插入带有属性的块时要注意些什么?

(5)图形外部参考与块的区别是什么? 外部参考是怎样操作的?

(6)在 AutoCAD 中,应如何利用设计中心插入外部块?

四、操作题

(1)将下列图形定义为块并保存。

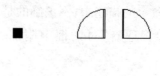

图 8-27　定义为块的图形

(2)将上题中保存的块插入图 8-28 所示的图形中。

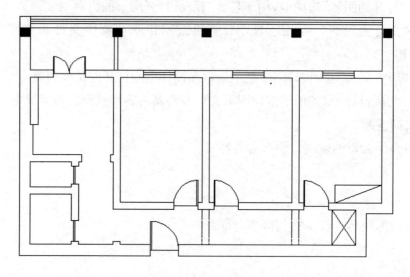

图 8-28　完成块的插入

扫一扫，获取参考答案

第9章 尺寸的标注

尺寸标注是绘图工作中的一项重要内容。绘制图形的根本目的是反映对象的形状,而图形中各个对象的真实大小和相互位置只有经过尺寸标注后才能确定。在 AutoCAD 2018 中,用户可以按国家标准的要求对图形进行标注,也可以自动加入相应的文字注释以及尺寸箭头、形位公差符号等,增加图纸的可读性。AutoCAD 标注的特点是:标注的功能强大,且操作简单,即使是从未使用过 AutoCAD 的用户,也能很快地掌握操作的要领。

通过本章的学习,读者应了解尺寸标注的组成和规则、常用尺寸标注与形位公差标注的方法和技巧,并能够根据图纸的要求,创建特定的尺寸标注样式,对图形进行标注。"标注"菜单栏如图 9-1 所示,"标注"工具栏如图 9-2 所示。

图 9-1 "标注"菜单栏　　　　图 9-2 "标注"工具栏

9.1 尺寸标注的基础知识

尺寸标注是工程制图中重要的表达方法,对传达有关设计元素的尺寸、材料等信息有着非常重要的作用。因此,在对图形进行标注前,应先了解尺寸标注的规则及其组成。

9.1.1 尺寸标注规则

在 AutoCAD 2018 中,对绘制的图形进行尺寸标注时,应遵守以下规则:

①物体真实大小应以图样上所标注尺寸数值为依据,与图形大小及绘图准确度无关。

②图样中尺寸以毫米为单位时,不需要标注计量单位代号或名称。若使用其他单位,则必须注明相应计量单位的代号或名称,如度、米和千米等。

③图样中所标注的尺寸为该图样所表示的物体的最后完工尺寸,否则应另加说明。

④物体的每一尺寸一般只标注一次,且应标注在最后反映该结构的最清晰的图形上。

9.1.2 尺寸标注组成

一个完整的尺寸标注通常由尺寸线、尺寸界线、尺寸箭头和尺寸文字 4 个部分组成,如图 9-3 所示。

图 9-3 尺寸标注的组成

①尺寸线:用来表示尺寸标注的范围,一般由一个带有双箭头的单线段或带有单箭头的双线段组成。角度标注的尺寸线为弧线。

②尺寸界线:通常位于标注尺寸的物体的两端,表示尺寸线的开始和结束。为了标注清晰,通常尺寸界线都是从被标注的对象延伸到尺寸线。对于线型标注,尺寸界线一般与尺寸线相互垂直。

③尺寸文字:表示标注尺寸的具体值,尺寸文字可以只反映基本尺寸,也可以带尺寸公差,还可以按极限尺寸形成标注。

④尺寸箭头：尺寸箭头位于尺寸线的两端，用于标记标注的起始和终止位置。箭头是一个广义的概念。AutoCAD 提供了各种箭头供用户选择，可以用短划线、点或其他标记代替尺寸箭头。

9.1.3　创建尺寸标注的步骤

在 AutoCAD 中对图形进行尺寸标注时，通常应遵循以下步骤：

①创建尺寸标注的图层。

②设置尺寸标注的文字样式。

③设置尺寸标注的标注样式。

④使用对象捕捉等功能，对图形中的元素进行标注。

9.1.4　尺寸标注的关联性

一般情况下，AutoCAD 2018 将尺寸标注作为一个块来处理，即尺寸线、尺寸界线、尺寸箭头和尺寸文字在尺寸标注中不是单独的实体，而是构成块的一部分。如果拉伸该尺寸标注，则拉伸后尺寸标注的尺寸文本将自动发生相应的变化。这种尺寸标注称为关联性尺寸。

如果用户选择的是关联性尺寸标注，那么当改变尺寸标注样式时，在该样式基础上生成的所有尺寸标注都将随之改变；如果一个尺寸标注的尺寸线、尺寸界线、尺寸箭头和尺寸文字都是单独的实体，即尺寸标注不是一个块，那么这种尺寸标注称为无关联性尺寸。

注意：AutoCAD 提供"dimaso"系统变量来控制尺寸标注的关联性。

9.2　尺寸标注的样式

尺寸标注必须符合有关国家制图标准的规定，因此，在进行尺寸标注时，要对尺寸标注的样式进行设置，以便得到正确的、统一的尺寸样式。

9.2.1　标注样式管理器

用户可以使用以下 3 种方法打开标注样式管理器：

①在"标注"工具栏中单击 （标注样式）图标。

②在菜单栏中执行"标注"/"标注样式"命令。

③在命令行中输入"dimstyle"命令。

执行以上任一命令后，打开"标注样式管理器"对话框，如图 9-4 所示。

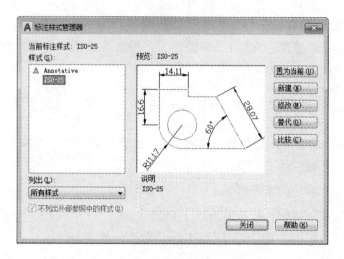

图 9-4 "标注样式管理器"对话框

"标注样式管理器"对话框中各选项功能如下：

①"当前标注样式"标签：显示当前标注样式的名称。AutoCAD 为所有标注都指定了样式，若未改变当前样式，则系统默认以"ISO-25"为当前样式。

②"样式"列表框：列出图形中的所有标注样式。其中，当前样式呈高亮显示。

③"列出"下拉列表框：用于控制是否全部显示当前图形文件中的尺寸标注样式。

④"不列出外部参照中的样式"复选框：用于设置是否在"样式"列表框中显示外部参照图形中的标注样式。

⑤"预览"框：用于显示"样式"列表框中选定样式的标注图例。通过预览该图例，用户可以了解当前尺寸标注样式中各种标注类型的标注方式，判断是否符合自己的需求。如果不符合，还可以进行针对性的修改。修改完成后，该图例将实时反映用户所修改的尺寸标注样式。

⑥"说明"框：用于对当前尺寸标注样式进行说明。

⑦"新建"按钮：用于创建新的尺寸标注样式。单击该按钮后，将打开"创建新标注样式"对话框，如图 9-5 所示。

图 9-5 "创建新标注样式"对话框

在此对话框中，"新样式名"文本框用于确定新尺寸标注样式的名称，如"用户样式一"。"基础样式"下拉列表框用于确定新的标注样式以哪一个已有的标注样式为基础来定义，例如以"ISO-25"为基础样式来定义新建的"用户样式一"。"用于"下拉列表框用于确定新标注样式的应用范围。完成以上设置后，单击"继续"按钮，将打开"新建标注样式"对话框，如图 9-6 所示。此时就可以设置用户自定义的标注样式内容了。

图 9-6　"新建标注样式"对话框

⑧"修改"按钮：用于修改已有的标注尺寸样式。单击此按钮后，可以打开"修改标注样式"对话框，与图 9-6 所示的"新建标注样式"对话框形式类似。

⑨"替代"按钮：用于设置当前样式的替代样式。

⑩"比较"按钮：用于对两个标注样式作比较。用户可以利用该功能快速了解不同标注样式之间的设置差别。

9.2.2　"线"选项卡设置

"线"选项卡用于设置尺寸线、尺寸界线的格式和属性，如图 9-6 所示。

(1)"尺寸线"选项组

此选项组用于设置尺寸线的格式。

①"超出标记"文本框：当采用倾斜、建筑标记等尺寸箭头时，用于设置尺寸线超出尺寸界线的长度。

②"基线间距"文本框：用于设置基线标注尺寸的尺寸线之间的距离。

③"隐藏"："尺寸线 1"和"尺寸线 2"复选框分别用于确定是否显示第一条或

第二条尺寸线。用户可以使用"dimsd1"和"dimsd2"变量来显示或隐藏尺寸线。

注意：尺寸标注的颜色、线型和线宽一般设置为随图层属性，因为在工程制图中，尺寸标注往往作为一个独立的图层保存，以方便用户管理和修改。

(2)"尺寸界线"选项组

该选项组中的各选项用于设置尺寸界线的特征参数，其功能与"尺寸线"选项组中各选项的含义相似。

9.2.3 "符号和箭头"选项卡设置

(1)"箭头"选项组

该选项组用于确定尺寸线起止符号的样式，如图 9-7 所示。

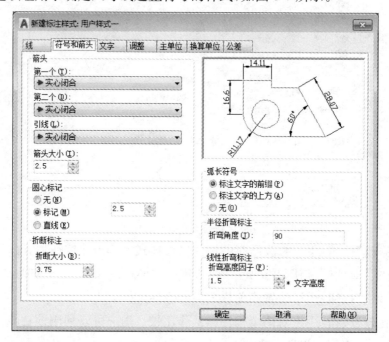

图 9-7 "箭头"选项组

选项组中各选项的功能如下：

①"第一个"和"第二个"下拉列表框：用于设置第一和第二尺寸箭头的样式。标准库中有 19 种尺寸线起止符号，在工程图中常用的有下列几种：实心闭合（箭头）、倾斜（细 45°斜线）、建筑标记（中粗 45°斜线）和小圆点。

②"引线"下拉列表框：用于设置引线标注时引线箭头的样式。

③"箭头大小"文本框：用于设置箭头的大小。例如，箭头的长度、45°斜线的长度和圆心的大小按制图标准应设为 3～4 mm。

(2)"圆心标记"选项组

该选项组用于确定圆或圆弧的圆心标记样式，包括"标记"和"大小"属性。

①"标记""直线"和"无"单选按钮：用于设置圆心标记的类型。

②"大小"文本框：用于设置圆心标记的大小。

(3)"弧长符号"选项组

在该选项组中，可以设置弧长符号显示的位置，包括"标注文字的前缀""标注文字的上方"和"无"三种方式。系统默认的设置为"标注文字的前缀"。

(4)"半径标注折弯"选项组

该选项组用于设置在标注圆弧半径时标注线的折弯角度大小。

9.2.4 "文字"选项卡设置

"文字"选项卡用于设置尺寸文字的外观、位置以及对齐方式等，如图 9-8 所示。

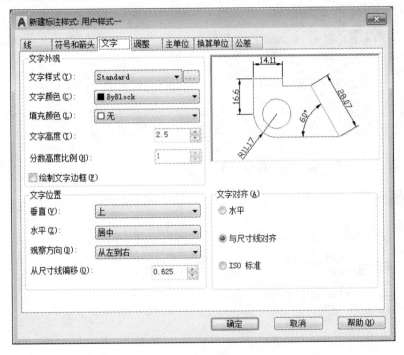

图 9-8 "文字"选项卡

(1)"文字外观"选项组

该选项组用于设置尺寸文字的样式、颜色、高度等。

选项组中各选项的功能如下：

①"文字样式"下拉列表框：用于选择尺寸文字的样式；也可以单击右侧的按钮，从打开的"文字样式"对话框中选择样式或设置新样式。关于文字样式的设置，读者可以参考本书第 7 章的内容，此处不再赘述。

②"文字颜色"下拉列表框：用于选择尺寸文字的颜色。一般情况下设为随图层属性。

③"文字高度"文本框：用于指定尺寸文字的字高，默认值为 2.5。

④"分数高度比例"文本框：用于设置基本尺寸中分数数字的高度。在"分数高度比例"文本框中输入一个数值，系统将用该数值与尺寸文字高度的乘积来指定基本尺寸中分数数值的高度。

⑤"绘制文字边框"复选框：用于给尺寸文字绘制边框。

(2)"文字位置"选项组

该选项组用于设置尺寸文字的位置。

①"垂直"下拉列表框：用于设置尺寸文字相对尺寸线垂直方向上的位置，共有"居中""上""外部"和"日本工业标准(JIS)"4个选项。

②"水平"下拉列表框：用于设置尺寸文字相对尺寸线水平方向上的位置。

③"从尺寸线偏移"文本框：用于设置尺寸文字与尺寸线之间的距离。

(3)"文字对齐"选项组

该选项组用于设置标注文字的书写方向。

①"水平"单选按钮：尺寸文字始终沿水平方向放置。

②"与尺寸线对齐"单选按钮：尺寸文字始终与尺寸线平行放置。

③"ISO标准"单选按钮：尺寸文字按ISO标准设置。尺寸文字在尺寸界线以内时与尺寸线方向平行放置；尺寸文字在尺寸界线以外时则水平放置。

9.2.5 "调整"选项卡设置

"调整"选项卡用于设置尺寸文字、尺寸线和尺寸箭头的相互位置，如图9-9所示。

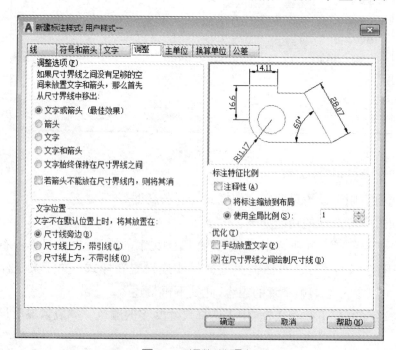

图9-9 "调整"选项卡

(1)"调整选项"选项组

该选项组用于设置尺寸文字、箭头的位置。

选项组中各选项的功能如下：

①"文字或箭头(最佳效果)"单选按钮：系统自动移出尺寸文字和箭头，使其达到最佳的标注效果。

②"箭头"单选按钮：当尺寸界线之间的空间过小时，移出箭头，将其放置在尺寸界线之外。

③"文字"单选按钮：当尺寸界线之间的空间过小时，移出文字，将其放置在尺寸界线之外。

④"文字和箭头"单选按钮：当尺寸界线之间空间过小时，移出文字与箭头，将其放置在尺寸界线之外。

⑤"文字始终保持在尺寸界线之间"单选按钮：将文字始终放置在尺寸界线之间。

⑥"若箭头不能放在尺寸界线内，则将其消除"复选框：用于确定当尺寸界线之间的空间过小时不显示箭头。

(2)"文字位置"选项组

该选项组用于设置尺寸文字的放置位置。

①"尺寸线旁边"单选按钮：将尺寸文字放在尺寸线旁边。

②"尺寸线上方，带引线"单选按钮：当尺寸文字不在默认位置时，若尺寸文字与箭头都不足以放到尺寸界线内，可移动光标自动绘出一条引线标注尺寸文字。

③"尺寸线上方，不带引线"单选按钮：当尺寸文字不在默认位置时，若尺寸文字与箭头都不足以放到尺寸界线内，按引线模式标注尺寸文字，但不画出引线。

(3)"标注特征比例"选项组

该选项组用于设置尺寸特征的缩放关系。

①"将标注缩放到布局"单选按钮：用于确定比例系数是否用于图纸空间。默认状态比例系数只运用于模型空间。

②"使用全局比例"单选按钮和文本框：用于设置全部尺寸样式的比例系数。此比例不会改变标注尺寸时的尺寸测量值。

(4)"优化"选项组

该选项组用于确定在设置尺寸标注时是否使用附加调整。

①"手动放置文字"复选框：用于忽略尺寸文字的水平放置，将尺寸放置在指定的位置上。

②"在尺寸界线之间绘制尺寸线"复选框：用于确定始终在尺寸界线内绘制出尺寸线。当尺寸箭头放置在尺寸界线之外时，也可在尺寸界线内绘制出尺寸线。

9.2.6 "主单位"选项卡设置

"主单位"选项卡用于设置标注尺寸时的主单位格式，如图 9-10 所示。

图 9-10 "主单位"选项卡

(1)"线性标注"选项组

该选项组用于设置线性标注的格式和精度。

①"单位格式"下拉列表框：用于设置线性标注的单位，单位格式默认为"小数"。

②"精度"下拉列表框：用于设置线性标注的精度，即保留小数点后的位数。

③"分数格式"下拉列表框：用于确定以分数形式标注尺寸时的标注格式。

④"小数分隔符"下拉列表框：用于确定以小数形式标注尺寸时的分隔符形式，包括"句点""逗点"和"空格"3 个选项。

⑤"舍入"文本框：用于设置测量尺寸的舍入值。

⑥"前缀"文本框：用于设置尺寸文字的前缀。

⑦"后缀"文本框：用于设置尺寸文字的后缀。

⑧"比例因子"文本框：用于设置尺寸测量值的比例。

⑨"仅应用到布局标注"复选框：用于确定当前使用的比例因子是否仅应用到布局标注。

⑩"前导"复选框：勾选后不显示前导零。

⑪"后续"复选框：勾选后不显示后续零。

(2)"角度标注"选项组

该选项组用于设置角度标注时标注形式、精度等。

①"单位格式"下拉列表框：用于设置角度标注的单位。

②"精度"下拉列表框：用于设置角度标注的精度位数。

③"前导"和"后续"复选框：用于确定角度标注的前导零和后续零是否显示。

9.2.7 "换算单位"选项卡设置

"换算单位"选项卡用于设置尺寸标注换算单位的格式，包括"显示换算单位""消零""位置"等选项组，如图 9-11 所示。

图 9-11 "换算单位"选项卡

选项卡中各选项的功能如下：

①"显示换算单位"复选框：用于设置是否标注公制或英制双套尺寸单位。若勾选该复选框，则采用公制和英制双套尺寸单位来标注尺寸；若不勾选该复选框，则只采用公制单位标注尺寸。

②"位置"选项组：用于确定换算单位的放置位置。其中，"主值后"单选按钮表示将换算单位放置在主单位后面；"主值下"单选按钮则表示将换算单位放置在主单位下面。

9.2.8 "公差"选项卡设置

"公差"选项卡用于设置公差样式、公差值的高度及位置，如图9-12所示。

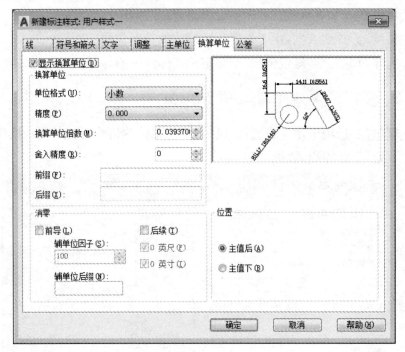

图9-12 "公差"选项卡

(1)"公差格式"选项组

该选项组用于设置公差标注格式。

①"方式"下拉列表框：用于设置公差标注方式，包括"无""对称""极限偏差""极限尺寸"和"基本尺寸"。

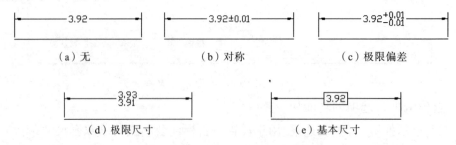

（a）无　　　　（b）对称　　　　（c）极限偏差

（d）极限尺寸　　　　（e）基本尺寸

图9-13 公差标注方式示例

②"上偏差"和"下偏差"文本框：用于设置尺寸的上、下偏差值。

③"高度比例"文本框：用于确定公差文本的相对字高。所谓"相对字高"，就是指公差文本的实际大小和主单位字高的比值。

④"垂直位置"下拉列表框：用于控制对称公差和极限公差的文字对正方式，共有"上""中"和"下"3种。

(2)"换算单位公差"选项组

该选项组用于设置换算单位的公差样式。用户只有在选择了"公差格式"选项组中的"方式"选项时，才可以使用该选项。

例 9.1　根据下列要求，创建名为"用户自定义样式"的工程制图标注样式。

- 基线标注尺寸线间距为 6.5。
- 尺寸界线的起点偏移量为 1，超出尺寸线的距离为 2。
- 箭头使用"实心闭合"形状，大小为 2.0。
- 标注文字高度为 3.2，位于尺寸线的中间，文字从尺寸线偏移距离为 0.6。
- 标注单位的精度为 0.0。

具体操作步骤如下：

①打开"标注样式管理器"对话框，如图 9-4 所示。

②单击"新建"按钮，打开"创建新标注样式"对话框，如图 9-5 所示。在"新样式名"文本框中输入新建样式名称"用户自定义样式"。

③单击"继续"按钮，打开"新建标注样式"对话框，如图 9-6 所示。

④在"线"选项卡的"尺寸线"选项组中，将"基线间距"文本框的值设置为 6.5；在"尺寸界线"选项组中，将"超出尺寸线"文本框的值设置为 2，将"起点偏移量"文本框的值设置为 1。

⑤打开"符号和箭头"选项卡，在"箭头"选项组中的在"第一个"和"第二个"下拉列表框中选择"实心闭合"，并将"箭头大小"文本框的值设置为 2.0。

⑥打开"文字"选项卡，在"文字外观"选项组中，将"文字高度"文本框的值设置为 3.2；在"文字位置"选项组中的"垂直"下拉列表框中选择"居中"，将"从尺寸线偏移"设置为 0.6。

⑦打开"主单位"选项卡，在"线性标注"选项组中的"精度"下拉列表框中选择 0.0。

⑧设置完成，单击"确定"按钮，关闭"新建标注样式"对话框，然后单击"关闭"按钮，关闭"标注样式管理器"对话框。

9.3　尺寸标注的类型

为了方便快速地标注图纸中的各种方向、形式的尺寸，AutoCAD 提供了线性尺寸标注、径向尺寸标注、角度尺寸标注、指引尺寸标注、坐标尺寸标注和中心尺寸标注等多种标注类型。用户了解这些标注后，可以灵活地给各种图形添加尺寸标注。

9.3.1　线性标注

线性标注可用于水平、垂直、旋转尺寸的标注。

用户可以使用以下 4 种方法执行该命令：

①在"标注"工具栏中单击▆(线性)图标。

②在功能区"注释"选项组中单击▆(线性)图标。

③在菜单栏中执行"标注"/"线性"命令。

④在命令行中输入"dimlinear"命令。

执行该命令后，系统提示信息如下：

命令：_dimlinear(输入命令)

指定第一条尺寸界线原点或 <选择对象>：(指定第一条尺寸界线起点)

指定第二条尺寸界线原点：(指定第二条尺寸界线起点)

指定尺寸线位置或 [多行文字(M)/文字(T)/角度(A)/水平(H)/垂直(V)/旋转(R)]：

标注文字 = 2.3(指定尺寸位置或选项)

命令：

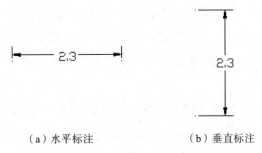

（a）水平标注　　　　　　　　（b）垂直标注

图 9-14　线性标注示例

命令行中各选项的功能如下：

①"指定尺寸线位置"：用于确定尺寸线的位置。可以通过移动光标来指定尺寸线的位置，确定位置后，按自动测量的长度标注尺寸。

②"多行文字"：用于使用"多行文字编辑器"编辑尺寸文字。

③"文字"：用于使用单行文字方式标注尺寸文字。

④"角度"：用于设置尺寸文字的旋转角度。

⑤"水平"：用于尺寸线水平标注。

⑥"垂直"：用于尺寸线垂直标注。

⑦"旋转"：用于尺寸线旋转标注。

9.3.2　对齐标注

对齐标注可以方便地标注出斜线、斜面的尺寸。

用户可以使用以下 3 种方法执行该命令：

①在"标注"工具栏中单击▆(对齐)图标。

②在菜单栏中执行"标注"/"对齐"命令。

③在命令行中输入"dimaligned"命令。

执行该命令后,系统提示信息如下:

命令:_dimaligned(输入命令)

指定第一条尺寸界线原点或 <选择对象>:(指定第一条尺寸界线的起点)

指定第二条尺寸界线原点:(指定第二条尺寸界线起点)

指定尺寸线位置或[多行文字(M)/文字(T)/角度(A)]:(指定尺寸位置或选项)

标注文字 = 1.7(系统提示)

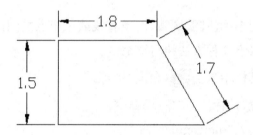

图 9-15 对齐标注示例

注意:对齐标注与线性旋转标注不同,前者将尺寸线与对象直线平行,需要通过两点来确定角度值;而后者是根据指定的角度绘制尺寸标注。

9.3.3 折弯标注

在实际设计工作中,当标注不能精确表示实际尺寸时,会将折弯线添加到线性标注中。通常情况下,实际尺寸比所需的值稍小。折弯标注方式与半径标注方式基本相同,但需要指定一个位置代替圆或圆弧的圆心,如图 9-16 所示。

用户可以使用以下 3 种方法执行该命令:

①在"标注"工具栏中单击 图标。

②在菜单栏中执行"标注"/"折弯"命令。

③在命令行中输入"dimjogged"命令。

执行该命令后,系统提示信息如下:

命令:_dimjogged(输入命令)

选择圆弧或圆:(选择标注的对象)

指定图示中心位置:(指定折弯标注的中心位置)

标注文字=22.39(系统提示信息)

指定尺寸线位置或[多行文字(M)/文字(T)/角度(A)]:(指定尺寸线位置或选项)

指定折弯位置:(选择折弯的位置)

命令:

图 9-16　折弯标注示例

9.3.4　角度标注

角度标注主要用来标注圆、圆弧、两条直线或三个点之间的夹角。

用户可以使用以下 3 种方法执行该命令：

①在"标注"工具栏中单击 (角度)图标。

②在菜单栏中执行"标注"/"角度"命令。

③在命令行中输入"dimangular"命令。

执行该命令后，系统提示信息如下：

命令：_dimangular(输入命令)

选择圆弧、圆、直线或 ＜指定顶点＞：(选取对象或指定顶点)

命令行提示中共有 4 个选项，其含义如下：

①"圆弧"：用于标注圆弧的包含角。

选取圆弧上任意一点后，系统提示信息如下：

指定标注弧线位置或 ［多行文字(M)/文字(T)/角度(A)/象限点(Q)］：(拖动尺寸线指定位置或选项)

标注文字 = 176(系统提示信息)

命令：

若直接指定尺寸线位置，系统将按提示信息中的值完成角度尺寸标注。其余各选项的功能与线性标注方式相似。

②"圆"：用于标注圆上某段弧的包含角。

选取圆上某点时，系统提示信息如下：

指定角的第二个端点：(选择圆上第二点)

指定标注弧线位置或 ［多行文字(M)/文字(T)/角度(A)/象限点(Q)］：(指定尺寸线位置或选项)

标注文字 = 148(系统提示信息)

命令：

直接指定尺寸线位置，系统将按提示信息中的值完成角度尺寸标注。

③"直线"：用于标注两条不平行直线间的夹角。

选取一条直线后，系统提示信息如下：

选择第二条直线：(选取第二条直线)

指定标注弧线位置或［多行文字(M)/文字(T)/角度(A)/象限点(Q)］：(指定尺寸线位置或选项)

标注文字 = 42(系统提示信息)

命令：

指定尺寸线的位置后，完成两条直线间的角度标注。

④"顶点"：用三点方式标注角度。

执行角度标注命令后，直接按"Enter"键，系统提示信息如下：

指定角的顶点：(指定角度顶点)

指定角的第一个端点：(指定第一条边端点)

指定角的第二个端点：(指定第二条边端点)

指定标注弧线位置或［多行文字(M)/文字(T)/角度(A)/象限点(Q)］：(指定尺寸线位置或选项)

标注文字 = 70(系统提示信息)

命令：

直接指定尺寸线位置，系统将按提示信息中的值完成三点间的角度标注。

以上 4 种选项的角度标注示例如图 9-17 所示。

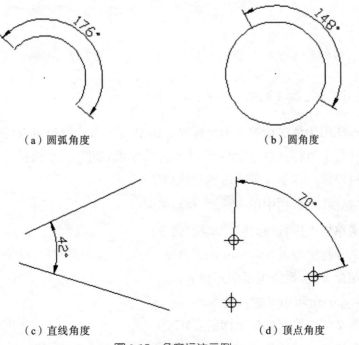

（a）圆弧角度　　　（b）圆角度

（c）直线角度　　　（d）顶点角度

图 9-17　角度标注示例

9.3.5　弧长标注

弧长标注主要用来标注圆弧或多段线圆弧的弧线长度,如图 9-18 所示。

用户可以使用以下 3 种方法执行该命令:

①在"标注"工具栏中单击 （弧长）图标。

②在菜单栏中执行"标注"/"弧长"命令。

③在命令行中输入"dimarc"命令。

执行该命令后,系统提示信息如下:

命令:_dimarc(输入命令)

选择弧线段或多段线弧线段:(选取弧线段)

指定弧长标注位置或 [多行文字(M)/文字(T)/角度(A)/部分(P)/引线(L)]:(指定尺寸线位置或选项)

标注文字 = 58.69(系统提示信息)

命令:

图 9-18　弧长标注示例

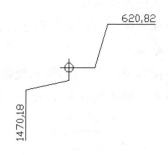

图 9-19　坐标标注示例

9.3.6　坐标标注

坐标标注用于标注选取点与坐标原点的垂直距离。用户可以使用当前 UCS 的原点标注每个坐标,也可以设置一个不同的原点,如图 9-19 所示。

用户可以使用以下 3 种方法执行该命令:

①在"标注"工具栏中单击 （坐标）图标。

②在菜单栏中执行"标注"/"坐标"命令。

③在命令行中输入"dimordinate"命令。

执行该命令后,系统提示信息如下:

命令:_dimordinate（输入命令）

指定点坐标:(选取标注坐标的点)

指定引线端点或 [X 基准(X)/Y 基准(Y)/多行文字(M)/文字(T)/角度

（A）］：（指定尺寸线位置或选项）

命令：

9.3.7 基线标注

基线标注可以将已存在的一个尺寸界线作为基线，引出多条尺寸线，如图9-20所示。

用户可以使用以下 3 种方法执行该命令：

①在"标注"工具栏中单击▆（基线）图标。

②在菜单栏中执行"标注"/"基线"命令。

③在命令行中输入"dimbaseline"命令。

执行该命令后，选择一个已存在的线性标注，系统提示信息如下：

命令：_dimbaseline（输入命令）

指定第二条尺寸界线原点或［放弃（U）/选择（S）］＜选择＞：（指定基线尺寸的第二条尺寸界线）

标注文字 = 267.4（系统提示信息）

指定第二条尺寸界线原点或［放弃（U）/选择（S）］＜选择＞：（指定第三条尺寸界线）

命令：

注意：标注基线尺寸要求用户事先标出一条尺寸，该尺寸必须是线性尺寸、角度尺寸或坐标尺寸中的一种。

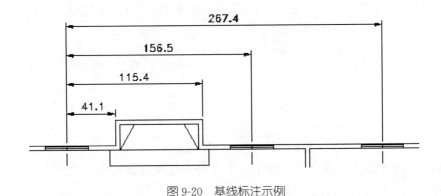

图 9-20　基线标注示例

9.3.8 连续标注

连续标注与基线标注非常相似，用于在同一尺寸线水平或垂直方向连续标注尺寸，如图 9-21 所示。

用户可以使用以下 3 种方法执行该命令：

①在"标注"工具栏中单击 ▥（连续）图标。

②在菜单栏中执行"标注"/"连续"命令。

③在命令行中输入"dimcontinue"命令。

执行该命令后，选择一个已存在的线性标注，系统提示信息如下：

命令：_dimcontinue（输入命令）

选择连续标注：（指定已存在的线性尺寸界线为起点）

指定第二条尺寸界线原点或［放弃(U)/选择(S)］＜选择＞：（指定连续标注的第二条尺寸线）

标注文字 = 74.3（系统提示信息）

指定第二条尺寸界线原点或［放弃(U)/选择(S)］＜选择＞：（指定连续标注的第三条尺寸线）

命令：

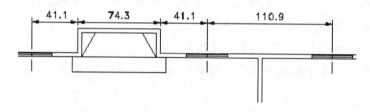

图 9-21　连续标注示例

9.3.9　半径、直径标注

半径标注和直径标注用于标注圆弧或圆的半径和直径，如图 9-22 所示。

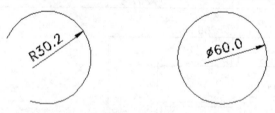

图 9-22　半径标注和直径标注示例

以半径标注为例，用户可以使用以下 3 种方法执行该命令：

①在"标注"工具栏中单击 ◉（半径）图标。

②在菜单栏中执行"标注"/"半径"命令。

③在命令行中输入"dimradius"命令。

执行该命令后，系统提示信息如下：

命令：_dimradius（输入命令）

选择圆弧或圆：（选取标注的对象）

标注文字 = 30.2(系统提示信息)

指定尺寸线位置或［多行文字(M)/文字(T)/角度(A)］:(移动光标指定尺寸的位置或选项)

命令:

直径标注与半径标注的操作方法相同,此处不再赘述。

9.3.10　圆心标记

圆心标记用于创建圆心的中间标记或中心线,如图 9-23 所示。

用户可以使用以下 3 种方法执行该命令:

①在"标注"工具栏中单击 ⊙ (圆心)图标。

②在菜单栏中执行"标注"/"圆心"命令。

③在命令行中输入"dimcenter"命令。

执行该命令后,系统提示信息如下:

命令:_dimcenter(输入命令)

选择圆弧或圆:(选取标记的对象)

命令:

图 9-23　圆心标记示例

9.3.11　快速标注

使用快速标注可以在一个命令下进行多个直径、半径、连续、基线和坐标的尺寸标注。

用户可以使用以下 3 种方法执行该命令:

①在"标注"工具栏中单击 ⊟ (快速标注)图标。

②在菜单栏中执行"标注"/"快速标注"命令。

③在命令行中输入"qdim"命令。

执行该命令后,系统提示信息如下:

命令:_qdim(输入命令)

关联标注优先级＝端点(系统提示信息)

选择要标注的几何图形:指定对角点:找到 6 个(选取标注的对象)

选择要标注的几何图形:

指定尺寸线位置或[连续(C)/并列(S)/基线(B)/坐标(O)/半径(R)/直径(D)/基准点(P)/编辑(E)/设置(T)]<连续>:(指定尺寸位置或选项)

命令:

9.3.12　设置标注间距

标注间距命令可以将重叠的或间距不等的线性标注和角度标注等距离隔开,如图 9-24 所示。

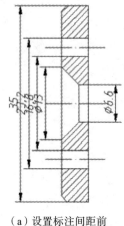
（a）设置标注间距前

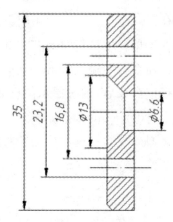
（b）设置标注间距后

图 9-24　设置标注间距

用户可以使用以下 3 种方法执行该命令:

①在"标注"工具栏中单击 图标(等距标注)图标。

②在菜单栏中执行"标注"/"标注间距"命令。

③在命令行中输入"dimspace"命令。

执行该命令后,系统提示信息如下:

命令:DIMSPACE(输入命令)

选择基准标注:(选择基准标注线,即 Φ13 标注线)

选择要产生间距的标注:找到 1 个(选择需要设置间距的标注线)

选择要产生间距的标注:找到 1 个,总计 2 个(依次选择需要设置间距的标注线)

选择要产生间距的标注:找到 1 个,总计 3 个(依次选择需要设置间距的标注线)

选择要产生间距的标注:(按"Enter"键,确定对象选择集)

输入值或[自动(A)]<自动>:(输入产生间距的值)

命令:

当系统提示用户输入标注间距的值时,可以按以下两种方法设置。

①"输入值"选项：指定从基准标注均匀隔开选定标注的间距值。例如，输入值为 0.5，则所有选定标注将以 0.5 的距离隔开。

注意：若用户输入的值为 0，则对齐平行线性标注或角度标注。

②"自动"选项：基于选定的基准标注的文字高度自动计算间距，所得的间距值为标注文字高度的 2 倍。

9.3.13 折断标注

折断标注可以自动或手动的方式将标注或多重引线打断。长度为 97.4 的线性标注从点 A 到点 B 打断后的效果如图 9-25 所示。

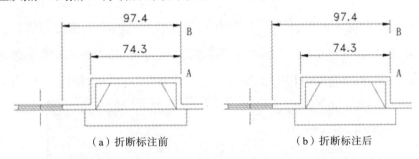

（a）折断标注前　　　　　　　　（b）折断标注后

图 9-25 折断标注示例

用户可以使用以下 3 种方法执行该命令：

①在"标注"工具栏中单击 ▦（折断标注）图标。

②在菜单栏中执行"标注"/"标注打断"命令。

③在命令行中输入"dimbreak"命令。

执行该命令后，系统提示信息如下：

命令：DIMBREAK（输入命令）

选择要添加/删除折断的标注或［多个(M)］：（选取标注对象）

选择要折断标注的对象或［自动(A)/手动(M)/删除(R)］＜自动＞：m（选择折断尺寸标注的方式）

指定第一个断点：（选择打断点 A）

指定第二个断点：（选择打断点 B）

1 个对象已修改（系统提示信息）

命令：

用户选择打断标注对象时，可以选择"自动"和"手动"方式。

①"自动"选项：自动将折断标注放置在与选定标注相交的对象的所有交点外。修改标注或相交对象时，自动更新使用该选项创建的所有折断标注。

②"手动"选项：指定打断点，手动放置折断标注。修改标注或相交对象时，不会更新使用该选项创建的所有折断标注。

9.4　多重引线标注

多重引线标注主要用于标注工程图的标准、说明等。"多重引线"工具栏如图 9-26 所示。

图 9-26　"多重引线"工具栏

9.4.1　创建多重引线标注样式

用户可以自定义多重引线样式，例如指定基线、引线、箭头和内容的格式。用户可以通过单击"多重引线"工具栏上的▨（多重引线样式）图标，或在命令行中输入"mleaderstyle"命令，打开"多重引线样式管理器"对话框，如图 9-27 所示。

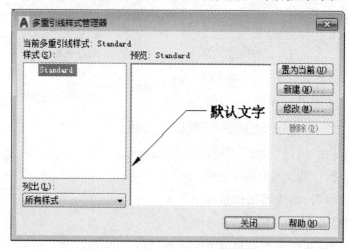

图 9-27　"多重引线样式管理器"对话框

单击"新建"按钮，打开"创建新多重引线样式"对话框，然后在"新样式名"文本框中输入"用户自定义多重引线样式"，如图 9-28 所示。单击"继续"按钮后，打开"修改多重引线样式"对话框。如图 9-29 所示，此对话框共有 3 个选项卡，其功能如下。

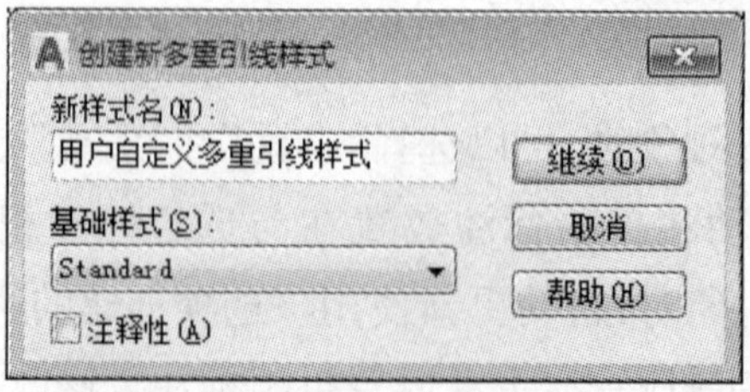

图 9-28　"创建新多重引线样式"对话框

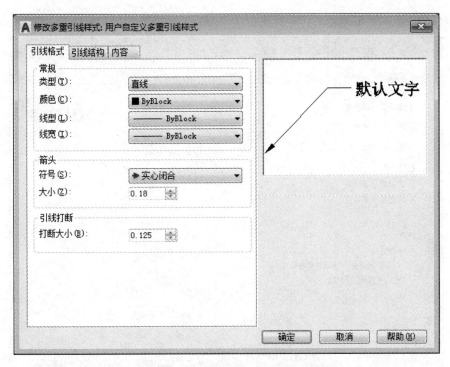

图 9-29　"修改多重引线样式"对话框

(1)"引线格式"选项卡

该选项卡主要用于设置引线的类型及箭头的形状。各选项的含义如下：

①"基本"选项组：主要用于设置引线的类型、颜色、线型和线宽。在"类型"下拉列表框中可以选择"直线""样条曲线"或"无"。

②"箭头"选项卡：用于设置箭头的形状和大小。

③"引线打断"选项卡：用于设置多重引线应用折断标注命令时折断的大小。

(2)"引线结构"选项卡

该选项卡主要用于设置引线的段数、引线每一段的倾斜角度及引线的显示属性，如图 9-30 所示，共 3 个选项组：

①"约束"选项组：用于指定多重引线基线的点的最大数目以及基线中第一个点和第二个点的倾斜角度。

②"基线设置"选项组：用于指定是否自动包含基线及多重引线基线的固定距离。

③"比例"选项组：通过勾选相应的复选框或点选单选按钮，可以指定引线比例的显示方式。

(3)"内容"选项卡

此选项卡主要用于设置引线标注的文字属性。当系统创建多重引线时，用户可以通过"多重引线类型"下拉列表框来切换，在引线中标注多行文字或插入块。

①"文字选项"选项组：用于设置标注文字的属性，如图 9-31 所示，与"文字样

式"对话框基本类似，此处不再赘述。

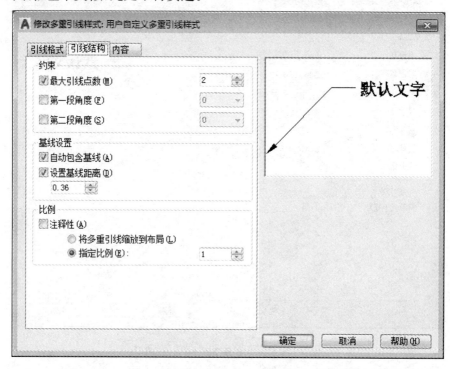

图 9-30　"引线结构"选项卡

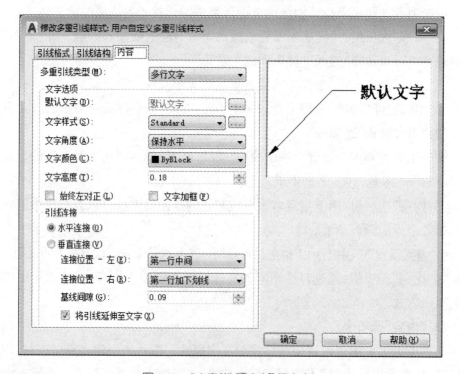

图 9-31　"内容"选项卡（多行文字）

②"块"选项组：用于设定多重引线标注随块的属性，如图 9-32 所示。其中"源块"下拉列表框用于指定多重引线内容的块；"附着"下拉列表框用于指定将块附着到多重引线对象的方式；"颜色"下拉列表框用于指定多重引线块内容的颜色。

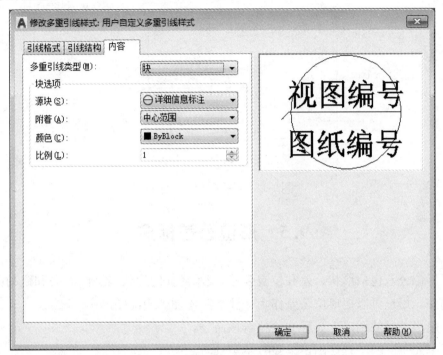

图 9-32　"内容"选项卡(块)

9.4.2　创建多重引线标注

用户创建好自定义多重引线标注样式后，就可以对工程图进行引线标注。

用户可以使用以下 4 种方法执行该命令：

①在"多重引线"工具栏中单击 ⚟ (多重引线)图标。

②在功能区"注释"选项卡中单击 ⚟ (多重引线)图标。

③在菜单栏中执行"标注"/"多重引线"命令。

④在命令行中输入"mleader"命令。

执行命令后，命令行中系统提示：

命令：_mleader(输入命令)

指定引线箭头的位置或［引线基线优先(L)/内容优先(C)/选项(O)］＜选项＞：(指定引线箭头的位置或选项)

指定引线基线的位置：(拖动光标确定引线基线的位置)

注意：多重引线是具有多个选项的引线对象。在创建多重引线时，首先单击确定引线箭头位置,然后在打开的文字输入窗口输入注释内容,完成引线标注,如图 9-33 所示。

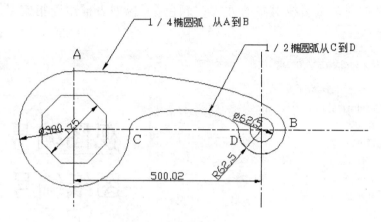

图 9-33   多重引线标注示例

9.5   形位公差标注

形位公差包括形状公差和位置公差,表示特征的形状、轮廓、方向和跳动的允许偏差。用户可以把形位公差作为标注文字添加到当前图形中。

用户可以使用以下 3 种方法执行该命令:

①在"标注"工具栏中单击 ⊕1（公差）图标。

②在菜单栏中执行"标注"/"公差"命令。

③在命令行中输入"tolerance"命令。

执行该命令后,打开"形位公差"对话框,如图 9-34 所示。

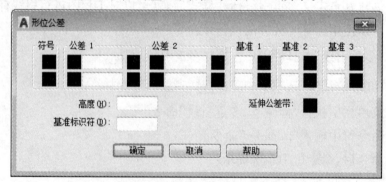

图 9-34   "形位公差"对话框

对话框中各选项功能如下:

①"符号"选项组:用于显示或设置所要标注的形位公差符号。单击"符号"下面的黑框,将打开如图 9-35 所示的"特征符号"对话框,其中各符号的含义如表9-1所示。

图 9-35　"特征符号"对话框　　　　图 9-36　"附加符号"对话框

表 9-1　公差特征符号

符号	含义	符号	含义
	位置		平面度
	同轴度		圆度
	对称度		直线度
	平行度		面轮廓度
	垂直度		线轮廓度
	倾斜度		圆跳动
	柱面性		全跳动

②"公差 1"和"公差 2"选项组：第一个黑方框表示是否需要在公差值前面加符号 Φ；第二个方框为形位公差的值；第三个黑方框表示包容条件，单击黑方框将打开如图 9-36 所示的"附加符号"对话框，其中各符号的含义如表 9-2 所示。

表 9-2　附加符号表

符号	含义
Ⓜ	材料的一般中等状况
Ⓛ	材料的最大状况
Ⓢ	材料的最小状况

9.6　编辑尺寸标注

AutoCAD 2018 为用户提供了尺寸编辑功能，可以方便用户修改已标注的尺寸。

9.6.1　编辑标注

编辑标注用于修改尺寸，用户可以使用以下 3 种方法编辑标注：

①在"标注"工具栏中单击(编辑标注)图标。

②在菜单栏中执行"标注"/"倾斜"命令。

③在命令行中输入"dimedit"命令。

执行命令后,系统提示如下:

命令:_dimedit(输入命令)

输入标注编辑类型［默认(H)/新建(N)/旋转(R)/倾斜(O)］＜默认＞:(选项)

选择对象:(选择编辑对象)

命令行中各选项的功能如下:

①"默认"选项:用于将尺寸标注退回到默认位置。

②"新建"选项:用于打开"多行文字编辑器"窗口来修改尺寸文字。

③"旋转"选项:用于将尺寸文字旋转指定的角度。

④"倾斜"选项:用于指定尺寸界线的旋转角度。

9.6.2　编辑标注文字

用户可以使用以下 3 种方法编辑标注文字:

①在"标注"工具栏中单击(编辑标注文字)图标。

②在菜单栏中执行"标注"/"对齐文字"命令。

③在命令行中输入"dimtedit"命令。

执行命令后,系统提示如下:

命令:_dimtedit(输入命令)

选择标注:(选择需要编辑的标注)

指定标注文字的新位置或［左(L)/右(R)/中心(C)/默认(H)/角度(A)］:
(指定位置或选项)

9.6.3　更新尺寸标注

更新尺寸标注可使尺寸标注采用当前的标注样式。但是更新尺寸标注在修改当前标注样式之后才有效。

用户可以使用以下 3 种方法更新尺寸标注:

①在"标注"工具栏中单击(标注更新)图标。

②在菜单栏中执行"标注"/"更新"命令。

③在命令行中输入"dimstyle"命令。

执行命令后,系统提示如下:

命令:_-dimstyle(输入命令)

当前标注样式:ISO-25　注释性:否（系统提示)

输入标注样式选项[注释性(AN)/保存(S)/恢复(R)/状态(ST)/变量(V)/应用(A)/?]＜恢复＞:(选项)

命令行中各选项的功能如下:

①"保存"选项:用于存储当前新标注样式。

②"恢复"选项:用于以新的标注样式替代原有的标注样式。

③"状态"选项:用于文本窗口显示当前标注样式的设置数据。

④"变量"选项:用于选择一个尺寸标注,在文本窗口自动显示有关数据。

⑤"应用"选项:将所选择的标注样式应用到被选择的标注对象上。

例9.2 绘制如图 9-37 所示的某住宅阁楼平面图,并标注尺寸。

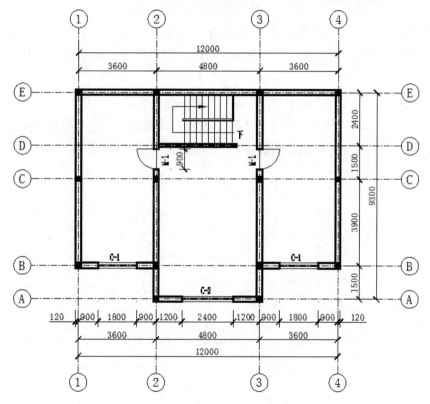

图 9-37 某住宅阁楼平面图

步骤一:新建图层

执行"layer"(图层)命令,打开"图层特征管理器"对话框,新建"定位轴线""定位轴线符号""标注""窗户""楼梯""门""墙体""文字"和"柱子"等图层,如图 9-38 所示。

步骤二:绘制定位轴线

将"定位轴线"图层设置为当前图层。打开界面底部的"正交"模式开关,绘制水平和垂直的直线。

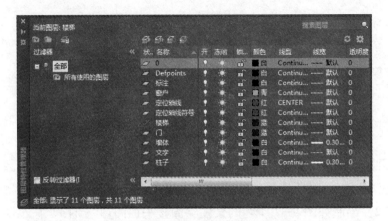

图 9-38　新建图层

①执行"line"（直线）命令，在屏幕上方画一条水平长度为 17000 的直线。

②执行"offset"（偏移）命令，根据右方标注从上到下依次偏移 2400、1500、3900、1500。

③执行"line"（直线）命令，在屏幕左方画一条垂直长度为 15000 的直线。

④执行"offset"（偏移）命令，根据上方标注从左到右依次偏移 3600、4800、3600，与水平直线一起构成本图的轴网，如图 9-39 所示。

图 9-39　轴　网

步骤三：绘制定位轴线符号

①将"定位轴线符号"图层设置为当前图层。

②绘制直径为 400 的圆，在命令行输入"block"命令，创建名为"定位轴线符号"的块，拾取圆心为"基点"，点击"确定"按钮，如图 9-40 所示。

③在圆中输入相应的轴线符号（数字或字母），完成定位轴线符号标注，如图 9-41 所示。

图 9-40　定义"定位轴线符号"块

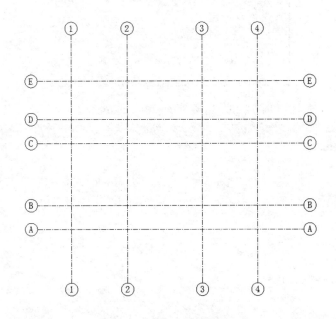

图 9-41　标注定位轴线符号

步骤四：绘制墙体

本例中的墙体分为承重墙和隔断墙，承重墙厚为 240，隔断墙厚为 120。

①在菜单栏中执行"格式"/"多线样式"命令，打开"多线样式"对话框，如图 9-42所示。单击"新建"按钮，在弹出的"创建新的多线样式"对话框中新建"wall" 多线样式，如图 9-43 所示。单击"继续"按钮，进入"新建多线样式"对话框，勾选 "直线(L)"中的"起点"和"端点"复选框，如图 9-44 所示。

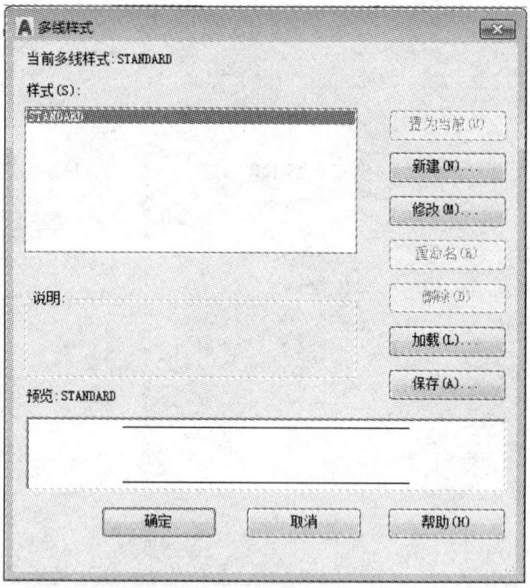

图 9-42 "多线样式"对话框

图 9-43 "创建新的多线样式"对话框

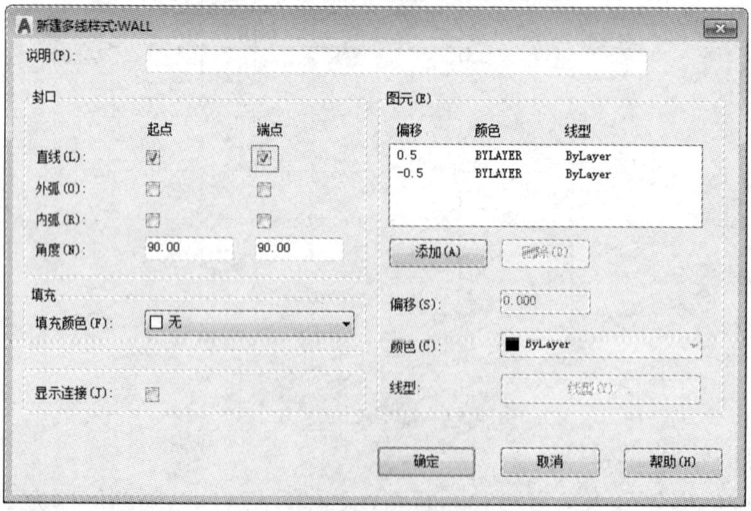

图 9-44 "新建多线样式"对话框

②绘制厚为 240 的墙体：将"墙体"图层设置为当前图层。执行"多线"命令，开始绘制厚为 240 的墙体。

系统提示如下：

命令：_mline(执行"多线"命令)

MLINE 指定起点或[对正(J)比例(S)样式(ST)]：J(选择对正类型)

MLINE 输入对正类型[上(T)中(Z)下(B)]：Z(选择正中对正)

MLINE 指定起点或[对正(J)比例(S)样式(ST)]：ST(选择多线样式)

MLINE 输入多线样式名称或[?]：wall(选择"wall"样式)

MLINE 指定起点或[对正(J)比例(S)样式(ST)]：S(设置比例)

MLINE 输入多线比例：240(先绘制厚为 240 的墙体)

当前设置：对正＝无,比例＝240,样式＝wall

MLINE 指定起点或[对正(J)比例(S)样式(ST)]：(鼠标左键单击轴线以绘制墙体)

③绘制厚为 120 的墙体：执行"mline"(多线)命令,将比例设置为 120,然后开始绘制厚为 120 的墙体。墙体绘制完成后如图 9-45 所示。

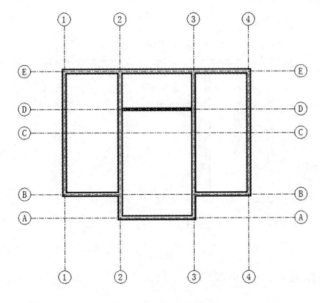

图 9-45　墙体的绘制

步骤五：绘制门窗

绘制门窗之前,首先要将门窗洞口打开。

①门洞和窗洞。执行"line"(直线)和"offset"(偏移)命令,创建出门窗洞口的位置,如图 9-46 所示。

②执行"layer"(图层)命令,打开"图层特性管理器"对话框,隐藏"定位轴线"和"定位轴线符号"两个图层;再执行"trim"(修剪)命令,对线条进行剪切,完成门窗洞口的绘制,如图 9-47 所示。

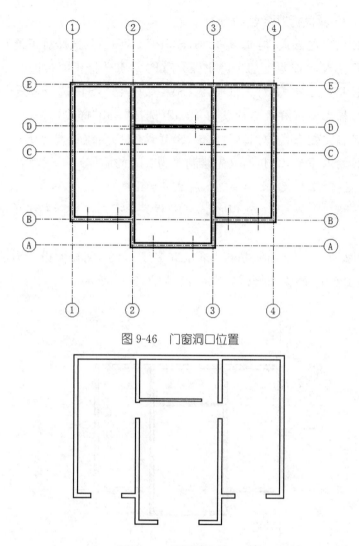

图 9-46　门窗洞口位置

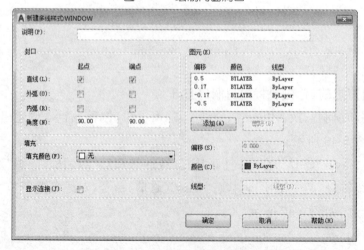

图 9-47　绘制门窗洞口

图 9-48　"新建多线样式"对话框

③绘制窗户：新建以"window"命名的多线样式，如图 9-48 所示。设置完成后将"window"多线样式置为当前样式。将"窗户"图层置为当前图层，执行"mline"（多线）命令，将比例设置为 240，多线样式设置为"window"，绘制窗户，结果如图9-49 所示。

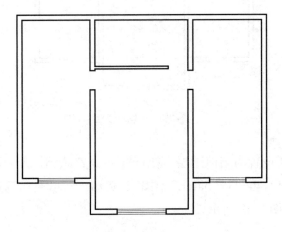

图 9-49 绘制窗户

④绘制门。门的尺寸为 900。将"门"图层设置为当前图层，执行"line"（直线）命令，绘制两条长度为 900 且相互垂直的直线。然后执行"arc"（圆弧）命令，选择"起点、圆心、端点"选项方式，完成门的绘制，如图 9-50 所示。

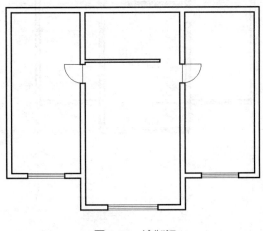

图 9-50 绘制门

步骤五：绘制楼梯

①将"楼梯"图层设置为当前图层。楼梯的长度为 1050，宽度为 280。执行"line"（直线）命令，在指定位置绘制一条长度为 1050 的直线垂直于墙体，再执行"offset"（偏移）命令完成楼梯的绘制。

②执行"mline"（多段线）命令，完成箭头的绘制。箭头的起点宽度为 100，终点宽度为 0，长度为 400，如图 9-51 所示。

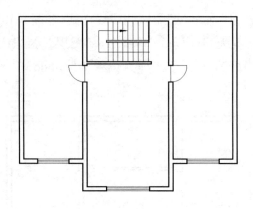

图 9-51　绘制楼梯

步骤六:绘制柱子

将"柱子"图层设置为当前图层。执行"rectang"(矩形)命令,在轴线交点处绘制 240×240 的矩形,再执行"hatch"(图案填充)命令,填充样例选择"SOLID",完成柱子的绘制,如图 9-52 所示。

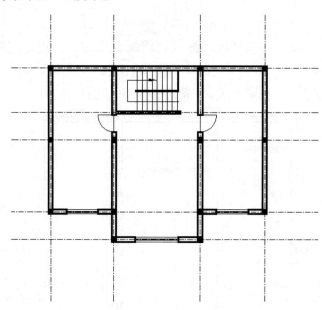

图 9-52　柱子完成图

步骤七:尺寸标注

①将"标注"图层设置为当前图层。

②在菜单栏中执行"格式"/"标注样式"命令,打开"标注样式管理器"对话框,如图 9-53 所示,选择"ISO-25"样式为基础,点击"修改"按钮。

③在弹出的"修改标注样式"对话框中,选择"线"选项卡,将"基线间距(A)"设置为 800,"超出尺寸线(X)"设置为 250,"起点偏移量"设置为 400,其他为默认值,如图 9-54 所示。

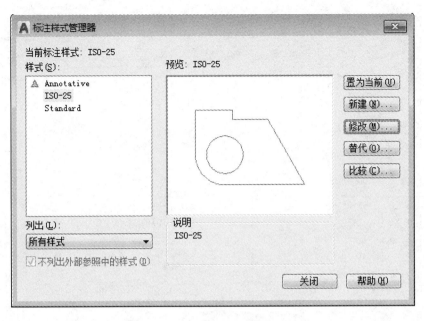

图 9-53　标注样式管理器对话框

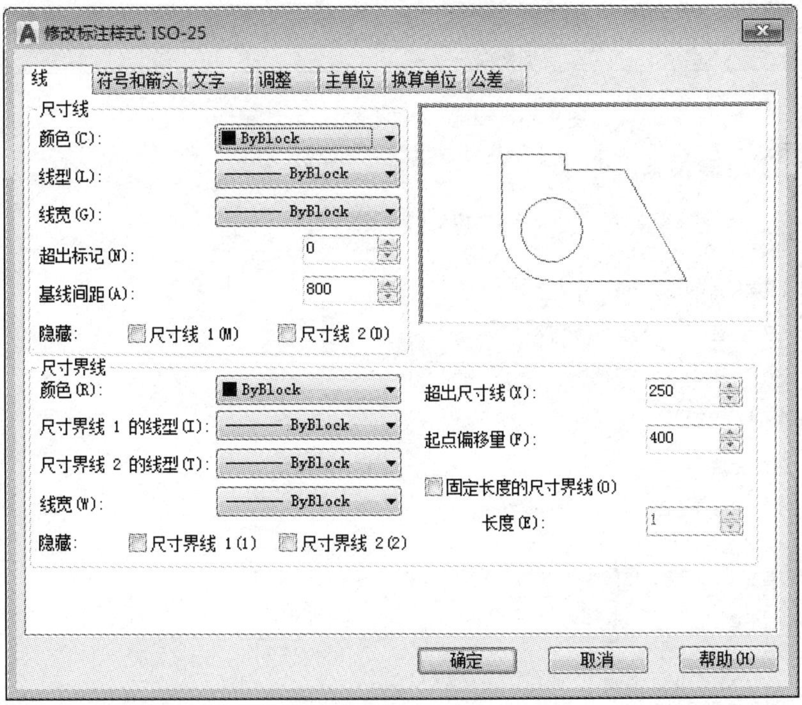

图 9-54　设置"线"标注属性

　　④选择"符号和箭头"选项卡，单击"箭头"选项组中"第一个"和"第二个"选项的下拉按钮，选择"建筑标记"选项，将"箭头大小"设置为 250，其他为默认值，如图 9-55 所示。

　　⑤选择"文字"选项卡，将"文字高度"设置为 300，其他为默认值，如图 9-56 所示。

图 9-55 设置"符号和箭头"标注属性

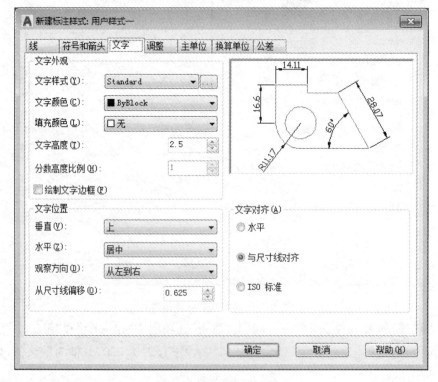

图 9-56 设置"文字"标注属性

⑥执行"dimlinear"（线性标注）命令，在状态栏中打开"对象捕捉"开关，完成第一个标注，如图 9-57 所示。再执行"dimcontinue"（连续标注）命令，完成第一道标注，如图 9-58 所示。用同样的方法完成其余部分的标注，结果如图 9-37 所示。

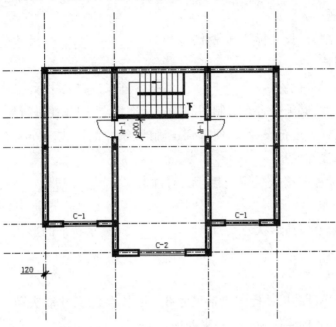

图 9-57　第一个标注图

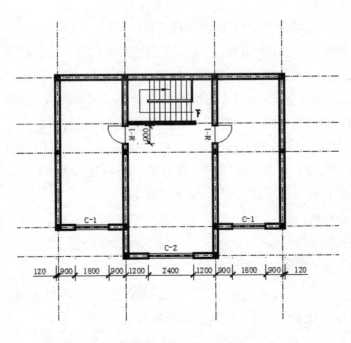

图 9-58　第一道标注图

思考与练习

一、填空题

(1)一个完整的尺寸标注通常由尺寸线、_____ 、尺寸箭头和尺寸文字四个部分组成。

(2)AutoCAD 提供_____系统变量来控制尺寸标注的关联性。

(3)尺寸标注必须符合有关制图的国家标准规定,因此在进行尺寸标注时,要对尺寸标注的样式进行设置,以便得到正确的、统一的样式,AutoCAD 2018 系统默认的尺寸标注样式是_____。

(4)公差标注的格式类型包括:无、对称、_____、极限尺寸和基本尺寸。

(5)形位公差包括形状公差和_____,表示特征的形状、轮廓、方向和跳动的允许偏差。

二、选择题

(1)AutoCAD 的尺寸标注包括尺寸线、尺寸界线、尺寸箭头和尺寸文字。一般情况下,将尺寸标注作为(　　)来处理。

    A. 各自独立的对象　　　　　　　　B. 一个图块

    C. 一个组对象　　　　　　　　　　D. 没有定义

(2)用(　　)能够标注出斜线、斜面的尺寸。

    A. 线性标注　　　B. 对齐标注　　　C. 连续标注　　　D. 基线标注

(3)在实际设计工作中,当标注不能精确表示实际尺寸时,会将折弯添加到线性标注中。通常情况下,实际尺寸比所需的值稍小。该标注方式为(　　),与半径标注方式基本相同,但需要指定一个位置代替圆或圆弧的圆心。

    A. 引线标注　　　B. 折弯标注　　　C. 快速标注　　　D. 公差标注

(4)多重引线是具有多个选项的引线对象。在创建多重引线时,首先单击确定(　　),然后再打开文字输入窗口,输入注释内容。

    A. 文字插入点位置　　　　　　　　B. 引线符号位置

    C. 引线箭头位置　　　　　　　　　D. 引线标注位置

(5)形位公差中 符号是指(　　)。

    A. 对称度　　　B. 位置度　　　C. 圆跳动　　　D. 全跳动

(6)编辑标注和编辑标注文字的命令分别是(　　)。

    A. dimtedit 和 dimedit　　　　　　B. dimedit 和 dimtedit

    C. dimtedit 和 dimstyle　　　　　　D. dimedit 和 dimstyle

三、简答题

(1)用户对绘制的图形进行尺寸标注时应遵循的规则是什么?

(2)在 AutoCAD 中对图形进行尺寸标注时,通常需按照几个步骤完成?

(3)对齐标注与线性旋转标注有什么区别?

(4)基线标注和连续标注有何相同点?

四、操作题

按照所列出的尺寸要求绘制下列图形,并完成尺寸标注。

图 9-59

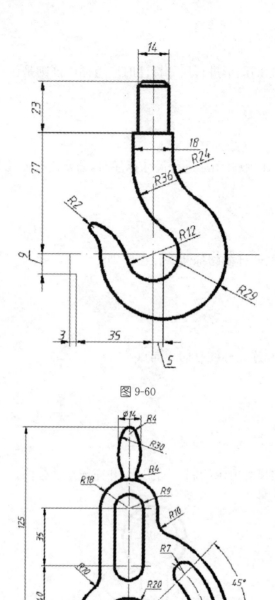

图 9-60

图 9-61

扫一扫，获取参考答案

第 10 章　三维物体的观察

前面的章节重点介绍了 AutoCAD 2018 的二维绘图功能。在工程制图中,用户不仅要能熟练地绘制平面图形,还要能够精准地绘制三维图形,如机械制图中的零件图、装配图等。

本章主要介绍三维图形的观察、三维视图的设置以及轴测图的绘制等方面的内容,可为三维对象的绘制打好基础。

10.1　三视图

如果将人的视线规定为平行投影线,然后正对着物体看过去,那么,将所见物体的轮廓用正投影法绘制出来的图形就称为视图,如图 10-1 所示。

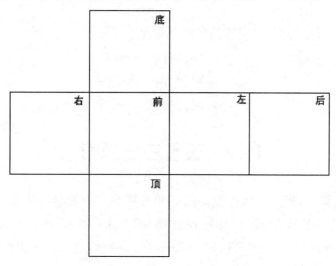

图 10-1　正投影视图图解

一个物体有六个视图:从物体的前面向后面投影所得的视图称为主视图,能反映物体的前面形状;从物体的上面向下面投影所得的视图称为俯视图,能反映物体的上面形状;从物体的左面向右面投影所得的视图称为左视图,能反映物体的左面形状;其他三个视图不是很常用。三视图就是主视图、俯视图、左视图的总称。

一个视图只能反映物体一个方位的形状,不能完整地反映物体的结构形状。三视图是从三个不同方向对同一个物体进行投射的结果,如图 10-2 所示,结合剖面图、半剖面图等,基本能完整地表达物体的结构。

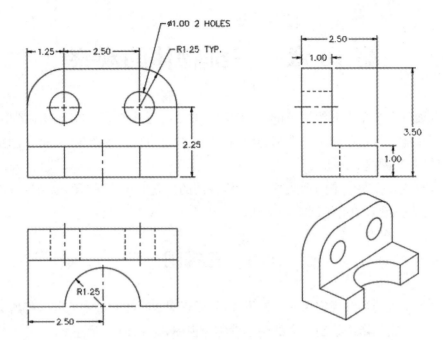

图 10-2　三视图示例

从图 10-2 可以看出，三视图的投影规则是：

主视、俯视　长对正

主视、左视　高平齐

左视、俯视　宽相等

10.2　设置三维视图

在绘图过程中，我们要从各个不同的角度观察三维物体。因此，需要在三维视图中不断地调整视角，将目标定位在物体的某一侧，并将其显示在屏幕上。AutoCAD 2018 提供了"视图"工具栏，如图 10-3 所示，可以让三维物体沿不同的方向显示其投影视图。

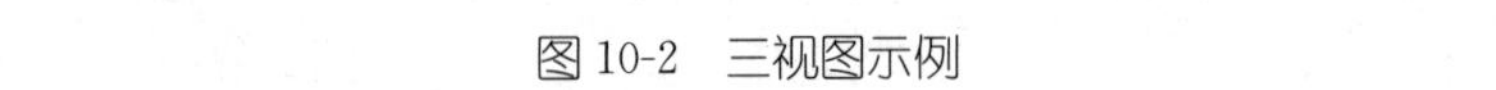

图 10-3　"视图"工具栏

10.2.1　设置视点

在绘制平面图形时，系统采用的是屏幕坐标系，即 XY 平面与计算机屏幕所在的平面是平齐的。但是在三维造型时，为了能够观察图形对象的局部结构，需要通过改变视点来呈现不同的投影视图。

用户可使用以下 2 种方法完成该操作：

①在菜单栏中执行"视图"/"三维视图"/"视点"命令。

②在命令行中输入"-vpoint"命令。

执行该命令后，系统提示：

命令：_-vpoint　（输入命令）

当前视图方向：VIEWDIR＝0.0000,0.0000,1.0000（系统默认主视图为当前视图方向）

指定视点或［旋转（R）］＜显示坐标球和三轴架＞：（指定视点位置或选项）

命令：

命令行中各选项的含义如下：

①"视点"选项：系统默认项，用于确定一点作为视点方向。当显示一个三维方向的投影视图时，必须有一个三维观察方向，即投影视图平面的法线方向。此法线由坐标原点和用户指定的视点确定。表 10-1 列出了各种标准视图的视点、XY 平面中与 X 轴的夹角及与 XY 平面的夹角。

表 10-1　标准视图参数

视图名称	视点	XY 平面中与 X 轴的夹角	与 XY 平面的夹角
俯视	0,0,1	270	90
仰视	0,0,−1	270	−90
左视	−1,0,0	180	0
右视	1,0,0	0	0
主视	0,−1,0	270	0
后视	0,1,0	90	0
西南等轴测	−1,−1,1	225	45
东南等轴测	1,−1,1	315	45
东北等轴测	1,1,1	45	45
西北等轴测	−1,1,1	135	45

注意：确定视点的位置是相对于 WCS（世界坐标系）的。若当前的坐标系是 UCS（用户坐标系），执行该命令后，系统将根据 WCS 确定视点并显示相应的投影视图；但当命令执行完成后，坐标系仍为当前的 UCS。

②"旋转"选项：可使用两个角度指定新方向。第一个角是 XY 平面与 X 轴的夹角；第二个角是与 XY 平面的夹角，正值位于 XY 平面上方，负值则位于 XY 平面下方。

③"显示坐标球和三轴架"选项：如果直接按"Enter"键，则系统出现坐标球和三轴架。此时，用户可以拖动光标，使光标在坐标球范围内移动，而三轴架的 X 轴

和 Y 轴会绕着 Z 轴转动,如图 10-4 所示。三轴架转动的角度与光标在坐标球上的位置相对应。如果光标在坐标球上的位置不同,那么相应的视点也不相同。

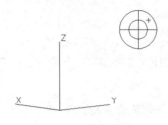

图 10-4　坐标球与三轴架

10.2.2　预置视点

视点预置是通过用户输入一个点的坐标值或测量 2 个旋转角度来定义观察方向的。

用户可使用以下 2 种方法完成该操作:

①在菜单栏中执行"视图"/"三维视图"/"视点预设"命令。

②在命令行中输入"ddvpoint"命令。

执行该命令后,系统打开"视点预设"对话框,如图 10-5 所示。

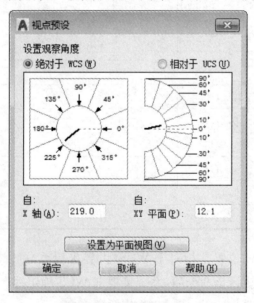

图 10-5　"视点预设"对话框

此对话框中各选项的功能如下:

①"设置观察角度"选项:共有 2 种坐标系统(世界坐标系和用户坐标系),可通过选择相应的单选按钮来确定。

②"X 轴"和"XY 平面"文本框:用于指定与 X 轴的夹角、与 XY 平面的夹角。

③"设置为平面视图"按钮:设置相对于指定坐标系显示平面视图。

10.3 轴测图

轴测图是模拟三维立体的二维图形,是使用平面图形绘制的三维物体,因此轴测图仍然属于平面图形。轴测图在工程中应用较为广泛,如图 10-2 右下角所示的图形就是轴测图。

10.3.1 轴测图模式

(1)轴测图的产生

轴测图是用平面绘图方法绘制的三维对象在某一方向上的投影视图。轴测图也有 X 轴、Y 轴和 Z 轴,如图 10-6 所示,等轴测图的坐标轴分别与世界坐标系下 X 轴成 30°、150°和 90°角。

轴测图的 3 个坐标轴构成了左侧面、右侧面和顶面,如图 10-7 所示。

①左侧面:表示使用 150°和 90°这一对轴定义的平面。

②顶面:表示使用 30°和 150°这一对轴定义的平面。

③右侧面:表示使用 30°和 90°这一对轴定义的平面。

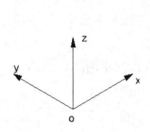

图 10-6 等轴测图的坐标轴　　　　图 10-7 等轴测平面示意图

(2)轴测图的设置

等轴测图应该在执行等轴测捕捉模式后进行绘制。AutoCAD 2018 提供了 isoplane 空间,用于等轴测图绘制,用户可以按以下步骤设置:

①用户可以使用以下 3 种方式设置"等轴测捕捉"。

a.在菜单栏中执行"工具"/"草图设置"命令。

b.在状态栏中右击▨(显示图形栅格)图标,在弹出的快捷菜单中选择"网络设置"选项。

c.在状态栏中右击▨(捕捉模式)图标,在弹出的快捷菜单中选择"捕捉设置"选项。

执行以上操作之一,系统打开"草图设置"对话框的"捕捉和栅格"选项卡。在

"捕捉类型"选项组中点选"等轴测捕捉",如图 10-8 所示。

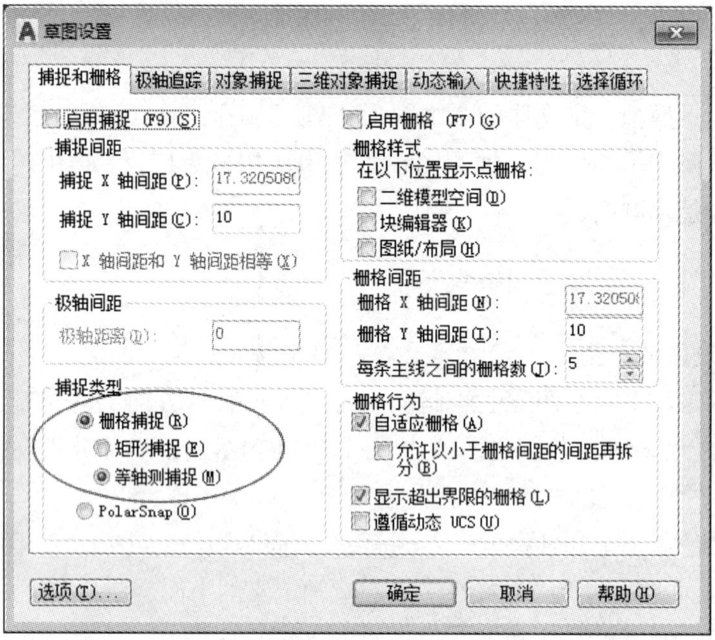

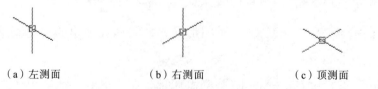

图 10-8　等轴测捕捉模式设置

用户也可以在状态栏中单击 ◢ ▾（等轴测草图）图标，打开等轴测捕捉。设置成"等轴测捕捉"模式后，屏幕上光标就处于等轴测平面上了。不同的等轴测平面上，光标的形状是不一样的，如图 10-9 所示。

②用户可以通过以下 3 种方式在不同的等轴测平面间切换：

a. 命令行中输入"isoplane"命令。

b. 键盘上按"F5"键。

c. 键盘上按"Ctrl＋E"组合键。

d. 在状态栏中单击 ◢ ▾（等轴测草图）图标右下角的下拉按钮。

系统提示：

命令：isoplane(输入命令)

当前等轴测平面：左(系统提示信息)

输入等轴测平面设置［左(L)/上(T)/右(R)］＜上＞：(选择等轴测平面)

（a）左测面　　　　　（b）右测面　　　　　（c）顶测面

图 10-9　等轴测平面光标显示

③绘制轴测图中的圆。三个等轴测平面中的圆看上去都成了椭圆。在

AutoCAD 2018 中,可通过椭圆或椭圆弧命令中的"等轴测圆"选项来绘制等轴测图中的圆或圆弧。

命令行提示如下:

命令:_ellipse(输入命令)

指定椭圆轴的端点或 [圆弧(A)/中心点(C)/等轴测圆(I)]:I(选择等轴测圆)

指定等轴测圆的圆心:(指定圆心)

指定等轴测圆的半径或 [直径(D)]:(指定半径)

命令:

在不同的等轴测平面上,等轴测圆的形状如图 10-10 所示。

（a）左侧面　　　　（b）右侧面　　　　（c）顶侧面

图 10-10　等轴测圆的形状

注意:只有在当前光标捕捉方式为等轴测捕捉模式时,"等轴测圆"选项才会出现在"椭圆"或"椭圆弧"命令中。

10.3.2　轴测图的绘制

绘制处于等轴测平面上的图形时,应该使用正交模式绘制直线,也可以通过指定极轴角度的方式绘制直线。

例 10.1　以图 10-2 所示的图形为例,说明一下轴测图的基本绘制方法。

步骤一:轴测模式设置

设置等轴测捕捉模式,并在"草图设置"对话框的"对象捕捉"选项卡中,启用对象捕捉,设置"端点""中点"和"交点"等捕捉模式。

步骤二:轴测图绘制

①在状态栏中单击"正交"图标,打开正交模式。

②绘制轮廓线:

a.执行"直线"命令,并在键盘上按"F5"键,切换到左侧面,根据图 10-2 所示的三视图尺寸,绘制好如图 10-11(a)所示的图形。

b.在键盘上按"F5"键,切换到顶面,执行"直线"命令,分别以点 A、点 B、点 C 和点 M 为起点绘制长为 50 的线段,并将端点连接,如图 10-11(b)所示,点 E 和点 F 为对应线段的中点。

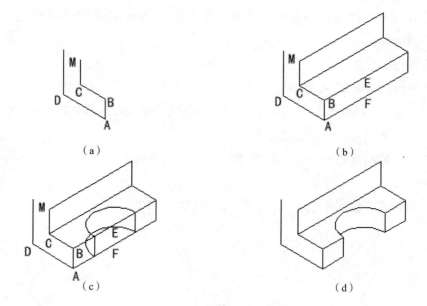

（a）　　　　　　　　（b）

（c）　　　　　　　　（d）

图 10-11　绘制轴测图示例 1

c. 分别以点 E 和点 F 为圆心，执行"椭圆弧"命令，在顶面中绘制半径为 12.5 的圆弧，如图 10-11(c)所示。

d. 执行"修剪"命令，将多余的线条删除，如图 10-11(d)所示。

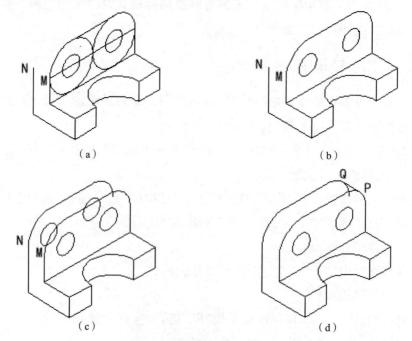

（a）　　　　　　　　（b）

（c）　　　　　　　　（d）

图 10-12　绘制轴测图示例 2

e. 在键盘上按"F5"键，将等轴平面切换到右侧面，执行"椭圆"命令；当系统要求指定等轴测圆圆心时，打开对象捕捉追踪，将光标放在点 M 附近，拖动光标将出现水平方向的反向延长线,此时输入"-12.5";当系统要求指定半径时,再输入半径值 12.5,得到如图 10-12(a)所示与点 M 相切的等轴测圆。

f. 再执行"椭圆"命令,绘制半径为 5.0 的同心圆。

g. 执行"复制"命令,选择两同心圆,指定基点位置,打开正交模式,在右侧面内拖动光标,显示平行于 X 轴(与水平正东方向夹 30°)方向时,输入长度值 25,完成的结果如图 10-12(a)所示。

h. 在右侧面内绘制半径为 12.5 的两个等轴测圆的外公切线,并删除多余的线条,如图 10-12(b)所示。

i. 按"F5"键,将等轴平面切换到左侧面内,执行"复制"命令,选择半径为 5.0 的等轴测圆、半径为 12.5 的圆弧以及外公切线,选择点 M 为复制的基点,点 N 为复制的目标点,完成操作后的结果如图 10-12(c)所示。

j. 删除复制后得到半径为 5.0 的两个圆,执行"直线"命令,连接两圆弧所在的中点 P 和 Q,如图 10-12(d)所示。执行"修剪"命令,删除多余的线条,结果如图 10-13 所示。

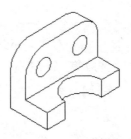

图 10-13　完整的等轴测图

10.3.3　轴测图的标注

轴测图可以表达 X 轴、Y 轴和 Z 轴的图形信息,与正交平面图 XY 平面中的标注有很大的差别。在工程制图中,准确地标注等轴测图是非常必要的。

(1)文字标注

在轴测图中标注文字必须设置倾斜角度和旋转角度,使标注的文字看上去处于等轴测平面上。

①左侧面上设置文字的倾斜角度为 -30°,旋转角度为 -30°。

②右侧面上设置文字的倾斜角度为 30°,旋转角度为 30°。

③顶面上设置文字的倾斜角度为 -30°,旋转角度为 30°;或倾斜角度为 30°,旋转角度为 -30°。

(2)尺寸标注

在轴测图中标注的尺寸一定要位于等轴测平面上。用户可以按如下方法操作:

①设置专用的轴测图标注文字样式,分别倾斜30°和－30°。

②执行对齐标注(dimaligned)或线性标注(dimlinear)命令。

③通过编辑标注(dimedit)命令的"倾斜"选项改变尺寸标注的角度,使尺寸位于等轴测平面上。设置角度时可以通过端点捕捉,也可以直接输入角度。

例 10.2 以图 10-13 为例,标注尺寸。

①设置标注尺寸的文字样式。在菜单栏中执行"格式"/"文字样式"命令,打开"新建文字样式"对话框,新建名为"倾斜30°文字样式",将其倾斜角设定为30°;再打开"新建文字样式"对话框,新建名为"倾斜－30°文字样式",并将其倾斜角设定为－30°。

②设置尺寸标注样式。在菜单栏中执行"标注"/"标注样式"命令,打开"标注样式管理器"对话框,单击"替代"按钮后,设置好相关参数。

③标注尺寸。将"倾斜30°文字样式"设定为当前文字样式。使用对齐标注(dimaligned)命令,标注如图 10-13 所示轴测图下底面圆弧的直径,如图 10-14 所示。系统提示如下:

命令:_dimaligned(输入命令)

指定第一条尺寸界线原点或 <选择对象>:(选取第一个端点)

指定第二条尺寸界线原点:(选取第二个端点)

指定尺寸线位置或[多行文字(M)/文字(T)/角度(A)]:t(选择单行输入文字选项)

输入标注文字 <25>:%%C25 (输入 Φ25)

指定尺寸线位置或[多行文字(M)/文字(T)/角度(A)]:(指定尺寸线的位置)

标注文字 = 25

命令:

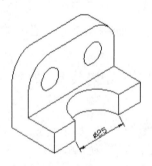
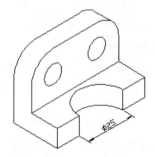

图 10-14　使用对齐标注　　　　　　图 10-15　倾斜对齐标注

④调整尺寸方向。标注的尺寸应该位于对应的轴测平面内,即顶面。

在菜单栏中执行"标注"/"倾斜"命令,将对齐标注倾斜－30°,如图 10-15 所示。系统提示如下:

命令：DIMEDIT(输入命令)

输入标注编辑类型［默认(H)/新建(N)/旋转(R)/倾斜(O)］＜默认＞：o(倾斜标注)

选择对象：(选择需要倾斜标注的对象)

输入倾斜角度（按 ENTER 表示无）：－30（指定倾斜角度）

命令：

⑤在顶面执行对齐标注命令，完成其他标注，如图 10-16 所示。

⑥将"倾斜 30°文字样式"设定为当前文字样式。执行对齐标注命令，并将其旋转角度设为 30°，完成右侧面内尺寸的标注，如图 10-17 所示。

⑦将"倾斜－30°文字样式"设定为当前文字样式。执行对齐标注命令，并将其旋转角度设为－30°，完成左侧面内尺寸的标注，如图 10-18 所示。

⑧在左侧面执行对齐标注命令，完成等轴测图的标注，如图 10-19 所示。

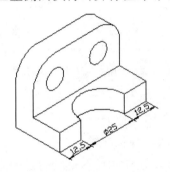

图 10-16　顶面尺寸标注

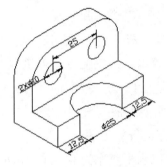

图 10-17　右侧面尺寸标注

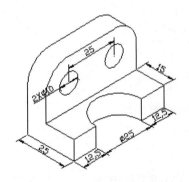

图 10-18　左侧面尺寸标注

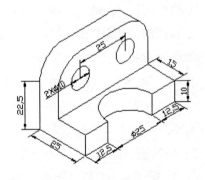

图 10-19　等轴测图标注

思考与练习

一、填空题

(1)通常所说的三视图即主视图、_____、左视图的总称。

(2)AutoCAD 中西南等轴测视图的视点坐标是_____。

(3)系统打开等轴测捕捉后,用户在键盘上按下_____组合键,可以在左侧面、右侧面和顶面三个侧面切换。

(4)在轴测图中标注的尺寸,一定要位于轴测平面上,设置专用的轴测图标注文字样式,分别需要倾斜_____。

二、选择题

(1)三视图的投影规则是:主视图和俯视图(   )相等;主视图和左视图
(   )相等;左视图和俯视图(   )相等。

A.长　宽　高　　B.长　高　宽　　C.宽　长　高　　D.宽　高　长

(2)若以一条三维方向矢量线与在 XY 平面上的角度为 135°,且和 XY 平面所成角度为 45°为观察方向,所得到的视图是(   )。

A. 西南等轴测图　　　　　　　　B. 东南等轴测图

C. 东北等轴测图　　　　　　　　D. 西北等轴测图

(3)以水平正东为 0°方向,下列关于轴测面的描述中,不正确的是(   )。

A. 左侧面使用 150°和 90°这一对轴定义的平面

B. 顶面使用 30°和 150°这一对轴定义的平面

C. 右侧面使用 30°和 90°这一对轴定义的平面

D. 等轴测平面没有定义

(4)对等轴测图执行对齐标注或线性标注命令后,可使用编辑标注命令的
(   )选项改变尺寸标注的角度,使尺寸位于等轴测平面上。

A. 对齐　　　　　　B. 旋转　　　　　　C. 角度　　　　　　D. 倾斜

三、简答题

(1)等轴测图是怎样产生的? 请写出等轴测圆的绘制方法。

(2)等轴测图是如何标注的?

四、操作题

绘制如图 10-20 所示的等轴测图。

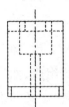
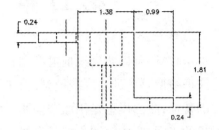
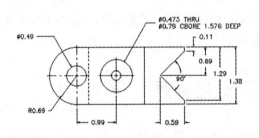
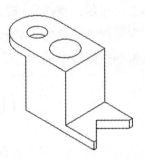

图 10-20　等轴测图练习

第 11 章　三维曲面

AutoCAD 可以使用线框模型、曲面模型和实体模型三种方式来创建三维图形。线框模型是一种轮廓线模型，由三维直线和曲线组成，如三维螺旋线，没有面和体的特征；曲面模型是用面来描述三维对象的，不仅定义三维对象的边界，还定义对象的表面；实体模型不仅具有线、面的特征，还具有体的特征。用户可以通过对实体进行布尔运算，创建较为复杂的三维对象，具体创建方法将在下一章具体说明。本章读者应掌握用 AutoCAD 2018 创建三维对象必备的基础知识，以及用线框模型和曲面模型创建三维对象的方法。

11.1　三维坐标系

在 AutoCAD 中，用户要创建和观察三维图形，就必须灵活应用三维坐标系和三维坐标，树立正确的三维空间观念。

11.1.1　柱面坐标

柱面坐标使用 3 个参数表示空间点，分别为空间点 P 在 XY 平面的射影到坐标原点的距离、空间点 P 在 XY 平面上的射影与坐标原点的连线与 X 轴正方向的夹角、Z 坐标，如图 11-1 所示。柱面坐标可以理解为空间点 P 在 XY 平面内的射影点是使用平面坐标系的极坐标表示的，Z 坐标的值表示该点距离 XY 平面的高度，Z 坐标的正负表示该点位于 Z 轴的正负方向。例如，柱面坐标（200＜30，120）表示该点在 XY 平面内的射影到坐标原点的距离为 200，与坐标原点的连线与 X 轴正方向夹 30°角，且该点位于 Z 轴正方向，到 XY 平面的距离为 120。

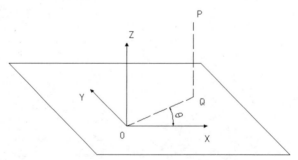

XY 距离：OQ；XY 平面角度：θ；Z 轴坐标值：$|PQ|$

图 11-1　柱面坐标示意图

11.1.2 球面坐标

球面坐标使用 3 个参数表示空间点,分别为空间点 P 到坐标原点的距离、空间点 P 与坐标原点的连线与 XY 平面所成的角度、空间点 P 在 XY 平面上的射影与坐标原点的连线与 X 轴正方向的夹角,如图 11-2 所示。例如,球面坐标(200＜60＜45)表示该点到坐标原点的距离为 200,该点与坐标原点的连线与 XY 平面所成的角度为 60°,且其连线在 XY 平面上的射影与 X 轴正方向夹 45°角。

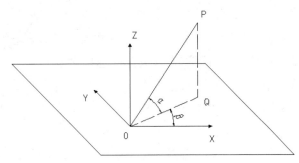

XYZ 距离:$|OP|$;与 XY 平面所成的角度:α;XY 平面的夹角:β

图 11-2 球面坐标示意图

11.2 用户坐标系

AutoCAD 有两种坐标系,世界坐标系(WCS)和用户坐标系(UCS)。世界坐标系也可以称为通用坐标系或绝对坐标系,是单一的、固定不变的。对于平面图形,世界坐标系完全能满足绘图的要求。但创建三维对象时,有时需要修改坐标系的原点和方向,这就需要建立用户坐标系。用户坐标系工具栏如图 11-3 所示。

图 11-3 "UCS"和"UCS Ⅱ"工具栏

用户可以通过以下 3 种方式新建 UCS:

①在"UCS"工具栏中单击 ▣ (管理用户坐标系)图标。

②在菜单栏中执行"工具"/"新建 UCS"选项中的任一子命令。

③在命令行中输入"ucs"命令。

执行该命令后,系统提示如下:

命令:_ucs(输入命令)

当前 UCS 名称：＊世界＊（系统默认提示）

指定 UCS 的原点或［面(F)/命名(NA)/对象(OB)/上一个(P)/视图(V)/世界(W)/X/Y/Z/Z 轴(ZA)］＜世界＞：(输入新坐标系的原点或选项)

命令行中各选项的含义如下：

①"世界"：用于从当前的用户坐标系恢复到世界坐标系。

②"面"：通过指定一个三维表面(实体对象)和 X、Y 轴方向来定义一个新的坐标系，如图 11-4 所示。

当用户输入此选项命令后，系统提示如下：

指定 UCS 的原点或［面(F)/命名(NA)/对象(OB)/上一个(P)/视图(V)/世界(W)/X/Y/Z/Z 轴(ZA)］＜世界＞：f(选择面选项命令)

选择实体对象的面：(选择面的边界内或面的一条边界)

输入选项［下一个(N)/X 轴反向(X)/Y 轴反向(Y)］＜接受＞：Y(将 Y 轴反向)

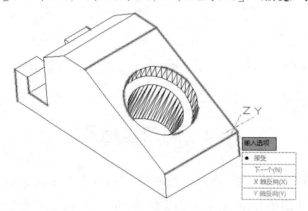

图 11-4　选择"面"新建用户坐标系

③"命名"：用于保存、恢复或删除用户所创建的用户坐标系。

④"对象"：通过选取一个平面对象来创建一个用户坐标系。所选择的平面对象可以是圆、圆弧、矩形、正多边形等。

⑤"上一个"：用于从当前的用户坐标系恢复到上一个坐标系。

⑥"视图"：以垂直于观察方向(平行于屏幕)的平面为 XY 平面，创建新的用户坐标系，且坐标系的原点保持不变。

⑦"X/Y/Z"：通过绕 X 轴、Y 轴或 Z 轴按给定的角度旋转当前的坐标系，创建新的用户坐标系。

当用户输入此选项命令后，系统提示如下：

指定 UCS 的原点或［面(F)/命名(NA)/对象(OB)/上一个(P)/视图(V)/世界(W)/X/Y/Z/Z 轴(ZA)］＜世界＞：y(选择 Y 轴旋转)

指定绕 Y 轴的旋转角度 ＜90＞：(指定绕 Y 轴旋转的角度)

⑧"Z 轴"：通过平移当前坐标系的原点，确定 Z 轴正半轴，创建用户坐标系。

⑨"原点"：通过平移当前坐标系的原点，确定 X 轴和 XY 平面，创建用户坐标系。

当用户输入此选项命令后，系统提示如下：

指定 UCS 的原点或［面(F)/命名(NA)/对象(OB)/上一个(P)/视图(V)/世界(W)/X/Y/Z/Z 轴(ZA)］＜世界＞：(指定用户坐标系原点)

指定 X 轴上的点或 ＜接受＞：(确定 X 轴)

指定 XY 平面上的点或 ＜接受＞：(确定 XY 平面)

11.3　绘制三维线段

在绘制线框模型或部分实体模型及曲面模型时，都会用到空间直线、网格曲线、多段线和螺旋线等。例如，旋转曲面的轮廓、拉伸实体的路径等。

11.3.1　三维直线和样条曲线

三维直线是三维空间中绘制的直线。执行"直线"命令后，指定起点和终点为三维空间点即可。

三维样条曲线是以指定多个空间点的方式绘制的样条曲线，且这些点不在同一个平面内。这样的样条曲线才是空间曲线。

11.3.2　三维多段线

三维多段线是以指定多个空间点的方式创建的多段线。与二维多段线不同的是，三维多段线可以在不同平面内确定直线段，而且三维多段线没有圆弧段。

用户可以通过在菜单栏中执行"绘图"/"三维多段线"命令，或者在命令行中输入"3dpoly"命令来绘制三维多段线。其绘制方法与二维多段线的绘制方法相同，此处不再赘述。

11.3.3　三维螺旋线

在绘制弹簧或内外螺纹时，就要使用三维螺旋线作为路径曲线。用户可以通过以下 3 种方式绘制三维螺旋线：

①在"建模"工具栏中单击 ▨ (螺旋)图标。

②在菜单栏中执行"绘图"/"螺旋"命令。

③在命令行中输入"helix"命令。

系统提示如下：

命令：_Helix(输入命令)

圈数 = 3.0000   扭曲＝CCW(系统默认提示信息)

指定底面的中心点:(指定底面圆心)

指定底面半径或［直径(D)］＜1.0000＞:(指定底面半径)

指定顶面半径或［直径(D)］＜1.0000＞:(指定顶面半径)

指定螺旋高度或［轴端点(A)/圈数(T)/圈高(H)/扭曲(W)］＜1.0000＞:(指定螺旋高度或选项)

命令行中各选项的功能如下:

①"轴端点":用于指定轴的端点,从而绘制出以底面中心到该轴端点的距离为高度的螺旋线。

②"圈数":用于指定螺旋线的螺旋圈数。系统默认为 3 圈。

③"圈高":用于指定螺旋线各圈之间的间距。

④"扭曲":用于指定螺旋线的扭曲方式("顺时针"或"逆时针"方向)。

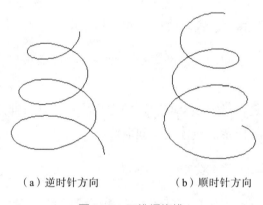

（a）逆时针方向   （b）顺时针方向

图 11-5　三维螺旋线

11.4　绘制三维曲面模型

三维网格面是一个由三维多边形围成的网格曲面,主要用于绘制三维曲面。用户可以使用本节介绍的命令创建多种形式的三维网格面。

11.4.1　标高

使用 AutoCAD 绘制二维图形时,绘图面应是当前 UCS(用户坐标系)下的 XY 平面或与其平行的平面。标高用于确定这个面的位置,可用绘图面与当前 UCS 的 XY 平面的距离表示,如图 11-6 所示为指定标高的两个半径相等的圆。

AutoCAD 规定,当前 UCS 的 XY 平面的标高为 0,沿 Z 轴正方向的标高为正值,沿 Z 轴负方向的标高则为负值。设置标高后,用户就可以在平行于当前 UCS 下 XY 平面且距离一定的平面上绘制图形了。

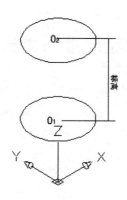

图 11-6　设置标高的圆

11.4.2　厚度

厚度表示所绘二维图形沿当前 UCS 的 Z 轴方向延伸的距离。沿 Z 轴正方向延伸的厚度为正,反之为负。用户可以通过在命令行中输入"elev"命令来设置厚度。二维图形设置厚度之后将成为一个三维图形,如图 11-7 所示。

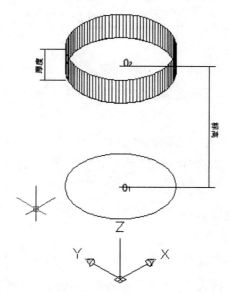

图 11-7　设置标高和厚度的圆

系统提示如下:

命令:elev(输入命令)

指定新的默认标高 <0.0000>:(指定标高值)

指定新的默认厚度 <0.0000>:(指定厚度值)

命令:

注意:标高和厚度都可以用"elev"命令设置,两者都被存储在系统变量"elevation"中。

11.5　绘制三维面和多边三维面

三维面是三维空间的表面,没有厚度,也没有质量属性。由"三维面"命令创建的每个面的各顶点可以有不同的 Z 轴坐标,但是构成各个面的顶点最多不能超过 4 个。

如果构成面的 4 个顶点共面,"消隐"命令(hide)认为该面是不透明的,即可以消隐;反之,"消隐"命令对其无效。

用户可以通过以下 2 种方法执行该命令:

①在菜单栏中执行"绘图"/"建模"/"网格"/"三维面"命令。

②在命令行中输入"3dface"命令。

使用"三维面"命令只能生成 3 条或 4 条边的三维面,而要生成多边曲面,则必须使用"pface"命令,可以输入多个点绘制三维面。

11.6　绘制多边形网格

多边形网格可用 M×N 确定的矩阵来定义,M、N 的取值范围是 2 到 256 之间。在确定网格的行数和列数之后,再按行指定各个顶点(输入其坐标值),即可创建多边形网格。

用户可以通过以下 2 种方法绘制多边形网格:

①在菜单栏中执行"绘图"/"建模"/"网格"/"三维网格"命令。

②在命令行中输入"3dmesh"命令。

执行该命令后,系统提示:

命令:3dmesh(输入命令)

输入 M 方向上的网格数量:4(指定多边形网格顶点的行数)

输入 N 方向上的网格数量:4(指定多边形网格顶点的列数)

指定顶点 (0,0) 的位置:(指定第一行、第一列的顶点坐标)

指定顶点 (0,1) 的位置:(指定第一行、第二列的顶点坐标)

······

指定顶点 (3,3) 的位置:(指定第 3 行、第 3 列的顶点坐标)

命令:

一般情况下,绘制的多边形网格呈锯齿形。由于多边形网格是一条多段线,因此可执行"修改"/"对象"/"多段线"命令(pedit)对其进行平滑处理。其中,用于平滑网格的曲面有 3 种,采用哪种曲面取决于系统变量"surftype"的值。当其值为 5 时,生成二次 B 样条曲面;当其值为 6 时,生成三次 B 样条曲面(系统默认值);当其值为 8 时,生成贝赛尔曲面。因此,"surftype"的值越大,生成的曲面就越光滑。

例 11.1　绘制一个 M、N 值为 4 的多边形网格面,并将该面平滑。

步骤一:绘制多边形网格面

①执行三维网格命令。

②设定 M 值为 4。

③设定 N 值为 4。

④依次确定 16 个点。

当输入所有点后,就可以得到如图 11-8(a)所示的多边形的网格。

步骤二:平滑网格面

①执行"修改"/"对象"/"多段线"命令。

②选择如图 11-8(a)所示的曲面,确定选择集后,执行"平滑曲面"命令,即可得到如图 11-8(b)所示的平滑曲面。

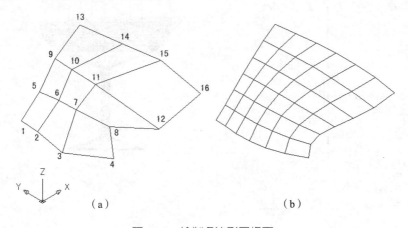

图 11-8　绘制多边形网格面

11.7　绘制旋转曲面

旋转曲面是将指定二维图形绕轴旋转一定的角度所形成的曲面。

用户可以通过以下 2 种方法绘制旋转曲面:

①在菜单栏中执行"绘图"/"建模"/"网格"/"旋转网格"命令。

②在命令行中输入"revsurf"命令。

执行该命令后,系统提示:

命令:_revsurf(输入命令)

当前线框密度:SURFTAB1=16　　SURFTAB2=16(系统提示信息)

选择要旋转的对象：（选择旋转的截面）

选择定义旋转轴的对象：（选择旋转轴）

指定起点角度＜0＞：（指定旋转的起点角度）

指定包含角（＋＝逆时针，－＝顺时针）＜360＞：（指定旋转曲面的包含角度）

命令：

旋转对象可以是直线段、圆弧、圆、样条曲线、二维多段线和三维多段线；旋转轴可以是直线段、二维多段线及三维多段线等对象。若将多段线作为旋转轴，那么旋转轴是该多段线首尾端点的连线。

三维面物体通常都要用横向和纵向的线条来拟合三维网格面，线条数越多，三维网面就越光滑，占用系统的资源也越多，所以经线和纬线不宜设置过多。

例 11.2　绘制一个酒杯曲面。

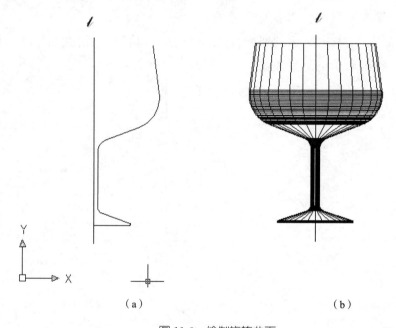

（a）　　　　　　　　　　　　（b）

图 11-9　绘制旋转曲面

①新建一张图纸，在屏幕中绘制如图 11-9（a）所示的截面和旋转轴 *l*。

②分别输入"surftab1"和"surftab2"命令，将其值设定为 32，表示所绘制的酒杯物体横向和纵向分别用 32 根线条拟合三维旋转网格面。

命令：SURFTAB1（输入变量）

输入 SURFTAB1 的新值＜6＞：32（设定经线条数）

命令：SURFTAB2（输入变量）

输入 SURFTAB2 的新值＜6＞：32（设定纬线条数）

③执行"绘图"/"建模"/"网格"/"旋转网格"命令，先选择截面图形，再选择旋转轴直线 *l*，设定默认的起点角度 0°，绕轴旋转 360°。绘制好的图形如图

11-9（b）所示。

命令：_revsurf（输入命令）

当前线框密度：SURFTAB1＝32　SURFTAB2＝32（系统提示信息）

选择要旋转的对象：（选择截面形状）

选择定义旋转轴的对象：（选择旋转轴 l）

指定起点角度＜0＞：（指定旋转的起点角度）

指定包含角（＋＝逆时针，－＝顺时针）＜360＞：（指定旋转曲面的包含角度）

命令：

④擦除截面和旋转轴 l。

11.8　绘制平移曲面

平移曲面是将轮廓曲线沿方向矢量平移后创建的曲面，如图 11-10 所示。创建平移曲面时，应首先绘制出作为轮廓曲线和方向矢量的图形。其中，轮廓曲线可以是直线、圆弧、圆、样条曲线、多段线等；方向矢量的对象可以是直线或非闭合的多段线等。当选择多段线作为方向矢量时，平移方向为多段线两端点的连线方向。平移曲面的分段数由系统变量"surftab1"确定。

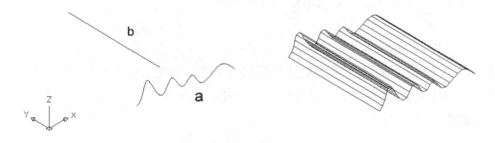

图 11-10　绘制平移网格面

用户可以通过以下 2 种方法绘制平移曲面：

①在菜单栏中执行"绘图"/"建模"/"网格"/"平移网格"命令。

②在命令行中输入"tabsurf"命令。

系统提示：

命令：_tabsurf（执行平移曲面命令）

当前线框密度：SURFTAB1＝32（设置平移曲面分段数）

选择用作轮廓曲线的对象：（选择轮廓曲线 a）

选择用作方向矢量的对象：（选择方向矢量直线 b）

命令：

11.9　绘制直纹曲面

执行"直纹网格"命令可以在两条曲线之间形成直纹曲面。直纹曲面的分段数由系统变量"surftab1"确定。

用户可以通过以下 2 种方法绘制直纹曲面：

①在菜单栏中执行"绘图"/"建模"/"网格"/"直纹网格"命令。

②在命令行中输入"rulesurf"命令。

直纹曲面的对象可以是直线、点、圆弧、圆、样条曲线、多段线等。若其中一条曲线封闭，那么另一条曲线必须也封闭或者是点，例如圆柱面、棱台面、圆锥面等。若曲线非封闭时，直纹曲线总是从曲线上距离拾取点最近的一端画出。因此，用同样两条曲线绘制直纹曲面时，如果确定曲线时拾取位置不同（例如两端点相反），则得到的曲面也不相同。如图 11-11(a)所示，创建直纹曲面的曲线拾取位置分别是：样条曲线从点 A 到点 B，圆弧线从点 C 到点 D。创建直纹曲面的操作步骤如下：

命令：_rulesurf(输入命令)

当前线框密度：SURFTAB1＝32(系统提示信息)

选择第一条定义曲线：(选取第一条边界曲线)

选择第二条定义曲线：(选取第二条边界曲线)

命令：

系统提示"选择第一条定义曲线："，选择样条曲线的点 A。当系统提示"选择第二条定义曲线"时，如果选择圆弧曲线的点 C 时，得到的曲线如图 11-11(b)所示。当系统提示"选择第二条定义曲线"时，如果选择圆弧曲线的点 D 时，得到的曲线如图 11-11(c)所示。

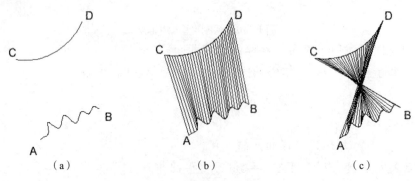

图 11-11　绘制直纹曲面

11.10　绘制边界曲面

边界曲面可以使用 4 条首尾相连的曲线创建。创建边界曲面的各对象可以是直线段、圆弧、样条曲线、多段线等。用户选择的第一个对象的方向为多边形网格的 M 方向，邻边为边界网格面的 N 方向。可以用系统变量"surftab1"和"surftab2"分别控制 M 方向和 N 方向的网格分段数，如图 11-12(a)所示。

用户可以通过以下 2 种方法绘制边界曲面：

①在菜单栏中执行"绘图"/"建模"/"网格"/"边界网格"命令。

②在命令行中输入"edgesurf"命令。

执行该命令后，系统提示：

命令：_edgesurf(输入命令)

当前线框密度：SURFTAB1＝32　SURFTAB2＝32(系统提示信息)

选择用作曲面边界的对象 1：(选取曲线 *a*)

选择用作曲面边界的对象 2：(选取曲线 *b*)

选择用作曲面边界的对象 3：(选取曲线 *c*)

选择用作曲面边界的对象 4：(选取曲线 *d*)

命令：

执行"边界网格"命令后，依次选取曲线 *a*、*b*、*c* 及 *d*，即可创建如图 11-12(b)所示的曲面。

值得注意的是：若 4 条首尾相连的曲线共面时，所建边界曲面是平面物体；若 4 条曲线不在同一平面上(即空间曲线)时，所建的曲面是三维网格面。用户可以用此命令创建茶壶嘴的表面、雷达天线的抛物面等三维曲面。

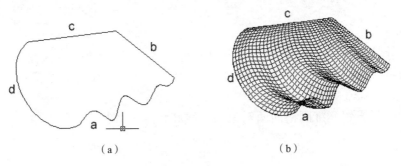

(a)　　　　　　　　　　　(b)

图 11-12　绘制边界曲面

思考与练习

一、填空题

(1)AutoCAD 可以使用线框模型、_____和实体模型三种方式来创建三维图形。

(2)三维坐标点(200＜30,120)表示使用_____坐标。

(3)标高和厚度使用的是同一个命令_____。

(4)平移曲面的分段数由系统变量_____确定。

二、选择题

(1)在 AutoCAD 中,不能使用下面哪种图形生成三维图形(   )。

A. 多段线　　　　　B. 面域　　　　　C. 点　　　　　D. 闭合的样条曲线

(2)下列选项中,哪个命令可以用来创建边界网格面(   )。

A. rulesurf　　　　B. revsurf　　　　C. tabsurf　　　　D. edgesurf

(3)编辑多边形网格时,变量"surftype"的值不能为(   )。

A. 5　　　　　　　B. 6　　　　　　　C. 7　　　　　　　D. 8

三、简答题

(1)柱面坐标系和球面坐标系是怎样确定的?

(2)AutoCAD 中为什么要引入 UCS? 如何通过"面"选项来确定用户坐标系?

(3)标高和厚度是怎样定义的?

(4)系统变量"surftype"的含义是什么?

(5)怎样设置三维网格曲面对象的经线和纬线条数?

(6)创建边界曲面时需要注意什么问题?

扫一扫,获取参考答案

第12章 绘制与编辑三维实体

实体模型不但可以按线框模型和面模型方式来观察,而且具有一些特殊的属性,如体积、重心、回转半径和惯性矩等。二维图形通过执行"拉伸""旋转"等命令可以生成三维实体。实体可以进行布尔运算。通过布尔运算,可以将多个简单的实体构造成单一的较为复杂的实体。

12.1 创建基本实体

在进行实体绘制过程中,所绘制的实体对象大多是由多个基本实体构成的。AutoCAD 2018 提供了多种基本实体工具,如多段体、长方体、圆柱体、圆环体等。"建模"工具栏如图 12-1 所示。

图 12-1 "建模"工具栏

12.1.1 多段体

"多段体"命令用于指定路径创建矩形截面实体。

用户可以通过以下 3 种方式创建多段体:

①在"建模"工具栏中单击 (多段体)图标。

②在菜单栏中执行"绘图"/"建模"/"多段体"命令。

③在命令行中输入"polysolid"命令。

执行命令后,系统提示:

命令:_Polysolid(输入命令)

高度 = 80.0000,宽度 = 5.0000,对正 = 居中(系统提示信息)

指定起点或 [对象(O)/高度(H)/宽度(W)/对正(J)] <对象>:(指定起点或选项)

命令行中各选项的功能如下:

①"对象"选项:用于将选取的直线、二维多段线、圆或圆弧等对象转换为多段体,如图 12-2 所示。

②"高度"和"宽度"选项:用于设定多段体的高度和宽度值。

注意:三维多段体如同二维多段线,可以包含曲线线段。当用户设置好多段体的高度和宽度后,在命令行中直接执行"圆弧"选项命令,即输入"a"就可以按命令提示创建多段体,如图 12-3 所示。

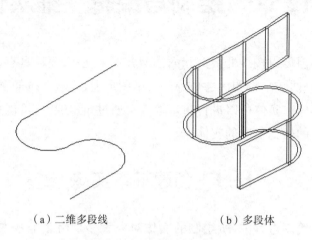

（a）二维多段线　　　　　　　　　　（b）多段体

图 12-2　将二维多段线转换为多段体

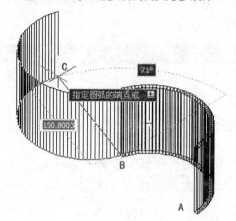

图 12-3　创建弧形多段体

系统提示如下:

指定起点或［对象(O)/高度(H)/宽度(W)/对正(J)］＜对象＞:(指定起点 A)

指定下一个点或［圆弧(A)/放弃(U)］:a(绘制圆弧曲线线段)

指定圆弧的端点或［方向(D)/直线(L)/第二点(S)/放弃(U)］:(指定下一点 B 或选项)

指定下一个点或［圆弧(A)/放弃(U)］:(指定下一点 C)

指定圆弧的端点或［闭合(C)/方向(D)/直线(L)/第二个点(S)/放弃(U)］:(按"Enter"键结束命令)

命令:

在 AutoCAD 2018 中,可以将面域、多段线等二维对象转换成三维实体模型,很容易实现从二维对象到三维实体对象的过渡。

12.1.2　拉伸实体

在创建实体模型时,使用基本实体工具可能无法创建某些模型,这时可执行"拉伸"命令,将现有的二维图形转换为三维实体。拉伸的二维对象可以是多段线、多边形、矩形、圆、椭圆、闭合的样条曲线、圆环和面域等。

用户可以通过以下 3 种方法创建拉伸实体:

①在"实体"编辑工具栏中单击 (拉伸)图标。

②在菜单栏中执行"绘图"/"建模"/"拉伸"命令。

③在命令行中输入"extrude"命令。

执行该命令后,系统提示:

命令:_extrude(输入命令)

当前线框密度:ISOLINES=4,闭合轮廓创建模式=实体(系统提示信息)

选择要拉伸的对象或[模式(MO)]:(选择拉伸二维对象)

指定拉伸的高度或[方向(D)/路径(P)/倾斜角(T)/表达式(E)]:(指定高度或选项)

命令行中各选项的含义如下:

①"高度"选项:通过指定拉伸高度创建实体。确定拉伸对象后,指定高度即可。如图 12-4 所示为拉伸的实体。

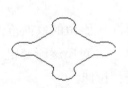　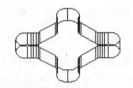　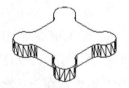

（a）拉伸的二维对象　　　　（b）拉伸后的实体　　　　（c）消隐后的实体

图 12-4　拉伸实体示例

使用"拉伸"命令,将二维对象拉伸成三维实体。如果二维对象是由多个平面物体组合而成的(如图 12-4(a)所示),此时有 2 种方法对其进行转换:

a.执行"pedit"命令。该命令可以将平面对象转化为一个封闭的二维多段线。

系统提示:

命令:_pedit(输入命令)

选择多段线或[多条(M)]:(选取拉伸的二维对象中的一个线段对象)

选定的对象不是多段线

是否将其转换为多段线?<Y>(将对象转换为多段线)

输入选项[闭合(C)/合并(J)/宽度(W)/编辑顶点(E)/拟合(F)/样条曲线(S)/非曲线化(D)/线型生成(L)/放弃(U)]:j(组合多段线)

选择对象:指定对角点:找到 16 个(选取图 12-4 所示的二维对象中所有的线段)

15 条线段已添加到多段线（系统提示信息）

输入选项［打开(O)/合并(J)/宽度(W)/编辑顶点(E)/拟合(F)/样条曲线(S)/非曲线化(D)/线型生成(L)/放弃(U)］:(按"Enter"键,完成多段线的转换命令)

命令:

b. 执行"region"（面域）命令。该命令可以将拉伸的平面对象转换成一个面域对象。

系统提示:

命令:_region(输入命令)

选择对象:指定对角点:找到 16 个(选取图 12-4 所示的二维对象中所有的线段)

已提取 1 个环。（系统提示信息）

已创建 1 个面域。

命令:

注意:三维实体对象可以使用"hide"（消隐）命令消除实体的阴影线。消隐后的实体对象如图 12-4(c)所示。

命令:HIDE(执行"消隐"命令)

正在重生成模型(系统提示)

命令:

②"方向"选项:用于指定方向,创建拉伸实体。

③"倾斜角"选项:用于设定以倾斜角的方式拉伸实体,倾斜角的取值范围为 $-90°\sim90°$。正值表示从基准对象逐渐变细,负值表示从基准对象逐渐变粗。默认值为 0,表示在与二维对象所在的平面垂直的方向上进行拉伸。

④"路径"选项:用于指定路径拉伸实体,拉伸的路径可以是直线、圆、椭圆、多段线、样条曲线等对象。拉伸实体对路径的要求是:路径既不能与拉伸的二维对象的轮廓共面,也不能具有高曲率的区域。如图 12-5 所示为圆对象沿曲线拉伸得到实体。

具体操作步骤如下:

命令:_extrude(输入命令)

当前线框密度:ISOLINES=4, 闭合轮廓创建模式 = 实体（系统提示信息）

选择要拉伸的对象或［模式(MO)］:找到 1 个(选择圆)

指定拉伸的高度或［方向(D)/路径(P)/倾斜角(T)］<5.0000>:p(采用路径拉伸)

选择拉伸路径或［倾斜角(T)］:(选取样条曲线作为拉伸的路径)

命令:

执行命令的结果如图 12-5(c)所示。

注意：在 AutoCAD 中，三维实体模型的线框数量可以由系统变量"isolines"来控制。系统默认的线框数目为 4。

将实体显示的线框数目设为 16，得到如图 12-5(d)所示的实体。

系统提示如下：

命令：ISOLINES(输入命令)

输入 ISOLINES 的新值 <4>:16　（设定实体显示线框数目为 16）

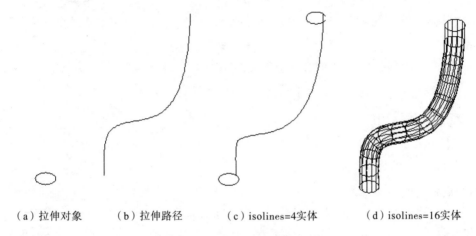

（a）拉伸对象　　（b）拉伸路径　　（c）isolines=4实体　　（d）isolines=16实体

图 12-5　沿路径拉伸实体

封闭的二维对象将拉伸成实体，不封闭的二维对象将拉伸成三维曲面对象，如图 12-6 所示，操作的步骤相同。

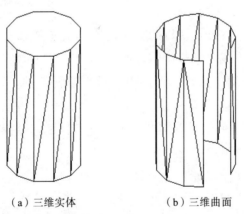

（a）三维实体　　　　　（b）三维曲面

图 12-6　实体和曲面

⑤"表达式"选项：通过输入公式或方程式指定拉伸的高度。

12.1.3　旋转实体

旋转实体命令用于将指定二维对象绕一条中心轴线旋转而形成三维实体。旋转的平面对象必须是闭合的；旋转的轴可以是当前 UCS 的轴、直线、多段线或用户指定的两个点,如图 12-7 所示。

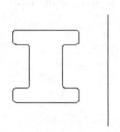

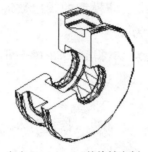
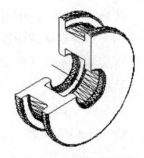

（a）旋转的截面和轴线　　　　（b）facetres=0.5的旋转实例　　　　（c）facetres=10的旋转实例

图 12-7　旋转实体示例

用户可以通过以下 3 种方法创建旋转实体:

①在"建模"工具栏中单击（旋转）图标。

②在菜单栏中执行"绘图"/"建模"/"旋转"命令。

③在命令行中输入"revolve"命令。

执行该命令后,系统提示:

命令:_revolve(输入命令)

当前线框密度: ISOLINES=4,闭合轮廓创建模式 = 实体(系统提示信息)

选择要旋转的对象或[模式(MO)]:找到 1 个(选取图 12-7 中所示的截面)

指定轴起点或根据以下选项之一定义轴 [对象(O)/X/Y/Z]＜对象＞:(指定轴的起点或选项)

命令行中各选项的含义如下:

①"指定轴"选项:AutoCAD 的默认选项。该选项要求用户指定起点和端点,系统将以这两点的连线为轴来旋转截面。

②"对象"选项:用于选取一个对象来定义旋转的轴。轴的对象可以是直线、多段线等。

绘制图 12-7 所示的绕轴旋转 270°的旋转实体的命令操作:

指定轴起点或根据以下选项之一定义轴 [对象(O)/X/Y/Z]＜对象＞:O(以选择对象的方式定义旋转轴)

选择对象:(选择图 12-7 所示的直线)

指定旋转角度或[起点角度(ST)/反转(R)/表达式(EX)]＜360＞:－270(指定截面绕定义轴旋转的角度)

命令:

完成以上步骤,在菜单栏中执行"视图"/"三维视图"/"西南等轴测"命令,将当前正交投影视图切换到西南等轴测视图,再在命令行中输入"hide"(消隐)命令,结果如图 12-7(b)所示。

③"X/Y/Z"选项:用于选取坐标轴来定义旋转的轴。

注意:在创建实体的过程中,通过改变曲面轮廓中小曲面的面数,可以使实体显示得更加平滑。用户可以通过设置系统变量"facetres"来修改曲面的面数,如图 12-7 所示。其值为 0.01~10,系统默认值为 0.5。

设置实体的曲面数的操作如下:

命令:FACETRES(输入命令)

输入 FACETRES 的新值 <0.5000>:10(设置变量值)

将该实体的曲面数设为 10,再执行"hide"(消隐)命令,结果如图12-7(c)所示。

12.1.4　扫掠实体

"扫掠"命令用于沿开放或闭合的二维或三维曲线路径扫掠二维截面,创建实体,如图 12-8 所示。如果扫掠的对象不是封闭的,扫掠后的三维对象应该是空间曲面。扫掠的对象可以是直线、圆弧、多段线、样条曲线、二维实体或面域等。

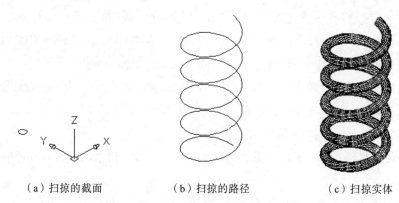

（a）扫掠的截面　　　　（b）扫掠的路径　　　　（c）扫掠实体

图 12-8　扫掠实体示例

用户可以通过以下 3 种方法创建扫掠实体:

①在"建模"工具栏中单击　(扫掠)图标。

②在菜单栏中执行"绘图"/"建模"/"扫掠"命令。

③在命令行中输入"sweep"命令。

执行该命令后,系统提示:

命令:_sweep(输入命令)

当前线框密度: ISOLINES=4,闭合轮廓创建模式 ＝ 实体(系统提示信息)

选择要扫掠的对象或 [模式(MO)]:找到 1 个(选取图 12-8(a)所示的圆截面)

选择要扫掠的对象或 [模式(MO)]:(按"Enter"键确定对象选择集)

选择扫掠路径或 [对齐(A)/基点(B)/比例(S)/扭曲(T)]:(指定扫掠的路径或选项)

各选项的含义如下：

①"路径"：默认选项，用于将截面对象沿选取的路径扫掠，创建实体对象。

当系统提示"选择扫掠路径"时，选取图 12-8(b)所示的螺旋线作为扫掠的路径，生成实体如图 12-8(c)所示。

②"对齐"：用于扫掠前对齐垂直于路径的扫掠对象。

③"扭曲"：用于设置扫掠的截面沿路径方向扭曲的角度。

④"比例"：用于设置扫掠的截面沿路径方向上缩放的比例大小。

扫掠与拉伸不同，沿路径扫掠截面时，截面将被移动并与路径垂直对齐，再沿路径方向扫掠截面。如图 12-9 所示为设置"比例"和"扭曲"选项的扫掠实体。

系统提示：

命令：_sweep(输入命令)

当前线框密度： ISOLINES＝4，闭合轮廓创建模式 ＝ 实体(系统提示信息)

选择要扫掠的对象或［模式(MO)］：找到 1 个(选择扫掠的矩形截面)

选择要扫掠的对象或［模式(MO)］：(按"Enter"键，确定对象选择集)

选择扫掠路径或［对齐(A)/基点(B)/比例(S)/扭曲(T)］：s(选择缩放比例选项)

输入比例因子或［参照(R)］＜1.0000＞：0.1(设定比例因子 0.1)

选择扫掠路径或［对齐(A)/基点(B)/比例(S)/扭曲(T)］：t(选择扭曲选项)

输入扭曲角度或允许非平面扫掠路径倾斜［倾斜(B)/表达式(EX)］＜0.0000＞：720(设定扭曲角度为 720°)

选择扫掠路径或［对齐(A)/基点(B)/比例(S)/扭曲(T)］：(选择扫掠的路径)

命令：

扫掠后的结果如图 12-9(c)所示。

（a）截面   （b）路径   （c）扫掠实体

图 12-9　缩放扭曲的扫掠实体示例

注意：在 AutoCAD 2018 中，曲面的轮廓是由轮廓边组成的小平面组合而成的。用户可以通过设置系统变量"dispsilh"来修改显示效果。其值为 1 时，只显示对象的轮廓边;其值为 0 时,则显示所有轮廓线。设定不同值,消隐后的显示效果如图 12-10 所示。

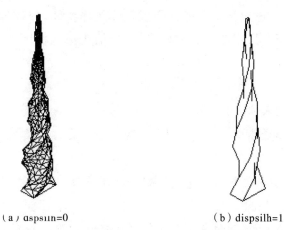

（a）dispsilh=0　　　　　　　　（b）dispsilh=1

图 12-10　系统变量"dispsilh"对实体显示的影响

12.1.5　放样实体

"放样"命令可以将二维截面沿路径方向扫描。与"扫掠"命令不同的是,"放样"命令能够在路径上不同位置设置不同的剖面图形,从而可以构造较为复杂的实体模型。在创建放样实体时,首先要求绘制两个或两个以上截面图形,如图 12-11所示。

用户可以通过以下 3 种方式创建放样实体:

①在"建模"工具栏中单击 图标。

②在菜单栏中执行"绘图"/"建模"/"放样"命令。

③在命令行中输入"loft"命令。

执行该命令后,系统提示:

命令:_loft(输入命令)

按放样次序选择横截面或 [点(PO)/合并多条边(J)/模式(MO)]:找到 1 个(选择截面)

按放样次序选择横截面或 [点(PO)/合并多条边(J)/模式(MO)]:找到 1 个,总计 2 个(选择截面)

按放样次序选择横截面或 [点(PO)/合并多条边(J)/模式(MO)]:找到 1 个,总计 3 个(选择截面)

按放样次序选择横截面或 [点(PO)/合并多条边(J)/模式(MO)]:(依次选择截面或按"Enter"键确定截面选择集)

输入选项 [导向(G)/路径(P)/仅横截面(C)/设置(S)/连续性(CO)/凸度幅

值(B)]＜仅横截面＞：(选项)

命令行中各选项的含义如下：

①"路径"选项：通过指定路径的方式创建放样实体，放样的路径必须与全部或部分的截面相交。采用此方式放样时，只要依次选取截面即可创建成功，如图 12-11 所示。

系统提示：

命令：_loft(输入命令)

按放样次序选择横截面或 [点(PO)/合并多条边(J)/模式(MO)]：找到 1 个(选择截面)

按放样次序选择横截面或 [点(PO)/合并多条边(J)/模式(MO)]：找到 1 个，总计 2 个(选择截面)

按放样次序选择横截面或 [点(PO)/合并多条边(J)/模式(MO)]：找到 1 个，总计 3 个(选择截面)

按放样次序选择横截面或 [点(PO)/合并多条边(J)/模式(MO)]：(依次选择截面或按"Enter"键确定截面选择集)

输入选项 [导向(G)/路径(P)/仅横截面(C) /设置(S)/连续性(CO)/凸度幅值(B)]＜仅横截面＞：P (选择路径放样)

选择路径曲线：(选择放样路径曲线)

结果如图 12-11(b)所示。

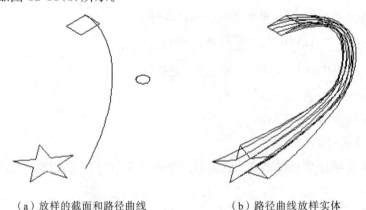

　　(a) 放样的截面和路径曲线　　　　　(b) 路径曲线放样实体

图 12-11　路径曲线放样实体示例

注意：选取的第三个截面图形应与放样路径相交。如果选取的截面都不与路径相交，系统将提示出错：选定的图元无效。

②"导向"选项：使用导向曲线创建放样实体时，绘制的导向曲线必须与每个截面相交，并且起始于第一个截面，结束于最后一个截面，如图 12-12 所示。

系统提示：

输入选项［导向(G)/路径(P)/仅横截面(C)]＜仅横截面＞：G (选择导向曲线放样)

选择导向曲线:找到 1 个(选择放样导向曲线)

命令：

结果如图 12-12(b)所示。

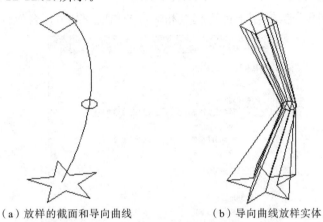

（a）放样的截面和导向曲线　　　　　（b）导向曲线放样实体

图 12-12　导向曲线放样实体示例

注意：采用导向曲线放样的截面都与导向曲线相交，并且与五角星截面相交于起点，与矩形截面相交于终点。

③"仅横截面"选项：使用截面进行放样，不需要绘制路径曲线或导向曲线，如图 12-13 所示。

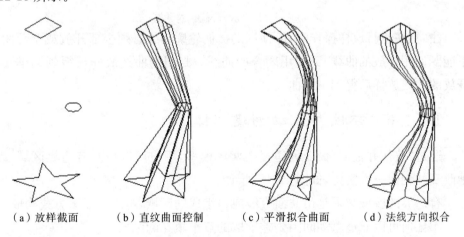

（a）放样截面　　（b）直纹曲面控制　　（c）平滑拟合曲面　　（d）法线方向拟合

图 12-13　仅横截面放样实体示例

执行该选项命令后，在绘图区中依次选取放样的截面并按"Enter"键，单击"设置"，弹出"放样设置"对话框，如图 12-14 所示。该对话框中"横截面上的曲面控制"选项组中各选项的含义如下：

a."直纹"选项:使用直纹线条将每个截面直接连接起来,如图12-13(b)所示。

b."平滑拟合"选项:在放样对象的表面使用平滑的曲线将每个截面连接起来,构成光滑的曲面,如图12-13(c)所示。

c."法线指向"选项:通过指定横截面的法线方向来拟合放样对象的表面。可以选择起点、端点及所有横截面的法线等4种方式拟合放样对象的表面。如果法线指向选择"所有横截面",得到的放样对象如图12-13(d)所示。

d."拔模斜度"选项:用于指定起点和端点的角度、幅值,拟合放样对象的表面。

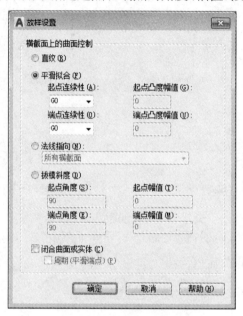

图12-14 "放样设置"对话框

注意:在进行放样操作时,所使用的截面轮廓曲线必须全部开放或全部闭合,不能既使用开放的曲线,又使用闭合的曲线。封闭的曲线放样后得到三维实体;开放的曲线放样后得到三维曲面。

12.1.6 按住并拖动创建实体

通过"按住并拖动"命令创建复杂实体模型,用户可以控制有边界区域,动态地改变并创建三维实体,如图12-15所示。

有边界的区域必须是由共面直线或边组成的区域,可以由以下方式构成:

①任何可以通过以零间距公差拾取的点来填充的区域。

②由交叉共面和线性几何体(包括边和块中的几何体)围成的区域。

③由共面顶点组成的闭合多段线、面域、三维面和二维实体。

④由与三维实体的任何面共面的几何体(包括面上的边)创建的区域。

用户可以在"建模"工具栏中单击 (按住并拖动)图标,也可在命令行中输入"presspull"命令。

系统提示：

命令：_presspull（输入命令）

选择对象或边界区域：（系统提示信息）

指定拉伸高度或［多个（M）］：（单击选择需要拖动拉伸实体的平面区域，并指定高度）

已创建 1 个拉伸

选择对象或边界区域：（系统提示信息）

命令：

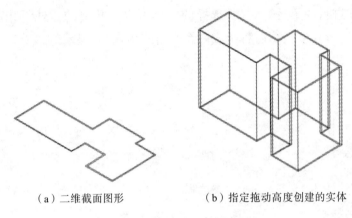

（a）二维截面图形　　　　（b）指定拖动高度创建的实体

图 12-15　"按住并拖动"创建实体

12.2　布尔运算

用户进行三维实体创建时，一些较复杂的实体往往是由多个较简单的实体组合而成，不能直接绘制出来，如机械制图中的零件图。AutoCAD 2018 为用户提供并集、差集和交集 3 种布尔运算，可以将基本的三维实体组合成复杂的实体。

12.2.1　并集运算

并集运算可以将多个独立的实体组合成一个新的实体。

用户可以通过以下 4 种方法执行该命令：

①在"建模"工具栏中单击 ▧（并集）图标。

②在"实体编辑"工具栏中单击 ▧（并集）图标。

③在菜单栏中执行"修改"/"实体编辑"/"并集"命令。

④在命令行中输入"union"命令。

执行该命令后，系统提示：

命令：_union（输入命令）

选择对象：找到 1 个（选择长方体）

选择对象：找到 1 个，总计 2 个（选择圆柱体）

选择对象：（按"Enter"键确定对象选择集）

命令：

命令：HIDE（消隐命令）

正在重生成模型。（系统提示信息）

命令：

完成以上操作后，结果如图 12-16（b）所示。

注意：在进行并集运算时，所选择的实体可以是相离的。处于相离位置关系的多个实体进行并集运算后将生成一个组合实体，但其显示效果看起来还是多个实体。

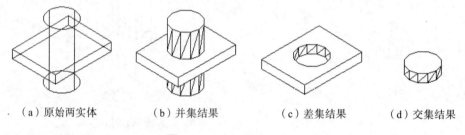

　　　（a）原始两实体　　　　　（b）并集结果　　　　　（c）差集结果　　　　（d）交集结果

图 12-16　布尔运算示例

12.2.2　差集运算

差集运算可以从被去除实体中去掉所指定的实体以及实体之间的公共部分，从而得到一个新的实体。

用户可以通过以下 4 种方法执行该命令：

①在"建模"工具栏中单击◙（差集）图标。

②在"实体编辑"工具栏中单击◙（差集）图标。

③在菜单栏中执行"修改"/"实体编辑"/"差集"命令。

④在命令行中输入"subtract"命令。

执行该命令后，系统提示：

命令：_subtract（输入命令）

选择要从中减去的实体或面域...（系统提示信息）

选择对象：找到 1 个（选择被减对象长方体）

选择对象：（继续选择被减对象或按"Enter"键确定对象选择集）

选择要减去的实体、曲面和面域...（系统提示信息）

选择对象：找到 1 个（选择减去对象圆柱体）

选择对象：（继续选取减去对象或按"Enter"键确定对象选择集）

命令：

命令：HIDE（输入"消隐"命令）

正在重生成模型。（系统提示信息）

命令：

完成以上操作后，结果如图 12-16(c)所示。

12.2.3　交集运算

交集运算利用实体的公共部分创建新的实体，保留两实体的公共部分，其余部分都去除。

用户可以通过以下 4 种方法执行该命令：

①在"建模"工具栏中单击 ◙（交集）图标。

②在"实体编辑"工具栏中单击 ◙（交集）图标。

③在菜单栏中执行"修改"/"实体编辑"/"交集"命令。

④在命令行中输入"intersect"命令。

执行该命令后，系统提示：

命令：_intersect（输入命令）

选择对象：找到 1 个（选择长方体）

选择对象：找到 1 个，总计 2 个（选择圆柱体）

选择对象：（继续选择对象或按"Enter"键确定对象选择集）

命令：

命令：HIDE（输入"消隐"命令）

正在重生成模型。（系统提示信息）

命令：

完成以上操作后，结果如图 12-16(d)所示。

例 12.1　按照图 12-17 所示的尺寸，绘制出该支架的实体模型。

分析：该支架实体由 3 个主体部分组成：底座、楔形体和支架主体，如图 12-18所示。由此，可以分别绘制出 3 个实体，再将其组合，完成整个支架的创建。

步骤一：创建底座部分

①在菜单栏中执行"视图"/"三维视图"/"西南等轴测"命令，将当前视图切换到西南等轴测视图。按照指定的尺寸，绘制组成底座的基本实体的横截面，如图12-19 所示。

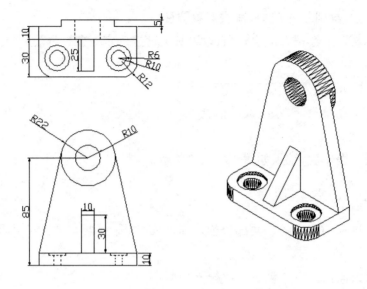

图 12-17　支　架

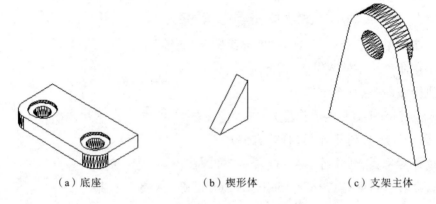

（a）底座　　　　　　　（b）楔形体　　　　　　（c）支架主体

图 12-18　支架实体的组成部分

　　②执行"拉伸"命令，按照尺寸将截面拉伸指定的高度，底座厚度为 10，半径为 10 的圆柱高度为 2，半径为 6 的圆柱高度为 10，得到的实体如图 12-20 所示。

　　③步骤②得到的实体都是以 XY 平面为基准的。要绘制符合要求的底座，需将两个半径为 10、高为 2 的圆柱的顶面与底座的上表面对齐，具体操作为：执行"移动"命令，选择对齐圆柱，捕捉其顶面圆心作为移动的基点，系统提示指定第二点时，捕捉半径为 6、高为 10 的圆柱顶面圆心，完成实体的对齐，如图 12-21 所示。

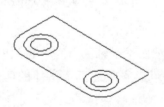

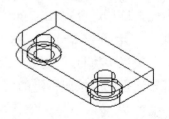

图 12-19　底座对象的横截面　　　　　图 12-20　拉伸底座对象的截面

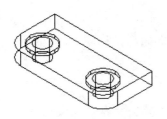

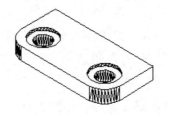

图 12-21　对齐实体　　　　　　　图 12-22　布尔运算后的实体

④执行差集运算。

系统提示如下：

命令：_subtract（输入命令）

选择要从中减去的实体或面域...

选择对象：找到 1 个（选取底座主体部分作为被减的对象）

选择对象：（按"Enter"键确定对象选择集）

选择要减去的实体、曲面和面域...（系统提示信息）

选择对象：找到 1 个（选取半径为 10、高为 2 的圆柱）

选择对象：找到 1 个，总计 2 个（选取半径为 10、高为 2 的圆柱）

选择对象：（按"Enter"键确定对象选择集）

命令：

再次执行差集运算，将底座主体部分作为被减的对象，半径为 6 和 10 的两个圆柱实体作为被减对象，即可绘制出底座实体模型，消隐后如图 12-22 所示。

步骤二：创建支架主体部分

①执行"ucs"命令，将当前世界坐标系绕 Y 轴旋转 90°，在得到的用户坐标系的 XY 平面绘制支架主体的横截面，如图 12-23 所示。

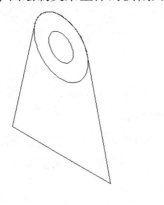

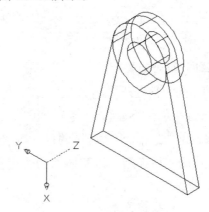

图 12-23　支架主体对象的横截面　　　图 12-24　拉伸后的支架主体对象

②将上一步绘制的截面转化为面域，再对其分别执行"拉伸"命令，支架主体拉伸高度设为 10，半径为 22 的圆面域和半径为 10 的圆面域拉伸高度都设为 15，

如图 12-24 所示。

③以上构成支架主体对象的截面拉伸的基准面都是相同的,因此不需要将其对齐,直接可以执行布尔运算,消隐后结果如图 12-25 所示。

步骤三:创建楔形体部分

①执行"ucs"命令,由当前的用户坐标系切换到世界坐标系。

②执行楔形实体命令,系统提示:

命令:_wedge(输入命令)

指定第一个角点或 [中心(C)]:(指定第一角点位置)

指定其他角点或 [立方体(C)/长度(L)]:l(选择长度选项命令)

指定长度:-25(指定长度为 25)

指定宽度:10(指定宽度为 10)

指定高度或 [两点(2P)]:30(指定高度为 30)

完成以上操作,得到如图 12-26 所示的楔形体。设置楔形体的长度为负值得到的楔形体的斜面,与长度为正值的楔形体的斜面关于 YZ 平面对称。

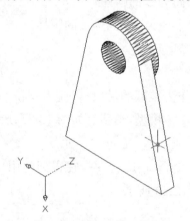

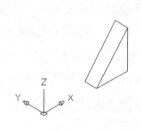

图 12-25　布尔运算后的支架主体　　　　　图 12-26　楔形体

步骤四:组合对象

①打开对象捕捉开关,移动底座、楔形体和支架主体 3 个实体对象到合适的位置。

②执行布尔并集运算,消隐后如图 12-17(c)所示。

例 12.2　按图 12-27 所示的尺寸,执行实体创建命令和布尔运算操作完成图 12-28 所示的实体模型。该实体的圆管内径为 16,外径为 20,顶端和底端连接处实体的厚度为 5。

步骤一:绘制圆管实体

①由于圆管的路径曲线是一条空间曲线,如图 12-27 所示,因此要将该路径曲线划分在不同的平面内才能完整地绘制出来。首先,在系统默认的世界坐标系中绘制其中的一段,如图 12-29 所示。再执行"pedit"命令,将其转换为二维多段线。

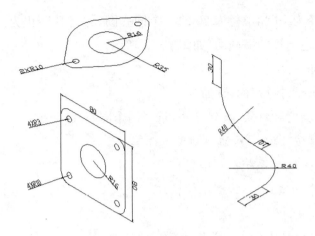

图 12-27　实体横截面和路径尺寸

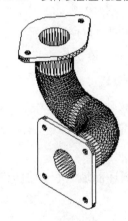

图 12-28　管道连接器实体模型

②执行"ucs"命令,将当前世界坐标系绕 Y 轴旋转 90°,在所得的用户坐标系中绘制出另一段圆管的多段线。执行"pedit"命令,将其转换为二维多段线,再移动到合适的位置,得到完整的路径曲线,如图 12-30 所示。

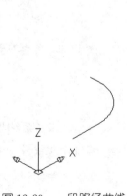

图 12-29　一段路径曲线

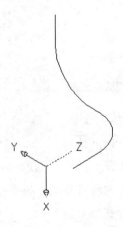

图 12-30　完整的圆管路径曲线

③绘制半径为 16 和半径为 20 的两个同心圆,并将其转化为面域,再进行布尔差集运算,构造圆管的横截面,如图 12-31 所示。

具体操作如下:

命令:_region(执行"面域"命令)

选择对象:指定对角点:找到 2 个(选择两个同心圆)

选择对象:(按"Enter"键确定对象选择集)

已提取 2 个环。(系统提示信息)

已创建 2 个面域。(系统提示信息)

命令:

命令:_subtract(执行布尔差集运算)

选择要从中减去的实体、曲面和面域…

选择对象:找到 1 个(选择减去的对象,半径为 20 的圆)

选择对象:(按"Enter"键确定对象选择集)

选择要减去的实体、曲面和面域…

选择对象:找到 1 个(选择被减去的对象)

选择对象:(按"Enter"键确定对象选择集,半径为 16 的圆)

命令:

④复制一个上一步得到的圆环面域,执行"扫掠"命令,得圆管实体的一部分,如图 12-33 所示。

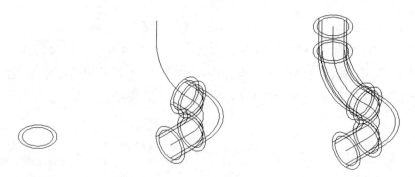

图 12-31　圆管横截面　　　图 12-32　圆管的部分实体　　　图 12-33　完整的圆管实体

具体操作如下:

命令:_sweep(执行"扫掠"命令)

当前线框密度:ISOLINES=4,闭合轮廓创建模式 ＝ 实体(系统提示信息)

选择要扫掠的对象或[模式(MO)]:_MO 闭合轮廓创建模式[实体(SO)/曲面(SU)]＜实体＞:_SO

选择要扫掠的对象:找到 1 个(选择扫掠对象圆环)

选择要扫掠的对象或［模式(MO)］:(按"Enter"键确定对象选择集)

选择扫掠路径或［对齐(A)/基点(B)/比例(S)/扭曲(T)］:(选择其中的一段多段线)

命令:

⑤重复步骤④,得到另一段圆管实体,执行布尔并集运算,得到完整的圆管实体,如图 12-33 所示。

步骤二:绘制顶端连接处实体

①执行"ucs"命令,将坐标系切换到世界坐标系。按图 12-27 所示绘制顶端连接处实体的横截面,并将其转化为面域,再进行布尔差集运算,得到的截面面域如图 12-34 所示。

具体操作如下:

命令:_region(执行"面域"命令)

选择对象:指定对角点:找到 11 个(选择该横截面的所有对象)

选择对象:(按"Enter"键确定对象选择集)

已提取 4 个环。(系统提示信息)

已创建 4 个面域。(系统提示信息)

命令:

命令:_subtract(执行布尔差集运算)

选择要从中减去的实体或面域…(系统提示信息)

选择对象:找到 1 个(外部轮廓面域)

选择对象:(按"Enter"键确定对象选择集)

选择要减去的实体或面域…

选择对象:找到 1 个(选择半径为 3 的圆)

选择对象:找到 1 个,总计 2 个(选择半径为 3 的圆)

选择对象:找到 1 个,总计 3 个(选择半径为 16 的圆)

选择对象:(按"Enter"键结束该命令)

命令:

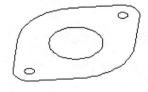
图 12-34　顶端连接处实体的横截面

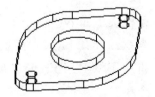
图 12-35　顶端连接处实体

②对图 12-34 所示的横截面执行"拉伸"命令,设置高度为 5,拉伸后的实体如

图 12-35 所示。

步骤三:绘制底端连接处实体

①执行"ucs"命令,将当前的坐标系绕 Y 轴旋转 90°,将 XY 平面切换到左侧面。按照步骤二的绘制方法,对图 12-36 所示的横截面执行"拉伸"命令,设置高度为 5,得到底端连接处实体,如图 12-37 所示。

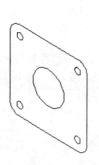 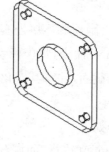

图 12-36　底端连接处实体的横截面　　　　图 12-37　底端连接处实体

②打开对象捕捉开关,将以上绘制的 3 个实体移动到指定的位置,再进行布尔并集运算,结果如图 12-38 所示。

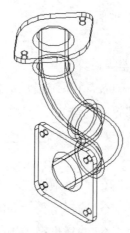

图 12-38　完整的管道连接器实体模型

③将系统变量"facetres"的值设定为 10,再执行"消隐"(hide)命令,结果如图 12-28 所示。

系统提示如下:

命令:FACETRES(输入变量设置命令)

输入 FACETRES 的新值 <0.5>:10(设定变量值为 10)

命令:

命令:hide(执行"消隐"命令)

正在重生成模型。

12.3　三维基本操作命令

在 AutoCAD 2018 中,许多图形编辑命令(如移动、复制、删除等)既适用于二维图形,也适用于三维图形,但有些命令(如三维旋转、三维镜像、三维阵列、剖切等)只适用于三维图形。

12.3.1　三维旋转

执行"三维旋转"命令可以使选取的三维对象和子对象在三维空间中绕指定的旋转轴(X 轴、Y 轴或 Z 轴)自由旋转。如图 12-39 所示为楔形体在基点位置绕 Z 轴旋转 120°。

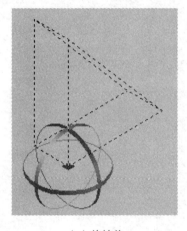
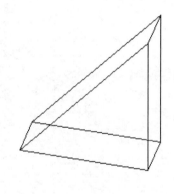

（a）旋转前　　　　　　　　　　　　　（b）旋转后

图 12-39　三维旋转

用户可以通过以下 3 种方法执行该命令:

①在"建模"工具栏中单击 ⬚(三维旋转)图标。

②在菜单栏中执行"修改"/"三维操作"/"三维旋转"命令。

③在命令行中输入"3drotate"命令。

执行该命令后,系统提示:

命令:_3drotate(输入命令)

UCS 当前的正角方向:ANGDIR＝逆时针　ANGBASE＝0(系统提示信息)

选择对象:找到 1 个(选取旋转对象楔形体)

选择对象:(按"Enter"键确定对象选择集)

指定基点:(选取旋转的基点)

拾取旋转轴:(选择旋转轴,将光标指向对应的 Z 轴,系统显示坐标轴后单击即可选中)

指定角的起点或键入角度：120（指定旋转的角度）

正在重生成模型。（系统提示信息）

命令：

注意：当系统提示选择旋转轴时，用户是通过单击三维旋转控件上的圆环来确定的，不需要在命令行中输入 X 轴、Y 轴、Z 轴字母。其中，红色代表 X 轴，绿色代表 Y 轴，蓝色代表 Z 轴。

12.3.2　三维对齐

执行"三维对齐"命令可以使选定的对象通过移动、旋转、倾斜或缩放与另一对象对齐。如图 12-40 所示为将长方体底面与楔形体的斜面对齐。

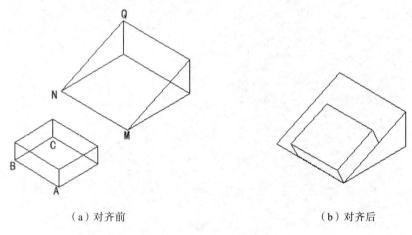

（a）对齐前　　　　　　　　　　　　　　（b）对齐后

图 12-40　三维对齐

用户可以通过以下 3 种方式执行该命令：

①在"建模"工具栏中单击 ▨（三维对齐）图标。

②在菜单栏中执行"修改"/"三维操作"/"三维对齐"命令。

③在命令行中输入"3dalign"命令。

执行该命令后，系统提示：

命令：_3dalign（输入命令）

选择对象：找到 1 个（选择长方体）

选择对象：（按"Enter"键确定对象选择集）

指定源平面和方向 …

指定基点或 [复制(C)]：（选取点 A）

指定第二个点或 [继续(C)] <C>：（选取点 B）

指定第三个点或 [继续(C)] <C>：（选取点 C）

指定目标平面和方向 …

指定第一个目标点：(选取点 M)

指定第二个目标点或 [退出(X)]＜X＞：(选取点 N)

指定第三个目标点或 [退出(X)]＜X＞：(选取点 Q)

命令：

通过执行"三维对齐"命令，用户可以为源对象指定一个、两个或三个点用以确定源平面，然后为目标对象指定一个、两个或三个点用以确定目标平面，移动和旋转选定的对象，使其与目标平面对齐。

注意：执行"三维对齐"命令时，所选择的源对象上的点和目标对象上的点具有以下特征：

①对象上的第一个源点(也称为基点)将始终移动到第一个目标点。

②为源和目标指定第二点将使选定对象旋转。

③为源和目标指定第三点将使选定对象进一步旋转。

12.3.3　三维镜像

三维镜像是通过指定镜像平面来镜像复制三维图形。镜像平面可以是平面对象所在的平面，也可以是与当前用户坐标系的 XY、XZ、YZ 平面平行的平面，还可以是由三个指定点所定义的平面。系统默认为指定三点确定镜像平面。如图 12-41 所示，滚轮支架是关于点 A、点 B 和点 C 三点确定的平面对称的，因此可以执行"三维镜像"命令来完成复制。

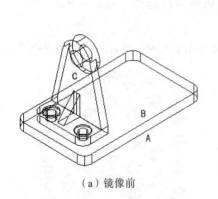
（a）镜像前

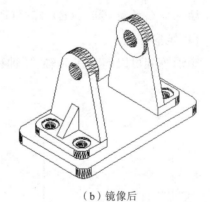
（b）镜像后

图 12-41　三维镜像

用户可以通过以下 2 种方法执行该命令：

①在菜单栏中执行"修改"/"三维操作"/"三维镜像"命令。

②在命令行中输入"mirror3d"命令。

执行该命令后，系统提示：

命令：_mirror3d(输入命令)

选择对象：找到 1 个(选择镜像对象支架物体)

选择对象：（按"Enter"键确定对象选择集）

指定镜像平面（三点）的第一个点或　［对象(O)/最近的(L)/Z 轴(Z)/视图 (V)/XY 平面(XY)/YZ 平面(YZ)/ZX 平面(ZX)/三点(3)］＜三点＞：（指定镜像平面第一点 A）

在镜像平面上指定第二点：（指定镜像平面第二点 B）

在镜像平面上指定第三点：（指定镜像平面第三点 C）

是否删除源对象？［是(Y)/否(N)］＜否＞：N（是否删除源对象）

命令：

12.3.4　三维阵列

执行"三维阵列"命令可以在三维空间中按矩形阵列或环形阵列的方式创建多个复制的对象。

用户可以通过以下 2 种方法执行该命令：

①在菜单栏中执行"修改"/"三维操作"/"三维阵列"命令。

②在命令行中输入"3darray"命令。

执行该命令后，系统提示：

命令：_3darray（输入命令）

选择对象：找到 1 个（选择阵列的对象）

选择对象：（按"Enter"键确定对象选择集）

输入阵列类型［矩形(R)/环形(P)］＜矩形＞：（选择三维阵列的类型）

(1)矩形阵列

矩形阵列可以同时在 X 轴、Y 轴和 Z 轴方向复制对象，如图 12-42 所示。

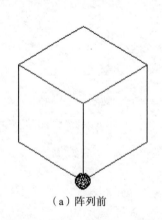
（a）阵列前

（b）阵列后

图 12-42　三维矩形阵列

执行的操作如下：

输入阵列类型［矩形(R)/环形(P)］＜矩形＞：R（执行三维矩形阵列选项命令）

输入行数（- - -）＜1＞:4（X 轴方向复制的数目）

输入列数（|||）＜1＞:4（Y 轴方向复制的数目）

输入层数（...）＜1＞:4（Z 轴方向复制的数目）

指定行间距（- - -）:20（指定行间距值）

指定列间距（|||）:20（指定列间距值）

指定层间距（...）:20（指定层间距值）

命令:

执行以上操作后,结果如图 12-42 所示。

(2)环形阵列

环形阵列是将阵列的对象绕着用户自定义的轴,通过旋转来复制对象,如图 12-43 所示。

执行的操作如下:

输入阵列类型［矩形(R)/环形(P)］＜矩形＞:p（执行环形阵列选项命令）

输入阵列中的项目数目:5（指定环形阵列复制的数目）

指定要填充的角度（＋＝逆时针,－＝顺时针）＜360＞:（指定旋转的角度）

旋转阵列对象?［是(Y)/否(N)］＜Y＞:（阵列的每个项目是否旋转）

指定阵列的中心点:（指定阵列轴的第一点）

指定旋转轴上的第二点:（指定阵列轴的第二点）

命令:

执行以上操作后,结果如图 12-43 所示。

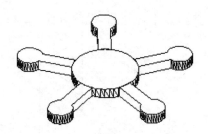

（a）阵列前　　　　　　　　　　　（b）阵列后

图 12-43　三维环形阵列

12.4　实体编辑

12.4.1　倒角和圆角

三维实体的棱边根据制图的要求,有时需要进行倒角和倒圆角。实体的"倒角"和"圆角"命令与二维平面对象的命令是一样的。

(1)倒角

用户可以通过以下 3 种方法执行该命令：

①在"实体编辑"工具栏中单击 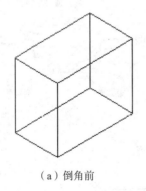（倒角）图标。

②在菜单栏中执行"修改"/"倒角"命令。

③在命令行中输入"chamfer"命令。

执行该命令后，系统提示：

命令：CHAMFER（输入命令）

（"修剪"模式）当前倒角距离 1 = 0.0000，距离 2 = 0.0000（系统提示信息）

选择第一条直线或 [放弃(U)/多段线(P)/距离(D)/角度(A)/修剪(T)/方式(E)/多个(M)]：（选择实体前表面的一条棱边）

基面选择...

输入曲面选择选项 [下一个(N)/当前(OK)]＜当前(OK)＞：（选择需要倒角的基面）

指定基面的倒角距离：3（指定基面倒角距离）

指定其他曲面的倒角距离 ＜3.0000＞：3（指定其他曲面倒角距离）

选择边或 [环(L)]：（选取需要倒角的棱边）

选择边或 [环(L)]：（选取需要倒角的棱边）

选择边或 [环(L)]：（按"Enter"键结束棱边的选择）

命令：

执行以上操作后，结果如图 12-44 所示。

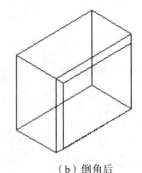

（a）倒角前　　　　　　　　　　　（b）倒角后

图 12-44　实体倒角

(2)圆角

用户可以通过以下 3 种方式执行该命令：

①在"实体编辑"工具栏中单击 （圆角）图标。

②在菜单栏中执行"修改"/"圆角"命令。

③在命令行中输入"fillet"命令。

执行该命令后,系统提示:

命令:_fillet(输入命令)

当前设置:模式 = 修剪,半径 = 0.0000(系统提示信息)

选择第一个对象或[放弃(U)/多段线(P)/半径(R)/修剪(T)/多个(M)]:(选取实体上需倒圆角的棱边)

输入圆角半径或[表达式(E)]:3(指定倒圆角的半径)

选择边或[链(C)/环(L)/半径(R)]:(选择需倒圆角的棱边)

选择边或[链(C)/环(L)/半径(R)]:(选择需倒圆角的棱边)

选择边或[链(C)/环(L)/半径(R)]:(选择需倒圆角的棱边)

选择边或[链(C)/环(L)/半径(R)]:(按"Enter"键结束棱边的选择)

已选定 3 个边用于圆角。

命令:

执行以上操作后,结果如图 12-45 所示。

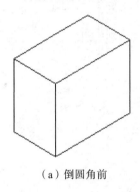

（a）倒圆角前　　　　　　　　（b）倒圆角后

图 12-45　实体倒圆角

注意:倒圆角选择实体边时,系统提示选项"链"可用于链形选择。单击"链"选项后,以用户选择的一条边为起始边,与其首尾相连的所有的边都会被选中。

12.4.2　剖切

剖切实体用于切开实体并移去指定部分来创建新的实体,如图 12-46 所示。

用户可以通过以下 2 种方法执行该命令:

①在菜单栏中执行"修改"/"三维操作"/"剖切"命令。

②在命令行中输入"slice"命令。

执行该命令后,系统提示:

命令:_slice(输入命令)

选择要剖切的对象:找到 1 个(选择要剖切的对象)

选择要剖切的对象:(按"Enter"键确定对象选择集)

指定切面的起点或［平面对象(O)/曲面(S)/Z 轴(Z)/视图(V)/XY(XY)/YZ(YZ)/ZX(ZX)/三点(3)］＜三点＞:(指定剖切面上的第一个点 A 或选项)

指定平面上的第二个点:(指定切面上的第二个点 B)

指定平面上的第三个点:(指定第三点 C)

在所需的侧面上指定点或［保留两个侧面(B)］＜保留两个侧面＞:(指定剖切后要保留的部分,选择点 D)

执行以上操作后,结果如图 12-46 所示。

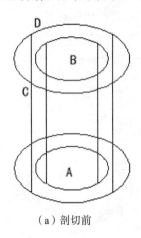
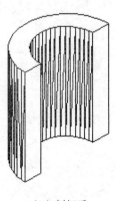

（a）剖切前　　　　　　　　　　　（b）剖切后

图 12-46　剖切实体

系统默认实体剖切的方法是通过三个点确定一个剖切面。读者也可以自己练习使用其他方法确定剖切平面,此处不再赘述。

12.4.3　加厚

执行"加厚"命令可以将任何类型的曲面转化为三维实体,如图 12-47 所示。

用户可以通过以下 2 种方法执行该命令:

①在菜单栏中执行"修改"/"三维操作"/"加厚"命令。

②在命令行中输入"thicken"命令。

执行该命令后,系统提示:

命令:_Thicken(输入命令)

选择要加厚的曲面:找到 1 个(选择需加厚的曲面)

选择要加厚的曲面:(按"Enter"键确定对象选择集)

指定厚度 ＜0.0000＞:8(指定加厚的厚度值)

执行以上操作后,结果如图 12-47 所示。

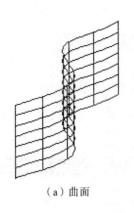　　

（a）曲面　　　　　　　　　　　（b）加厚后的实体

图 12-47　曲面加厚

12.4.4　转换为曲面

执行"转换为曲面"命令可以将图形中现有的对象，如二维实体、面域、体、三维平面及具有厚度的多段线、直线和圆弧等，转换为曲面，如图 12-48 所示。

用户可以通过以下 2 种方法执行该命令：

①在菜单栏中执行"修改"/"三维操作"/"转化为曲面"命令。

②在命令行中输入"convtosurface"命令。

执行命令后，系统提示：

命令：_convtosurface（输入命令）

网格转换设置为：平滑处理并优化

选择对象：找到 1 个（选择转化为曲面的对象）

选择对象：（按"Enter"键确定对象选择集）

命令：

执行以上操作后，结果如图 12-48 所示。

　　　　　　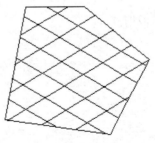

（a）面域对象　　　　　　　　　　　（b）曲面对象

图 12-48　将面域转换为曲面

在 AutoCAD 2018 中，类似的命令还有"转换为实体"。用户可以根据作图的需要将曲面转化为实体，也可以将实体、面域等对象转换为曲面，十分方便灵活。

12.5　编辑三维实体表面

在 AutoCAD 2018 中,用户可以利用"实体编辑"工具栏中的工具对三维实体表面进行编辑,包括拉伸、移动、旋转、偏移、倾斜、删除、复制或更改选定面的颜色等。"实体编辑"工具栏如图 12-49 所示。

图 12-49　"实体编辑"工具栏

12.5.1　拉伸面

通过执行"拉伸面"命令,用户可以将选定的三维实体对象的面拉伸到指定的高度,也可以将选定的面沿某一指定的路径拉伸。执行该命令时,用户一次可以选择多个面。

用户可以通过以下 3 种方法执行该命令:

①在菜单栏中执行"修改"/"实体编辑"/"拉伸面"命令。

②在"实体编辑"工具栏中单击 🔲（拉伸面）图标。

③在命令行中输入"solidedit"命令,在其子命令中选择"extrude"选项。

(1)拉伸到指定高度

将边长为 10 的正方体[如图 12-50(a)所示]的上顶面向上拉伸,指定拉伸的高度为 5、倾斜角度为 10。操作如下:

①执行命令后,系统提示选择需要拉伸的面,选择棱边 AB 后,上顶面和右侧面都选中,如图 12-50(b)所示。

②在命令行中执行"删除"子命令,再选取棱边 CD,即可删除右侧面,如图 12-50(c)所示。

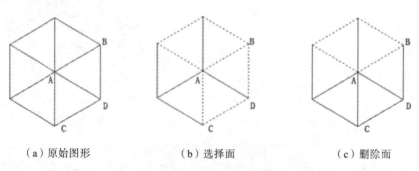

（a）原始图形　　　　　（b）选择面　　　　　（c）删除面

图 12-50　面的选择与删除

③指定顶面拉伸的高度为 5、倾斜角为 10,结果如图 12-51 所示。

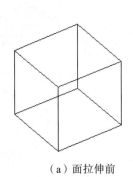
（a）面拉伸前

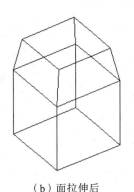
（b）面拉伸后

图 12-51　面拉伸到指定高度

命令行提示如下：

命令：_solidedit（执行命令）

实体编辑自动检查：SOLIDCHECK＝1（系统提示信息）

输入实体编辑选项［面(F)/边(E)/体(B)/放弃(U)/退出(X)］＜退出＞：_face（选择"面"编辑命令）

输入面编辑选项［拉伸(E)/移动(M)/旋转(R)/偏移(O)/倾斜(T)/删除(D)/复制(C)/颜色(L)/材质(A)/放弃(U)/退出(X)］＜退出＞：_extrude（按"Enter"键确定）

选择面或［放弃(U)/删除(R)］：找到 2 个面。（选择面，选取棱边 AB）

选择面或［放弃(U)/删除(R)/全部(ALL)］：r（执行"删除"子命令）

删除面或［放弃(U)/添加(A)/全部(ALL)］：找到 2 个面，已删除 1 个。（选择棱边 CD，删除右侧面）

删除面或［放弃(U)/添加(A)/全部(ALL)］：（按"Enter"键继续）

指定拉伸高度或［路径(P)］：5（指定面拉伸的高度）

指定拉伸的倾斜角度 ＜5＞：10（指定倾斜角度）

已开始实体校验。

已完成实体校验。（系统提示信息）

命令：

(2)沿路径拉伸

将如图 12-52(a)所示图形中的上顶面 α，沿路径曲线 l 拉伸。操作如下：

①执行命令后，再选择需要拉伸的面 α。

②执行沿路径拉伸面的子命令。

③选择拉伸的路径曲线 l。

④确定面拉伸的命令后，完成路径拉伸的操作，结果如图 12-52(b)所示。

⑤执行"hide"命令，消隐后的实体如图 12-52(c)所示。

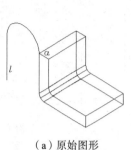　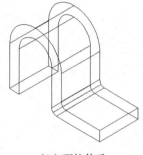　

（a）原始图形　　　　　　　（b）面拉伸后　　　　　　（c）消隐后的实体

图 12-52　面沿路径拉伸

命令行提示如下。

命令：_solidedit(执行命令)

实体编辑自动检查：SOLIDCHECK＝1(系统提示信息)

输入实体编辑选项［面(F)/边(E)/体(B)/放弃(U)/退出(X)］＜退出＞：_face(选择面编辑命令)

输入面编辑选项［拉伸(E)/移动(M)/旋转(R)/偏移(O)/倾斜(T)/删除(D)/复制(C)/颜色(L)/材质(A)/放弃(U)/退出(X)］＜退出＞：_extrude(按"Enter"键确定)

选择面或［放弃(U)/删除(R)］：找到 2 个面。(选择面)

选择面或［放弃(U)/删除(R)/全部(ALL)］：r(执行"删除"子命令)

删除面或［放弃(U)/添加(A)/全部(ALL)］：找到 2 个面,已删除 1 个。(选择需要删除的侧面)

删除面或［放弃(U)/添加(A)/全部(ALL)］：(按"Enter"键继续)

指定拉伸高度或［路径(P)］：p(执行沿路径拉伸面的子命令)

选择拉伸路径：(选择面拉伸的路径曲线 l)

已开始实体校验。

已完成实体校验。

命令：

12.5.2　移动面

在 AutoCAD 2018 中,用户可以沿指定高度或距离移动选定的三维实体对象的面。移动面操作可以一次选择多个面对象。

用户可以通过以下 3 种方法执行该命令：

①在菜单栏中执行"修改"/"实体编辑"/"移动面"命令。

②在"实体编辑"工具栏中单击 ▣(移动面)图标。

③在命令行中输入"solidedit"命令,在其子命令中选择"move"选项。

执行命令后,选择需要移动的面,如图 12-53(a)所示的圆柱孔曲面,再将该面移动至目标位置。如图 12-53 所示为执行"移动面"命令将圆柱孔曲面沿 X 轴方向水平移动 100,从点 A 移动到点 B。

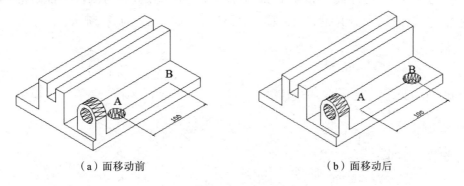

（a）面移动前　　　　　　　　　　（b）面移动后

图 12-53　面移动

命令行提示如下:

命令:_solidedit(执行命令)

实体编辑自动检查:SOLIDCHECK＝1(系统提示信息)

输入实体编辑选项［面(F)/边(E)/体(B)/放弃(U)/退出(X)］＜退出＞:_face(选择面编辑命令)

输入面编辑选项［拉伸(E)/移动(M)/旋转(R)/偏移(O)/倾斜(T)/删除(D)/复制(C)/颜色(L)/材质(A)/放弃(U)/退出(X)］＜退出＞:_move(执行面移动子命令)

选择面或［放弃(U)/删除(R)］:找到 2 个面。(选择面)

删除面或［放弃(U)/添加(A)/全部(ALL)］:(按"Enter"键,确定对象选择集)

指定基点或位移:(指定基点,即点 A)

指定位移的第二点:(指定目标点,即点 B)

已开始实体校验。

已完成实体校验。

命令:

执行以上操作后,完成面移动,结果如图 12-53(b)所示。

12.5.3　偏移面

用户可以按指定的距离或通过指定的点,将面均匀地偏移。若输入偏移量为正值,则偏移的面将增大实体的尺寸或体积;若输入的偏移量为负值,则减小实体尺寸或体积。

用户可以通过以下 3 种方法执行该命令:

①在菜单栏中执行"修改"/"实体编辑"/"偏移面"命令。

②在"实体编辑"工具栏中单击 图标。

③在命令行中输入"solidedit"命令,在其子命令中选择"offset"选项。

执行命令后,选择需要移动的面,如图 12-54(a)所示的内侧柱形面(虚线显示),指定偏移量为－10,完成面偏移后,实体显示如图 12-54(b)所示。

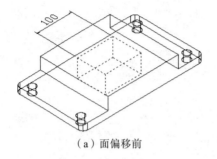
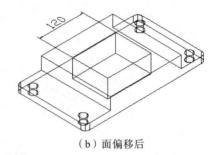

（a）面偏移前　　　　　　　　　　　（b）面偏移后

图 12-54　面偏移

命令行提示如下:

命令:_solidedit(执行命令)

实体编辑自动检查:SOLIDCHECK＝1(系统提示信息)

输入实体编辑选项 [面(F)/边(E)/体(B)/放弃(U)/退出(X)] ＜退出＞:_face(选择面编辑命令)

输入面编辑选项 [拉伸(E)/移动(M)/旋转(R)/偏移(O)/倾斜(T)/删除(D)/复制(C)/颜色(L)/材质(A)/放弃(U)/退出(X)] ＜退出＞:o(执行面偏移子命令)

选择面或 [放弃(U)/删除(R)]:找到 2 个面。(选择面)

选择面或 [放弃(U)/删除(R)/全部(ALL)]:r(执行"删除面"子命令)

删除面或 [放弃(U)/添加(A)/全部(ALL)]:找到 2 个面,已删除 1 个。(选择需要删除的侧面)

删除面或 [放弃(U)/添加(A)/全部(ALL)]:(按"Enter"键继续)

指定偏移距离:－10 (指定偏移量)

已开始实体校验。

已完成实体校验。

命令:

12.5.4　旋转面

在 AutoCAD 2018 中,用户可以将一个或多个面绕指定的轴旋转,也可以将实体的某些部分旋转到目标位置。

用户可以通过以下 3 种方法执行该命令：

①在菜单栏中执行"修改"/"实体编辑"/"旋转面"命令。

②在"实体编辑"工具栏中单击 （旋转面）图标。

③在命令行中输入"solidedit"命令，在其子命令中选择"rotate"选项。

执行命令后，选择需要旋转的面，如图 12-55(a)所示（虚线显示），指定旋转的角度为－90，旋转的轴为直线 AB。完成面旋转后的实体如图 12-55(b)所示，消隐后如图 12-55(c)所示。

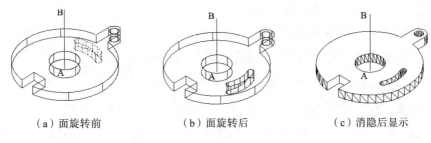

| （a）面旋转前 | （b）面旋转后 | （c）消隐后显示 |

图 12-55　面旋转

系统提示如下：

命令：SOLIDEDIT（执行命令）

实体编辑自动检查：SOLIDCHECK＝1（系统提示信息）

输入实体编辑选项 [面(F)/边(E)/体(B)/放弃(U)/退出(X)]＜退出＞：F（选择面编辑命令）

输入面编辑选项 [拉伸(E)/移动(M)/旋转(R)/偏移(O)/倾斜(T)/删除(D)/复制(C)/颜色(L)/材质(A)/放弃(U)/退出(X)]＜退出＞：R（选择面旋转子命令）

选择面或 [放弃(U)/删除(R)]：找到 2 个面。（选择需要旋转的面）

选择面或 [放弃(U)/删除(R)/全部(ALL)]：（确定对象选择集）

指定轴点或 [经过对象的轴(A)/视图(V)/X 轴(X)/Y 轴(Y)/Z 轴(Z)]＜两点＞：（定义旋转轴，选择点 A）

在旋转轴上指定第二个点：（选择点 B）

指定旋转角度或 [参照(R)]：－90（指定旋转的角度）

已开始实体校验。

已完成实体校验。（系统提示信息）

输入面编辑选项 [拉伸(E)/移动(M)/旋转(R)/偏移(O)/倾斜(T)/删除(D)/复制(C)/颜色(L)/材质(A)/放弃(U)/退出(X)]＜退出＞：（选择面编辑命令，按＜Enter＞键退出）

实体编辑自动检查：SOLIDCHECK＝1（系统提示信息）

输入实体编辑选项 [面(F)/边(E)/体(B)/放弃(U)/退出(X)] <退出>：
(按"Enter"键退出)

命令：

12.5.5 倾斜面

在 AutoCAD 2018 中,用户可以执行"倾斜面"命令,将选定的面沿着指定的空间向量倾斜一定的角度。倾斜角的倾斜方向由用户选择的基点和第二点的顺序(即选定的矢量方向)决定。

用户可以通过以下 3 种方法执行该命令：

①在菜单栏中执行"修改"/"实体编辑"/"倾斜面"命令。

②在"实体编辑"工具栏中单击 图标。

③在命令行中输入"solidedit"命令,在其子命令中选择"taper"选项。

执行上述命令后,选择需要倾斜的面,如图 12-56(a)所示(虚线显示),指定倾斜角的倾斜方向上的第一点为坐标原点,第二点为 Z 轴方向上的点,即可设定倾斜的方向矢量为 Z 轴。指定倾斜角度为"-5",实体消隐后如图 12-56(b)所示。

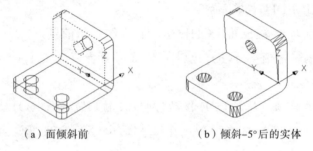

（a）面倾斜前　　　　　　　　（b）倾斜-5°后的实体

图 12-56　面倾斜

命令行提示如下：

命令：SOLIDEDIT(执行命令)

实体编辑自动检查：SOLIDCHECK=1(系统提示信息)

输入实体编辑选项 [面(F)/边(E)/体(B)/放弃(U)/退出(X)] <退出>：F (选择面编辑命令)

输入面编辑选项 [拉伸(E)/移动(M)/旋转(R)/偏移(O)/倾斜(T)/删除(D)/复制(C)/颜色(L)/材质(A)/放弃(U)/退出(X)] <退出>：T(选择面倾斜命令)

选择面或 [放弃(U)/删除(R)]：找到 2 个面。(选择需要旋转的面)

选择面或 [放弃(U)/删除(R)/全部(ALL)]：R(删除其他选中的面)

选择面或 [放弃(U)/删除(R)/全部(ALL)]：(按"Enter"键确定对象选择集)

指定基点：(选取坐标原点)

指定沿倾斜轴的另一个点：(选择 Z 轴方向通过点)

指定倾斜角度：-5(指定倾斜角度为-5°)

已开始实体校验。

已完成实体校验。(系统提示信息)

输入面编辑选项[拉伸(E)/移动(M)/旋转(R)/偏移(O)/倾斜(T)/删除(D)/复制(C)/颜色(L)/材质(A)/放弃(U)/退出(X)]<退出>：(选择面编辑命令，按"Enter"键退出)

实体编辑自动检查：SOLIDCHECK=1(系统提示信息)

输入实体编辑选项[面(F)/边(E)/体(B)/放弃(U)/退出(X)]<退出>：(按"Enter"键退出)

命令：

注意：指定倾斜角度时，如果用户输入的角度为正值，选定的面将向里倾斜；如果用户输入的角度为负值，选定的面将向外倾斜。

12.5.6　复制面

用户可以通过执行"复制面"命令复制三维实体上的面，选定的面将作为面域或实体被复制。用户可以反复执行该命令，复制多个实体的面。

用户可以通过以下 3 种方法执行该命令：

①在菜单栏中执行"修改"/"实体编辑"/"复制面"命令。

②在"实体编辑"工具栏中单击 (复制面)图标。

③在命令行中输入"solidedit"命令，在其子命令中选择"copy"选项。

执行该命令后，选择需要复制的实体面，然后指定面的基点位置，再指定面复制的目标位置，即可完成面的复制。反复操作，可以完成多个面的复制，如图12-57所示。

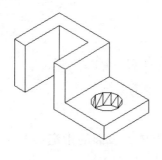
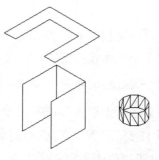

（a）三维实体　　　　　　　　　（b）复制实体的多个面

图 12-57　面复制

命令行提示如下：

命令：SOLIDEDIT（执行命令）

实体编辑自动检查：SOLIDCHECK＝1（系统提示信息）

输入实体编辑选项 ［面（F）/边（E）/体（B）/放弃（U）/退出（X）］＜退出＞：F（选择面编辑命令）

输入面编辑选项 ［拉伸（E）/移动（M）/旋转（R）/偏移（O）/倾斜（T）/删除（D）/复制（C）/颜色（L）/材质（A）/放弃（U）/退出（X）］＜退出＞：C（选择面复制命令）

选择面或 ［放弃（U）/删除（R）］：找到 2 个面。（选择需要复制的面）

选择面或 ［放弃（U）/删除（R）/全部（ALL）］：（确定对象选择集）

指定基点或位移：（指定需要复制面的基点位置）

指定位移的第二点：（指定复制面的目标位置）

输入面编辑选项 ［拉伸（E）/移动（M）/旋转（R）/偏移（O）/倾斜（T）/删除（D）/复制（C）/颜色（L）/材质（A）/放弃（U）/退出（X）］＜退出＞：（选择面编辑命令，按"Enter"键退出）

实体编辑自动检查：SOLIDCHECK＝1（系统提示信息）

输入实体编辑选项 ［面（F）/边（E）/体（B）/放弃（U）/退出（X）］＜退出＞：（按"Enter"键退出）

命令：

12.5.7　压印边

在 AutoCAD 2018 中，用户可以执行"压印边"命令，将与选定面相交的二维曲面的边对象压印到三维实体的面上。压印操作将组合对象和面，并创建边。用户还可以对压印到实体表面上的对象进行三维面操作，从而绘制出较为复杂的三维实体。

用户可以通过以下 3 种方法执行该命令：

①在菜单栏中执行"修改"/"实体编辑"/"压印边"命令。

②在"实体编辑"工具栏中单击 （压印边）图标。

③在命令行中输入"imprint"命令。

如图 12-58（a）所示，将圆形对象平移到长方体上表面的指定位置，再执行该命令，可将圆对象压印到实体表面，如图 12-58（b）所示。

命令行提示如下：

命令：_imprint（执行"压印边"命令）

选择三维实体或曲面：（选择长方体）

选择要压印的对象：（选择圆对象）

是否删除源对象 [是(Y)/否(N)] <N>:y(删除圆对象)

选择要压印的对象:(按"Enter"键完成压印对象选择)

命令:

执行完以上操作,即可将圆对象压印到长方体上顶面。用户还可以对压印对象进行面的编辑(面拉伸)操作,例如在长方体上顶面钻出深度为 25 的圆孔,如图 12-58(c)所示。

命令行提示如下:

命令:_solidedit(执行命令)

实体编辑自动检查:SOLIDCHECK=1(系统提示信息)

输入实体编辑选项 [面(F)/边(E)/体(B)/放弃(U)/退出(X)] <退出>:_face(选择面编辑命令)

输入面编辑选项 [拉伸(E)/移动(M)/旋转(R)/偏移(O)/倾斜(T)/删除(D)/复制(C)/颜色(L)/材质(A)/放弃(U)/退出(X)] <退出>:_extrude(执行面拉伸命令)

选择面或 [放弃(U)/删除(R)/全部(ALL)]:找到一个面。(选择圆对象)

删除面或 [放弃(U)/添加(A)/全部(ALL)]:(按"Enter"键继续)

指定拉伸高度或 [路径(P)]:-25(指定面拉伸的高度)

指定拉伸的倾斜角度 <0>:(指定倾斜角度)

已开始实体校验。

已完成实体校验。(系统提示信息)

输入面编辑选项 [拉伸(E)/移动(M)/旋转(R)/偏移(O)/倾斜(T)/删除(D)/复制(C)/颜色(L)/材质(A)/放弃(U)/退出(X)] <退出>:(选择面编辑命令,按<Enter>键退出)

实体编辑自动检查:SOLIDCHECK=1(系统提示信息)

输入实体编辑选项 [面(F)/边(E)/体(B)/放弃(U)/退出(X)] <退出>:(按"Enter"键退出)

命令:

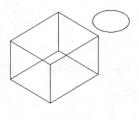
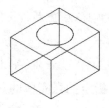
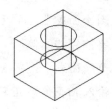

(a)原始图形　　　　　　(b)压印圆到顶面　　　　　　(c)拉伸面

图 12-58　压印边

12.5.8　抽壳

在 AutoCAD 2018 中,用户可以对三维实体对象进行抽壳,将其转换为中空薄壁,再通过将现有面向原位置的内部或外部偏移来创建新的面。

用户可以通过以下 3 种方法执行该命令:

①在菜单栏中执行"修改"/"实体编辑"/"抽壳"命令。

②在"实体编辑"工具栏中单击 ▣ (抽壳)图标。

③在命令行中输入"solidedit"命令,在其子命令中选择"shell"选项。

执行该命令后,选择需抽壳的实体,再选择需要删除的面,然后指定抽壳实体的薄壁厚度值即可。例如,对如图 12-59(a)所示的实体,指定抽壳偏移距离(即抽壳实体的薄壁厚度值)为 15,执行"抽壳"命令后实体如图 12-59(b)所示。

　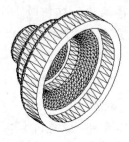

（a）抽壳前的实体　　　　　　　（b）抽壳后的实体

图 12-59　实体抽壳

命令行提示如下:

命令:_solidedit(执行实体编辑命令)

实体编辑自动检查:SOLIDCHECK=1(系统提示信息)

输入实体编辑选项[面(F)/边(E)/体(B)/放弃(U)/退出(X)]<退出>:_body(选择"体"编辑子命令)

输入实体编辑选项[压印(I)/分割实体(P)/抽壳(S)/清除(L)/检查(C)/放弃(U)/退出(X)]<退出>:_shell(执行实体"抽壳"命令)

选择三维实体:

删除面或[放弃(U)/添加(A)/全部(ALL)]:找到一个面,已删除 1 个。(选择需要抽壳的实体)

删除面或[放弃(U)/添加(A)/全部(ALL)]:(按"Enter"键继续)

输入抽壳偏移距离:15(指定抽壳实体的薄壁厚度值)

已开始实体校验。

已完成实体校验。(系统提示信息)

输入体编辑选项[压印(I)/分割实体(P)/抽壳(S)/清除(L)/检查(C)/放弃

（U）/退出（X）]＜退出＞:（按"Enter"键继续）

实体编辑自动检查:SOLIDCHECK＝1（系统提示信息）

输入实体编辑选项［面（F）/边（E）/体（B）/放弃（U）/退出（X）]＜退出＞:（按"Enter"键退出）

命令:HIDE

正在重生成模型。（执行消隐命令）

命令:

注意:当系统提示"删除面"时,虽然被选中的实体并没有任何变化,但是用户必须选择需要删除的面;否则不能完成"抽壳"命令。当系统提示"输入抽壳偏移距离"时,如果用户输入偏移值为正,则系统将在面的正方向上创建抽壳实体;如果用户输入偏移值为负,则系统将在面的负方向上创建抽壳实体。

建议用户在将三维实体转换为壳体之前,先创建原实体的副本,对其副本执行"抽壳"命令,这样就不会因误操作而使原实体尺寸的改变影响绘图的效率。

例 12.3　绘制如图 12-60 所示的三维实体模型。

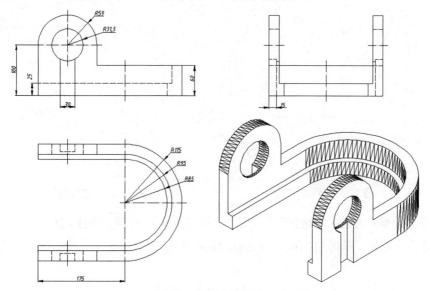

图 12-60　实体工程图示例

步骤一:创建三维实体的"U"形体部分

①启动 AutoCAD 2018,新建图纸,在系统默认的俯视图中绘制二维路径曲线,如图 12-61 所示。

②将图 12-60 所示的曲线组合成二维多段线。

命令行提示如下:

命令:PEDIT（执行"编辑多段线"命令）

选择多段线或［多条（M）]:（选择其中的一条曲线）

选定的对象不是多段线

是否将其转换为多段线？<Y>（选择将其转换为多段线）

输入选项［闭合（C）/合并（J）/宽度（W）/编辑顶点（E）/拟合（F）/样条曲线（S）/非曲线化（D）/线型生成（L）/反转（R）/放弃（U）］：j（选择"合并"多段线子命令）

选择对象：指定对角点：找到 3 个（选择 3 条曲线）

选择对象：（按"Enter"键确定对象选择集）

多段线已增加 2 条线段（系统提示信息）

输入选项［闭合（C）/合并（J）/宽度（W）/编辑顶点（E）/拟合（F）/样条曲线（S）/非曲线化（D）/线型生成（L）/反转（R）/放弃（U）］：（按"Enter"键退出）

命令：

③将当前视图切换到"西南等轴测"视图，绘制截面图形，如图 12-62 所示，并将该图形转化为二维面域。

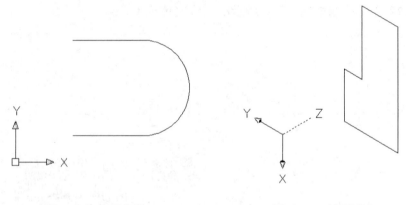

图 12-61　路径曲线　　　　　　　图 12-62　截面图形

④在菜单栏中执行"绘图"/"建模"/"扫掠"命令，将截面图形沿图 12-61 所示的路径方向扫掠，得到的扫掠实体如图 12-63 所示。

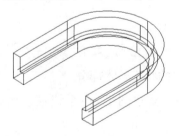

图 12-63　扫掠实体

命令：_sweep（执行"扫掠"命令）

当前线框密度：ISOLINES＝4，闭合轮廓创建模式 ＝ 实体（系统提示信息）

选择要扫掠的对象或［模式（MO）］：_MO 闭合轮廓创建模式［实体（SO）/曲

面(SU)]＜实体＞:_SO

　　选择要扫掠的对象或 [模式(MO)]:找到 1 个:找到 1 个(选择需扫掠的截面)

　　选择要扫掠的对象或 [模式(MO)]:(按"Enter"键确定对象选择集)

　　选择扫掠路径或 [对齐(A)/基点(B)/比例(S)/扭曲(T)]:(选择扫掠路径)

　　命令:

　　步骤二:绘制"U"形体突起部分

　　①在当前的"西南等轴测"视图中,执行"UCS"命令,将 XY 平面切换到右侧面,并绘制平面图形,如图 12-64 所示。

　　②将上一步绘制的图形转换为面域(两个面域),再执行布尔差集运算,将外部面域减去内部圆面域。然后执行"extrude"(拉伸)命令,将拉伸的高度设为 20,结果如图 12-65 所示。

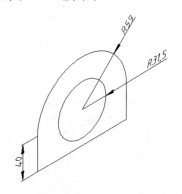
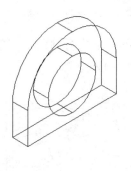

图 12-64　面域图形　　　　　　图 12-65　拉伸高度为"20"的实体

　　③将图 12-65 所示的实体复制到图 12-63 所示实体上合适的位置,如图 12-66 所示。然后执行布尔并集运算,将三个实体组合成一个实体,即可完成"U"形体主体图形的绘制,消隐后图形的主体部分如图 12-67 所示。

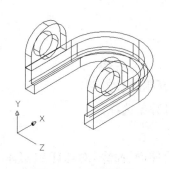
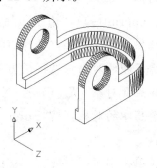

图 12-66　复制实体　　　　　　图 12-67　组合实体(消隐后)

　　步骤三:压印边并拉伸面,完成实体绘制

　　①在"西南等轴测"视图中,转换 UCS 坐标系,将 XY 平面切换到右侧面,绘制一个长为 30、高为 100 的长方形,如图 12-68 所示。

②将长方形移动到三维实体的表面,指定长方形顶边中点为基点,与实体外侧面圆孔圆心位置对齐,如图 12-69 所示。

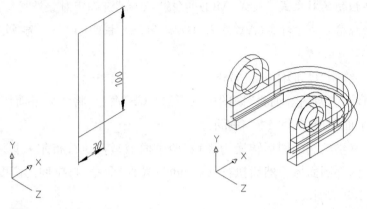

图 12-68　绘制长方形　　　　　图 12-69　平移长方形到实体表面

③在菜单栏中执行"修改"/"实体编辑"/"压印边"命令,将长方形压印到三维实体表面,如图 12-70 所示。

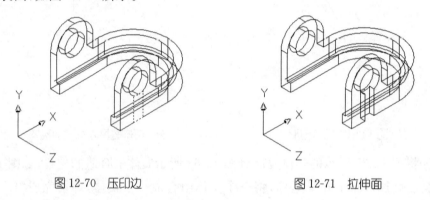

图 12-70　压印边　　　　　　　图 12-71　拉伸面

命令行提示如下:

命令:_imprint(执行"边压印"命令)

选择三维实体或曲面:(选择三维实体)

选择要压印的对象:(选择长方形)

是否删除源对象 [是(Y)/否(N)] <N>:y(删除长方形)

选择要压印的对象:(按"Enter"键完成压印对象选择)

命令:

④在菜单栏中执行"修改"/"实体编辑"/"拉伸面"命令,对压印到实体表面上的面,即如图 12-70 所示虚线显示的面,执行"拉伸面"命令,指定拉伸的高度为"-15",结果如图 12-71 所示。

命令行提示如下:

命令:_solidedit(执行命令)

实体编辑自动检查：SOLIDCHECK＝1（系统提示信息）

输入实体编辑选项［面(F)/边(E)/体(B)/放弃(U)/退出(X)]＜退出＞：_face(选择面编辑命令)

输入面编辑选项［拉伸(E)/移动(M)/旋转(R)/偏移(O)/倾斜(T)/删除(D)/复制(C)/颜色(L)/材质(A)/放弃(U)/退出(X)]＜退出＞：_extrude(执行面拉伸命令)

选择面或［放弃(U)/删除(R)]：找到 1 个面。（选择拉伸的面）

删除面或［放弃(U)/添加(A)/全部(ALL)]：（按"Enter"键继续）

指定拉伸高度或［路径(P)]：－15（指定面拉伸的高度）

指定拉伸的倾斜角度 ＜0＞：（指定倾斜角度为 0）

已开始实体校验。

已完成实体校验。（系统提示信息）

输入实体编辑选项［压印(I)/分割实体(P)/抽壳(S)/清除(L)/检查(C)/放弃(U)/退出(X)]＜退出＞：（按"Enter"键继续）

实体编辑自动检查：SOLIDCHECK＝1（系统提示信息）

输入实体编辑选项［面(F)/边(E)/体(B)/放弃(U)/退出(X)]＜退出＞：（按"Enter"键退出）

命令：

⑤使用同样的方法可以绘制三维实体另一侧面压印的长方形,将压印边所构成的面拉伸的高度设为"15",结果如图 12-72 所示。

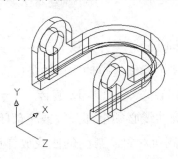
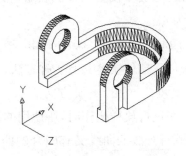

图 12-72　拉伸实体另一侧的面　　　图 12-73　消隐后实体的显示

⑥删除多余的线条(如路径矢量曲线),执行"hide"(消隐)命令,完成本例实体的绘制,最终效果如图 12-73 所示。

思考与练习

一、填空题

(1)实体可以进行_____,将多个简单的实体构造成单一的较为复杂的实体。

(2)绘制多段体的方法与绘制多段线相同。系统默认情况下,多段体始终具有_____截面。

(3)以多个二维物体组成的闭合图形为截面拉伸成三维实体时,需将其转换为二维多段线或_____。

(4)在创建实体的过程中,通过改变曲面轮廓中小曲面的面数,可以使实体显示得更加平滑;通过设置系统变量_____,可以修改曲面的面数。

(5)扫掠与拉伸不同,沿路径扫掠轮廓时,轮廓将移动并与路径_____,然后沿路径扫掠该轮廓。

(6)剖切实体用于切开实体并移去指定部分来创建新的实体。若要执行该命令,应在命令行中输入_____。

二、选择题

(1)布尔差集运算的命令是(　　　)。

A. union　　　　　B. thicken　　　　　C. subtract　　　　　D. intersect

(2)三维实体模型的线框数量可以由系统变量(　　　)来控制,系统默认的线框数目为4。

A. isolines　　　　B. surftab　　　　　C. facetres　　　　　D. hide

(3)创建拉伸实体共有4种方法,下列选项不能创建拉伸实体的是(　　　)。

A. 高度　　　　　B. 方向　　　　　C. 路径　　　　　D. 旋转

(4)在进行放样操作时,所使用的截面轮廓曲线必须全部开放或全部闭合,不能使用既有开放的曲线又有闭合的曲线的横截面对象。封闭的曲线放样后得到三维实体;开放的曲线放样后得到(　　　)。

A. 三维曲面　　　B. 三维实体　　　　C. 错误提示　　　　D. 平面物体

(5)"mirror3d"命令的作用是(　　　)。

A. 沿指定的镜像平面创建对象的镜像

B. 将指定对象绕空间轴旋转指定的角度

C. 在三维空间中移动指定对象并使其与某对象对齐位置

D. 在三维空间中按矩形阵列或环形阵列的方式创建对象的多个副本

(6)下列选项中,不是放样建模中的截面法线指向类型的是(　　　)。

A. 起点横截面 B. 经过点横截面

C. 端点横截面 D. 所有横截面

(7)使用三维对齐命令时,所选择的源对象上的点和目标对象上的点不具有的特征是( )。

A. 对象上的第一个源点(也称为基点)将始终移动到第一个目标点

B. 为源和目标指定第二点将导致旋转选定对象

C. 为源和目标指定第三点将导致选定对象进一步旋转

D. 以上说法都不正确

(8)转换为曲面的命令是( )。

A. length B. xattach C. pedit D. convtosurface

(9)在 AutoCAD 2018 中,用户可以执行( )命令,将与选定面相交的二维曲面的边对象压印到三维实体的面上。

A. 压印边 B. 干涉 C. 抽壳 D. 偏移面

三、简答题

(1)二维对象可以通过"拉伸""扫掠"等命令转化为三维实体。请问转化的三维实体对二维对象有什么要求?

(2)放样实体有几种类型?

(3)布尔运算可以对三维实体进行操作,也可以对平面对象进行操作。请问二维对象是如何进行布尔运算的?

(4)设置系统变量"dispsilh"的作用是什么?

(5)三维对齐是如何进行的?

四、操作题

完成下列三维实体图形的绘制。

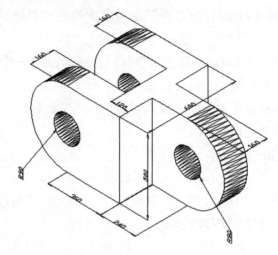

图 12-74　实体模型练习 I

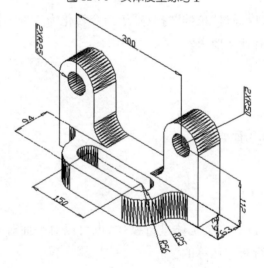

图 12-75　实体模型练习 II（没有标注的圆角半径为 38）

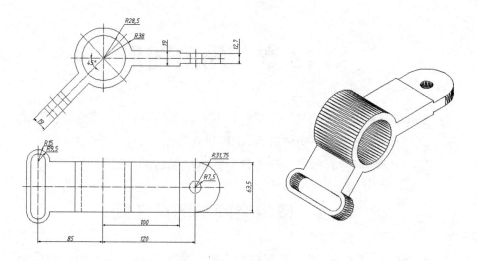

图 12-76　工程图练习

第 13 章　输出图形

在 AutoCAD 2018 中绘制好图形后，用户可以使用打印机或绘图仪将图形输出。输出图形可以在模型空间中进行，也可以在图纸（布局）空间中进行。

本章将介绍如何在打印机或绘图仪上输出绘制好的图形。

13.1　模型空间与图纸空间

AutoCAD 2018 有两个空间，即模型空间和图纸空间。在模型空间中绘制图形时，用户可以绘制图形的主体模型，而在图纸空间中绘制图形时可以排列模型的图纸形式。

(1)模型空间

模型空间是用户进行设计绘图的工作空间。在模型空间中，用户可使用系统提供的工具完成二维或三维物体的造型，标注必要的尺寸和文字说明。系统的默认状态为模型空间。在绘图过程中，如果用户图形只涉及一个视图，在模型空间即可完成图形的绘制、打印等操作。

(2)图纸空间

图纸空间，又称为布局，可以视为由一张图纸构成的平面，且该平面与绘图区平行。图纸空间上的所有图纸均为平面图，不能从其他角度观看。利用图纸空间，用户可以把模型空间中绘制的三维模型以多个视图（如主视图、俯视图和剖视图）、不同比例的形式排列在同一张图纸上，以便输出。而这些在模型空间则无法实现。

注意：当需要切换空间时，可以在命令行中输入系统变量"tilemode"后再按下"Enter"键，此时系统提示用户输入新值。其值为"0"时，表示工作空间为图纸空间；其值为"1"时，表示工作空间为模型空间。

13.2　平铺视口与浮动视口

视口是指在模型空间中显示图形的某个部分的区域。对于较复杂的图形，为了能比较清楚地观察图形的不同部分，用户可以在绘图区域上同时建立多个视口进行平铺，以便于显示多个不同的视图。

13.2.1　平铺视口

创建多视口时的绘图空间不同,所得到的视口形式也不相同。如果当前绘图空间是模型空间,则创建的视口称为平铺视口;如果当前绘图空间是图纸空间,则创建的视口称为浮动视口。系统提供了"视口"工具栏,可用于修改和编辑视口,如图 13-1 所示。注意:只有当前视口可编辑修改。

图 13-1　"视口"工具栏

用户可以通过以下 3 种方式执行创建平铺视口命令:

①在"视口"工具栏中单击 (显示"视口"对话框)图标。

②在菜单栏中执行"视图"/"视口"/"新建视口"命令。

③在命令行中输入"vports"命令。

执行该命令后,打开"视口"对话框,如图 13-2 所示。"视口"对话框包含两个选项卡。

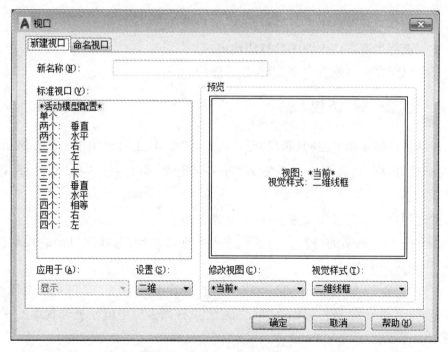

图 13-2　"视口"对话框

(1)"新建视口"选项卡

①"新名称"文本框:用于输入新建视口的名称。

②"标准视口"列表框:用于列出并设定标准视口配置。

③"预览"窗口:用于预览选定的视口配置。如果在"标准视口"列表框中选择

一种视口,则"预览"窗口中可显示此视口的样式。

④"应用于"下拉列表框:用于选择将模型空间视口配置应用到整个显示窗口或当前视口。

⑤"设置"下拉列表框:可在"二维""三维"2 个选项中选择;"二维"可以进行二维平铺视口,"三维"可进行三维视口。

⑥"修改视图"下拉列表框:用所选的视口配置代替以前的视口配置。

⑦"视觉样式"下拉列表框:将"二维线框"等视觉样式用于视口。

(2)"命名视口"选项卡

①"当前名称"文本框:用于显示当前命名视图的名称。

②"命名视口"列表框:用于显示当前图形中保存的全部视口配置。

③"预览"窗口:用于预览当前视口的配置。

平铺视口的特点:

①视口是平铺的,各视口间彼此相邻,大小、位置固定,且不能重叠。

②当前视口(激活状态)的边界为粗边框显示,光标呈十字形(在其他视口中呈小箭头状)。

③只能在当前视口中进行各种绘图、编辑操作。

④只能将当前视口中的图形打印输出。

⑤可以保存视口配置命令,以备以后使用。

13.2.2　浮动视口

浮动视口是在图纸空间(布局)创建的。在"视口"工具栏中单击 ▦(显示"视口"对话框)图标,或在命令行中输入"vports"命令,可打开"窗口"对话框,如图 13-2 所示。

此时用户可以设置多个规则视口,其操作如下:

①在图 13-2 所示的"视口"对话框中点击视口名称,选择视口个数和平铺方式,然后激活一个视口。

②在"设置"下拉列表框中选择"二维"时,可直接在"预览"窗口中单击各视口将其激活;选择"三维"时,可以在"修改视图"下拉列表框中改变被选视图的视口,如图 13-3 所示。

③单击"确定"按钮,完成操作。

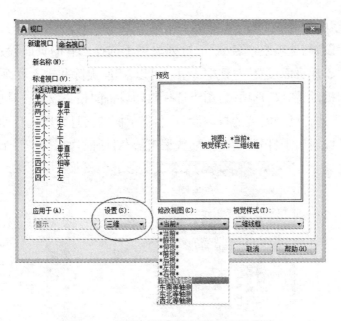

图 13-3　设置三维视口时修改视图的类型

13.3　模型空间输出图形

在模型空间中,用户不仅可以完成图形的绘制、编辑,还可以直接输出图形。

用户可以通过以下 3 种方式执行打印输出命令:

①在快捷工具栏中单击 🖨 (打印)图标。

②在菜单栏中执行"文件"/"打印"命令。

③在命令行中输入"plot"命令。

在模型空间中执行以上命令后,打开"打印-模型"对话框,如图 13-4 所示。

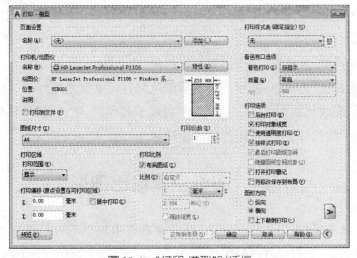

图 13-4　"打印-模型"对话框

各选项组的功能如下：

①"页面设置"选项组："名称"下拉列表用于选择已有的页面设置，"添加"按钮用于打开"添加页面设置"对话框。用户可以新建、删除和输入页面设置。

②"打印机/绘图仪"选项组：用于选择打印设备的相关设置。其中，"名称"下拉列表框用于选择已经安装的打印设备，名称下面的信息为所选打印设备的部分信息；"特性"按钮用于打开"绘图仪配置编辑器"对话框，如图 13-5 所示。

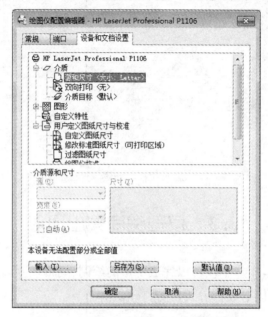

图 13-5   "绘图仪配置编辑器"对话框

③"图纸尺寸"下拉列表框：用于选择图纸尺寸。

④"打印区域"选项组：用于设置打印图形区域。

⑤"打印偏移"选项组：用于调整图形的打印区域。其中，"居中打印"复选框用于设置居中打印图形；"X/Y"文本框用于设置在水平和竖直方向上的打印偏移量。

⑥"打印份数"文本框：用于指定打印的份数。

⑦"打印比例"选项组：用于控制图形单位与打印单位之间的相对尺寸。打印布局时，默认缩放比例为1：1。从"模型"选项卡打印时，默认设置为"布满图纸"。

⑧"预览"按钮：用于预览图形的输出结果。

13.4   图纸空间输出图形

通过图纸空间（布局）输出图形时可以在布局中规划图形的位置和大小。在布局输出图形前，应对要打印的图形进行页面设置。AutoCAD 2018 为用户提供了多种用于创建、管理布局的方法,无论是在图纸空间还是在模型空间,都可以创建布局。

13.4.1 新建布局

用户可以在菜单栏中执行"插入"/"布局"命令,在弹出的子菜单中执行"创建布局"子命令(如图 13-6 所示);也可以单击"布局"工具栏(如图 13-7 所示)中的 (新建布局)按钮,直接输入布局名称来创建新布局。后者是创建布局最简单、最快捷的方法。

图 13-6 "布局"菜单　　　　　　　图 13-7 "布局"工具栏

系统提示如下:

命令:_layout(执行"布局"命令)

输入布局选项[复制(C)/删除(D)/新建(N)/样板(T)/重命名(R)/另存为(SA)/设置(S)/?]<设置>:_new(选择布局类型)

输入新布局名<布局 3>:(指定新布局名称)

13.4.2 使用布局向导创建布局

使用布局向导创建布局可以对所创建布局的各个主要环节进行设置,不需要进行布局的调整和修改,即可执行打印操作。

现以图 13-8 所示的工程图为例,介绍创建布局的步骤。

①在菜单栏中执行"插入"/"布局"/"创建布局向导"命令,或者执行"工具"/"向导"/"创建布局"命令,打开"创建布局-开始"对话框,如图 13-9 所示。在"输入

新布局的名称"文本框中输入名称,如"工程图实例"。

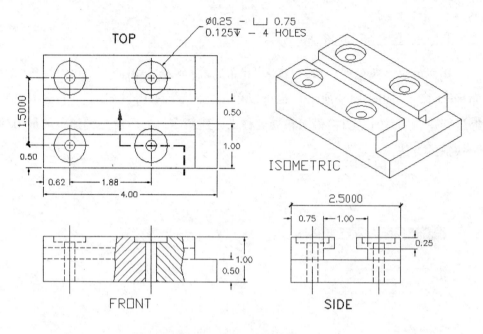

图 13-8　绘制好的工程图

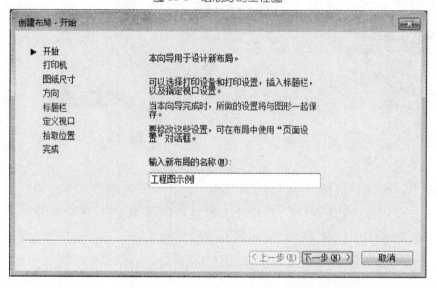

图 13-9　"创建布局-开始"对话框

②单击"下一步"按钮,打开"创建布局-打印机"对话框,如图 13-10 所示。根据需要在右边的列表框中选择所要配置的打印机,例如选择一台型号为"HP LaserJet Professional P1106"的打印机。

③单击"下一步"按钮,打开"创建布局-图纸尺寸"对话框,将布局的图纸设置为"A4"图纸,大小为 297 mm×210 mm,如图 13-11 所示。

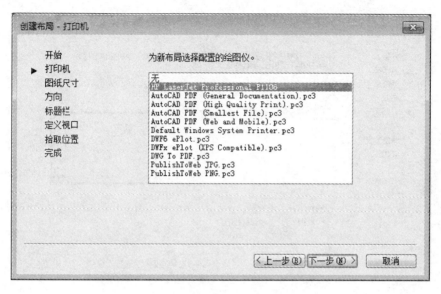

图 13-10　"创建布局-打印机"对话框

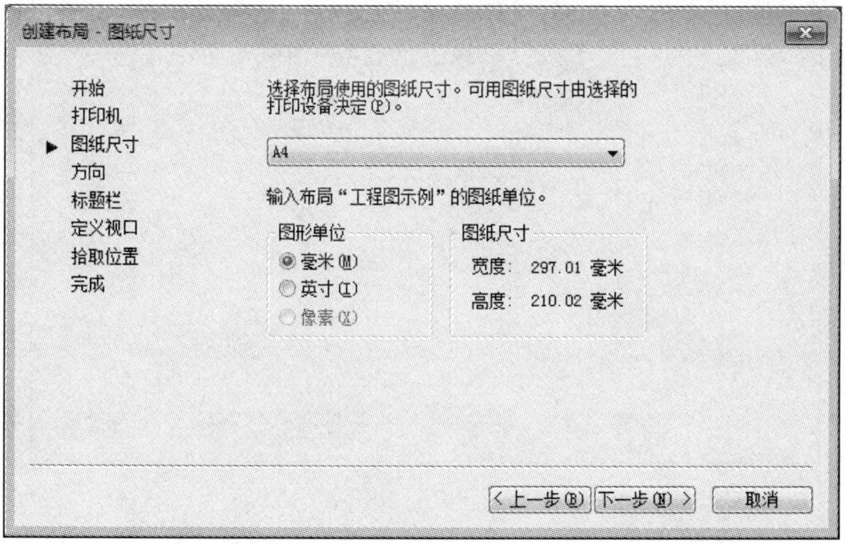

图 13-11　"创建布局-图纸尺寸"对话框

④单击"下一步"按钮,在"创建布局-方向"对话框中选择"横向"(或"纵向")。

⑤单击"下一步"按钮,打开"创建布局-标题栏"对话框,如图 13-12 所示。用户可以从左边的列表框中选择图纸边框和标题栏的样式,右边的"预览"窗口将显示所选样式的预览效果。

⑥单击"下一步"按钮,打开"创建布局-定义视口"对话框,如图 13-13 所示。设置新创建布局的默认视口,包括视口设置和视口比例。

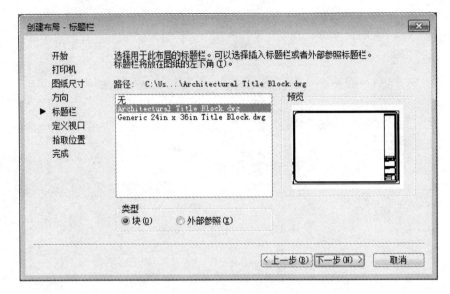

图 13-12 "创建布局-标题栏"对话框

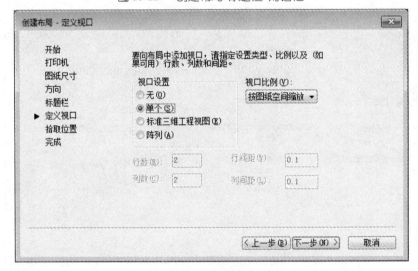

图 13-13 "创建布局-定义视口"对话框

⑦单击"下一步"按钮,打开"创建布局-拾取位置"对话框,在该对话框中单击"选择位置"按钮,当系统回到绘图区时,单击点 *A* 和点 *B*(如图 13-14 所示),即可完成图纸空间视口的选取。

⑧选取视口区后,打开"创建布局-完成"对话框,单击"完成"按钮,即可创建图纸空间的布局,如图 13-15 所示。

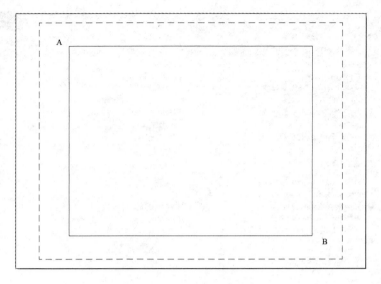

图 13-14　选择视口位置

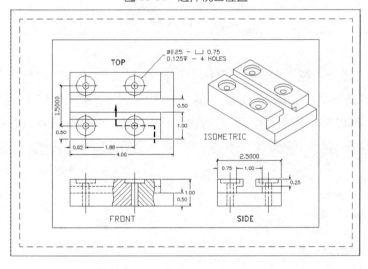

图 13-15　创建布局完成后的预览图

13.5　打印管理

AutoCAD 2018 提供了图形输出的打印管理,包括打印选项设置、绘图仪管理和打印样式管理。

13.5.1　打印选项设置

用户可以通过"打印"选项卡对打印环境进行设置。在菜单栏中执行"工具"/"选项"命令,或在命令行中输入"options"命令,均可打开"选项"对话框。"选项"对话框可自定义程序设置,包含多个选项卡。其中,"打印和发布"选项卡如图 13-16 所示。

图 13-16　"选项"对话框的"打印和发布"选项卡

①单击"添加或配置绘图仪"按钮,打开"绘图仪管理器"窗口(即 AutoCAD 2018 安装目录下的"Plotters"文件夹窗口),如图 13-17 所示。双击"添加绘图仪向导"图标,可以轻松地添加绘图仪;双击绘图仪配置文件图标,可以配置绘图仪。

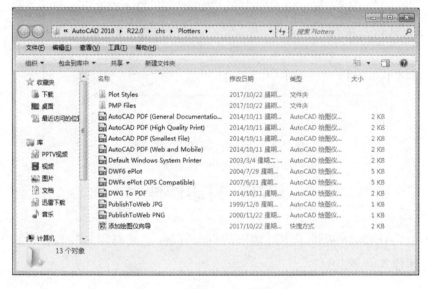

图 13-17　"绘图仪管理器"窗口

②单击"打印样式表设置"按钮,可打开"打印样式表设置"对话框,如图 13-18 所示。

图 13-18　"打印样式表设置"对话框

③单击"打印戳记设置"按钮，可以打开"打印戳记"对话框，如图 13-19 所示。该对话框主要用于设定打印戳记的信息，其主要选项的功能如下：

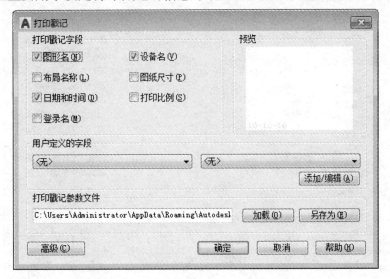

图 13-19　"打印戳记"对话框

a."打印戳记字段"选项组：用于指定应用于打印戳记的图形信息。选定的字段由逗号或空格分开。

"图形名"复选框：在打印戳记信息中包含图形名称和路径。

"布局名称"复选框：在打印戳记信息中包含布局名称。

"日期和时间"复选框：在打印戳记信息中包含日期和时间。

"登录名"复选框：在打印戳记信息中包含 Windows 登录名。Windows 登录名包含在"loginname"系统变量中。

"设备名"复选框：在打印戳记信息中包含当前打印设备名称。

"图纸尺寸"复选框：在打印戳记信息中包含当前配置的打印设备的图纸尺寸。

"打印比例"复选框：在打印戳记信息中包含当前打印比例。

b."预览"框：提供打印戳记位置的直观显示。

c."用户定义的字段"下拉列表框：用于提供打印时可选作打印、记录或既打印又记录的其他文字。每个用户定义列表中选定的值都将被打印。如果在下拉列表中选择"无"，则不打印用户定义信息。

d."打印戳记参数文件"文本框：用于将打印戳记信息存储在扩展名为".pss"的文件中。不同用户可以访问相同的文件并基于公司标准设置打印戳记。AutoCAD 2018 系统提供两个".pss"类型的文件，即 mm. pss 和 Inches. pss（位于系统安装目录的"Support"文件夹中）。初始默认打印戳记参数文件名由安装 AutoCAD 时操作系统的区域设置所决定。

e."加载"按钮：用于打开"打印戳记参数文件名"窗口。利用该窗口可以快速打开和加载所选定的参数文件，如图 13-20 所示。

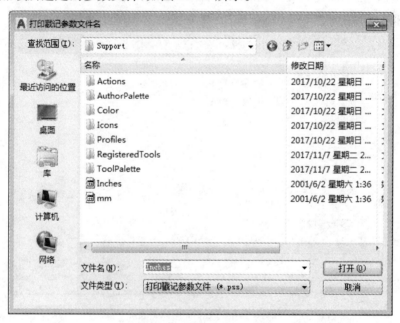

图 13-20 　"打印戳记参数文件名"窗口

13.5.2　打印样式管理器

通过设置打印样式可以控制图形输出的结果样式。AutoCAD 提供了部分预先设置的打印样式，用户可以在输出图形时直接选用，也可以自定义打印样式。

用户可以在菜单栏中执行"文件"/"打印样式管理器"命令，或者在命令行中输入"stylesmanager"命令，打开"打印样式管理器"窗口，如图 13-21 所示。

图 13-21　"打印样式管理器"窗口

该窗口显示了 AutoCAD 所提供的输出样式。双击"添加打印样式表向导"图标，可以轻松地添加打印样式；双击打印样式文件图标，可以配置打印样式。

打印输出的图形须遵循以下两个原则：

①图纸上的线条与文字要清晰、易读。

②尽量采用整数比例值。

思考与练习

一、填空题

(1)在 AutoCAD 2018 中有两个工作空间，即模型空间和布局空间。在＿＿＿＿＿＿＿＿＿＿中绘制图形时，可以绘制图形的主体模型。

(2)通过修改系统变量＿＿＿＿＿＿＿＿＿的值，可以实现模型空间和图纸空间的切换。其值为"0"时，表示工作空间为图纸空间；其值为"1"时，表示工作空间为模型空间。

(3)创建多视口时的绘图空间不同，所得到的视口形式也不相同。如果当前绘图空间是模型空间，则创建的视口称为＿＿＿＿＿＿＿＿＿＿；如果当前绘图空间是图纸空间，则创建的视口称为浮动视口。

(4)通过设置打印样式可以控制输出的结果样式。AutoCAD 提供了部分预先设置的打印样式，用户可以在输出时直接选用，也可以＿＿＿＿＿＿＿＿＿＿。

二、选择题

(1)下列不属于 AutoCAD 2018 工作空间的是(　　)。

A. 模型空间　　　　B. 图纸空间　　　　C. 模拟空间　　　　D. 布局空间

(2)下列关于平铺视口与浮动视口的说法中,不正确的是(　　)。

A. 平铺视口是在模型空间中创建的视口

B. 浮动视口是在布局空间中创建的视口

C. 平铺视口可以很方便地调整视口边界

D. 浮动视口可以很方便地调整视口边界

(3)若图形以 1∶1 的比例绘制,但在打印时将打印比例设置为"按图纸空间缩放",则输出图形时(　　)。

A. 以 1∶1 的比例输出　　　　　　　B. 以样板比例输出

C. 缩放以适合指定的图纸　　　　　　D. 以上都不正确

(4)"打印戳记参数文件"文本框用于将打印戳记信息存储在扩展名为(　　)的文件中。

A. . pss　　　　　　B. . pat　　　　　　C. . ctb　　　　　　D. . stb

三、简答题

(1)什么是图纸空间? 其主要功能是什么?

(2)什么是视口? 什么是平铺视口? 什么是浮动视口?

(3)图形在打印输出时应注意什么?

四、操作题

用打印机或绘图仪打印第 12 章练习中的图形。

扫一扫,获取参考答案